Node.js

企业级应用
开发实战

柳伟卫 ◎ 著

U0220760

北京大学出版社
PEKING UNIVERSITY PRESS

内 容 提 要

本书主要以 Node.js 14 最新的技术栈而展开，内容涉及 Node.js 的基础知识、核心编程、网络编程、数据存储、综合应用五大部分。其中综合应用部分，是以一个真实的"用户管理"互联网应用作为案例，可以让读者从零开始学习掌握Node.js。

本书技术新颖，除了 Node.js 技术外，还讲述了 Express、Socket.IO、Angular、MySQL、MongoDB、Redis 等热门技术的应用。

本书实例丰富，共有 50 多个基于知识点的实例和 3 个综合性实例，将理论讲解最终落实到代码实现上。本书由浅及深、层层推进、结构清晰、实例丰富、通俗易懂、实用性强，适合 Node.js 的初学者和进阶读者作为自学教程，也适合培训学校作为培训教材，还适合大、中专院校的相关专业作为教学参考书。

图书在版编目(CIP)数据

Node.js企业级应用开发实战 / 柳伟卫著. —— 北京：北京大学出版社，2020.7
ISBN 978-7-301-25189-8

Ⅰ. ①N… Ⅱ. ①柳… Ⅲ. ①JAVA语言—程序设计 Ⅳ. ①TP312.8

中国版本图书馆CIP数据核字(2020)第094470号

书　　　名	Node.js企业级应用开发实战
	NODE.JS QIYEJI YINGYONG KAIFA SHIZHAN
著作责任者	柳伟卫　著
责任编辑	吴晓月　吴秀川
标准书号	ISBN 978-7-301-25189-8
出版发行	北京大学出版社
地　　　址	北京市海淀区成府路205 号　100871
网　　　址	http://www. pup. cn　　　新浪微博：@ 北京大学出版社
电子信箱	pup7@ pup. cn
电　　　话	邮购部 010-62752015　发行部 010-62750672　编辑部 010-62570390
印刷者	山东百润本色印刷有限公司
经销者	新华书店
	787毫米×1092毫米　16开本　23.5印张　546千字
	2020年7月第1版　2020年7月第1次印刷
印　　　数	1—3000册
定　　　价	89.00 元

本书献给我的父母，愿他们健康长寿！

前言
Preface

写作背景

今时今日，哪个程序员不会点 JavaScript 呢？以笔者为例，笔者从事 Java EE 开发数十年了，但前端应用的开发仍然是以 JavaScript 为核心的。虽然在七八年前，由于以 Flex 和 ActionScript 等为代表的富客户端技术的兴起，JavaScript 曾经一度暗淡，但好在迎来 HTML5 标准的释出，HTML5 和 JavaScript 的组合终于在 PC 端及移动端遍地开花。

今天的 JavaScript 已经无处不在了，借助于 Node.js 的力量，JavaScript 可谓无所不能。除了传统的 Web 网页应用之外，在桌面领域，通过基于 JavaScript 与 Electron 框架的结合，可以构建跨平台桌面应用；基于 Ionic，则可以用来开发跨平台移动应用；此外，JavaScript 甚至还可以在 IoT 设备上运行。毫无疑问，Node.js 是构建企业级应用的首选利器之一。

鉴于最新的 Node.js 14 已经发布，笔者迫不及待地希望将该技术介绍给大家。

全书分为以下几部分。

- 基础知识（第 1 ~ 3 章）：介绍 Node.js 的基础知识，包括模块化、测试等。
- 核心编程（第 4 ~ 9 章）：介绍 Node.js 的缓冲区、事件、定时、文件、进程、流等方面的处理。
- 网络编程（第 10 ~ 17 章）：介绍 Node.js 的 TCP、UDP、HTTP、WebSocket、TLS/SSL、中间件、Angular、响应式编程等方面的内容。
- 数据存储（第 18 ~ 20 章）：介绍 Node.js 关于 MySQL、MongoDB、Redis 等数据存储的操作。
- 综合应用（第 21 ~ 22 章）：介绍 Node.js 实现"用户管理"互联网应用的完整过程。

配套资源

附赠书中相关案例源代码，下载网址为 https://github.com/waylau/nodejs-book-samples.

读者也可用微信扫一扫下方二维码关注公众号，输入代码 334455，即可获取下载资源。

本书所采用的技术及相关版本

技术的版本是非常重要的，因为不同版本之间存在兼容性问题，而且不同版本的软件所对应的功能也是不同的。本书所列出的技术在版本上相对较新，都是经过笔者大量测试的。这样读者在自行编写代码时，可以参考本书所列出的版本，从而避免版本兼容性所产生的问题。建议读者将相关开发环境设置得跟本书一致，或者不低于本书所列的配置，详细的版本配置参考如下。

- Node.js 14.0.0
- npm 6.14.4
- OpenSSL v1.1.1c
- Express 4.17.1
- Socket.IO 2.2.0
- Angular 7.0.2
- MySQL Community Server 8.0.15
- MongoDB Community Server 4.0.10
- Redis 3.2.100

本书示例采用 Visual Studio Code 编写，但示例源码与具体的 IDE 无关，读者可以选择适合自己的 IDE，如 WebStorm、Sublime Text 等。

勘误和交流

本书如有勘误，会在 https://github.com/waylau/nodejs-book-samples/issues 上进行发布。笔者在编写本书的过程中，已竭尽所能地为读者呈现最好、最全的实用功能，但错漏之处在所难免，欢迎读者批评指正，也可以通过以下方式直接联系笔者。

博客：https://waylau.com
邮箱：waylau521@gmail.com
微博：http://weibo.com/waylau521
开源：https://github.com/waylau

致谢

感谢北京大学出版社的各位工作人员为本书的出版所做的努力。

感谢我的父母、妻子和两个女儿。由于撰写本书，牺牲了很多陪伴家人的时间，在此感谢家人对我工作的理解和支持。

柳伟卫

目录
Contents

1

第1章
Node.js概述

本章分析了当前互联网应用的特征，论述了 Node.js 非常适合互联网应用开发的原因，并通过一个简单的例子引导读者快速入门 Node.js。

1.1 当前互联网应用的特征

当今的互联网应用呈现出高速发展的趋势。

- 互联网理财用户规模持续扩大，越来越多的网民选择在网上购买理财产品。
- 全国网络零售交易额再创新高。2019 年"618"购物节期间，仅京东一家用户下单金额就达 2015 亿元。
- 移动支付使用率保持增长。无论是网上购物还是实体购物，相当多的用户选择微信或支付宝等移动支付软件。
- 短视频应用异军突起。很多网民都曾使用过短视频应用（如快手、抖音等），以满足碎片化的娱乐需求。
- 在线政务应用大力发展。支付宝或微信均提供了城市服务平台以对接政务服务，政府也积极出台政策推动政务线上化发展。

……

还有很多其他互联网应用，也都深刻影响了人们的衣食住行等生活的方方面面。人们已经无法再回到没有智能手机的时代了。

大型互联网应用大多都具有以下特征。

1.1.1 速度快

"快"是所有互联网公司产品的特征。互联网公司要生存，必须要与时间赛跑，与同行竞速。可以说，哪家公司能够率先推出产品，在同类的市场上，将具有极大的主动权。

推出产品，非常重要的一环就是产品的开发。只有更快地开发产品，才能保障更快地推出产品。正所谓"天下武功，无坚不摧，唯快不破"。

1.1.2 渐进式开发

正如上面所说，"快"是所有互联网公司的诉求，那么如何才能实现快速开发呢？业界比较推崇的开发模式是采用渐进式的方式。

所谓渐进式，是相对传统的"瀑布模型"而言的。瀑布模型是一种软件开发方式，其开发过程是通过设计一系列阶段顺序展开的。从系统需求分析开始直到产品发布和维护，每个阶段都会产生循环反馈，因此，如果有信息未被覆盖或发现了问题，那么最好"返回"上一个阶段并进行适当的修改，项目开发进程从一个阶段"流动"到下一个阶段。

瀑布模型有一个非常致命的弱点，就是会拉长整个产品推出的周期。毕竟如果需求分析、产品设计、开发、测试每个阶段都考虑得非常完备的话，整个项目只有在最后的时间节点才能推出产品。

这个时间点也许已经离最初的立项时间隔了数年。且不论开发、测试过程中可能会发现问题，导致"回滚"到上一个阶段，谁又能保证一款开发了数年之久的产品，最终还能够被用户所接受呢？用户在这么长的时间内想法不会改变吗？市场不会产生变化吗？

因为无法预料变化，所以，应对变化的最好方式就是缩短预期。不去想若干年后的需求，把一个长期的大需求，分解为若干个短期需求，只考虑近几个月或最近几个星期的需求。针对短期需求进行设计，而后开发，这就是所谓的"渐进式开发"方式。

渐进式开发方式能够及时感知到需求产生的变化，从而调整开发策略。

1.1.3　拥抱变化

互联网公司的产品是不断变化的，唯一不变的产品，就是那些已经被市场淘汰了的。

所以，如果一款产品还在不断地推出更新包，起码从一个侧面反映出该产品仍然在积极做调整，同时也证明了该产品需求及开发的活跃度比较高。

因此，只有拥抱变化的产品，才能够及时满足用户的需求。用户的需求有时是明确的，但也可能是不明确的。用户有时候只有真实使用了产品之后，才能进一步完善或纠正需求。所以，很多时候，变更需求都是在用户使用过程中提出的。

1.1.4　敏捷之道

互联网公司大多采用敏捷开发方式，敏捷开发与渐进式的开发有异曲同工之妙。

敏捷开发将产品的开发周期划分为若干个"迭代"，一般一个迭代为 4 周或 2 周。开发团队全力完成当前迭代所制定的目标。在迭代完成之后，产品会发布一个可用的版本，交付给用户使用。

敏捷开发方式保障了产品能够及时交付给用户，同时也就保障了能够及时从用户那里获知产品使用的反馈。这些反馈有可能是好评的，也可能是差评的。开发团队对用户反馈的内容进行整理，并纳入下个迭代的开发中去。

这样，开发团队与用户之间形成了正向的闭环，不断使产品趋近于用户的真实需求。

1.1.5　开源技术

开源技术相对于闭源技术而言，有其优势。一方面，开源技术源码是公开的，互联网公司在考查某项技术是否符合自身开发需求时，可以对源码进行分析；另一方面，开源技术相对闭源技术而言，商用的成本相对比较低，这对于很多初创的互联网公司而言，可以节省一大笔技术投入。

当然，开源技术是把双刃剑，你能够看到源码，并不意味着你可以解决所有问题。开源技术在技术支持上不能与闭源技术相提并论，毕竟闭源技术都有成熟的商业模式，会提供完善的商业支持。而开源技术更多依赖于社区对于开源技术的支持，如果在使用开源技术的过程中发现了问题，可以反馈给开源社区，但开源社区不保证什么时候、什么版本能够修复发现的问题。所以，使用开源技术，需要开发团队对开源技术有深刻的了解。最好能够吃透源码，这样在发现问题时，能够及时解决源码上的问题。

例如，在关系型数据库方面，同属于 Oracle 公司的 MySQL 数据库和 Oracle 数据库，就是开源与闭源技术的两大代表，两者占据了全球数据库占有率的前两名[①]。MySQL 数据库主要是在中小企业或云计算供应商中广泛采用，而 Oracle 数据库由于其稳定、高性能的特性，深受政府和银行等客户的信赖。图 1-1 展示了 2020 年 3 月的数据库排名。

Rank			DBMS	Database Model	Score		
Mar 2020	Feb 2020	Mar 2019			Mar 2020	Feb 2020	Mar 2019
1.	1.	1.	Oracle 🔹	Relational, Multi-model 🔹	1340.64	-4.11	+61.50
2.	2.	2.	MySQL 🔹	Relational, Multi-model 🔹	1259.73	-7.92	+61.48
3.	3.	3.	Microsoft SQL Server 🔹	Relational, Multi-model 🔹	1097.86	+4.11	+50.01
4.	4.	4.	PostgreSQL 🔹	Relational, Multi-model 🔹	513.92	+6.98	+44.11
5.	5.	5.	MongoDB 🔹	Document, Multi-model 🔹	437.61	+4.28	+36.27
6.	6.	6.	IBM Db2 🔹	Relational, Multi-model 🔹	162.56	-2.99	-14.64
7.	7.	↑9.	Elasticsearch 🔹	Search engine, Multi-model 🔹	149.17	-2.98	+6.38
8.	8.	8.	Redis 🔹	Key-value, Multi-model 🔹	147.58	-3.84	+1.46
9.	9.	↓7.	Microsoft Access	Relational	125.14	-2.92	-21.07
10.	10.	10.	SQLite 🔹	Relational	121.95	-1.41	-2.92

图1-1　2020年3月的数据库排名

在图 1-1 中还反映了一个事实，就是 MongoDB、Redis、Elasticsearch 等开源非关系型数据库正在崛起。本书后续章节，也会对 MongoDB、MySQL 这两种比较有代表性的技术做深入的探讨。

1.1.6　微服务

相比于敏捷开发将开发周期划分为若干个开发阶段的方式，微服务架构则侧重于把整个软件划分为若干不可分割的"原子"服务。这类原子服务，就是微服务。

微服务架构采用 DDD（Domain-Driven Design，领域驱动设计）方式来进行业务建模，每个微服务都设计成一个 DDD 限界上下文（Bounded Context）。这为系统内的微服务提供了一个逻辑边界，每个独立的团队负责一个逻辑上定义好的系统切片。每个微服务团队负责与一个领域或业务功能相关的全部功能开发，最终，团队开发出的代码会更易于理解和维护。

微服务架构可以理解为是 SOA（Service Oriental Architecture，面向服务的架构）的一种特殊形式。这些服务之间用定义良好的接口和契约联系起来。接口是采用中立的、与平台无关的方式进行定义的，所以它能够跨越不同的硬件平台、操作系统和编程语言。

---

① 数据来源于 DB-Engines，可见 https://db-engines.com/en/ranking。

如果读者想完整了解微服务架构的设计，可以参阅笔者所著的《Spring Cloud 微服务架构开发实战》[①]。

1.1.7　高并发

大型互联网应用往往有着非常高的并发量，如何抵御突如其来的流量洪峰，是每个运维人员需要思考的问题。其中一种常见的解决方案是，将经常需要访问的数据缓存起来，这样在下次查询的时候，就能快速地找到这些数据。

缓存的使用与系统的时效性有着非常大的关系。当应用的时效性要求不高时，则选择使用缓存是极好的；当系统要求的时效性比较高时，则并不适合用缓存。

本书后续章节，也会就 Redis 缓存的应用做详细的介绍。

1.1.8　高可用

大型互联网应用往往设置服务集群，多实例部署的方式，可以提高整个系统的可用性。

微服务架构为高可用提供了技术上的便利。每个微服务实例都可以独立部署，且可以部署多个实例以实现高可用。

1.2　Node.js简介

1.2.1　Node.js简史

从 Node.js 的命名上可以看到，Node.js 的官方开发语言是 JavaScript。之所以选择使用 JavaScript，显然与 JavaScript 的开发人员有关。众所周知，JavaScript 是伴随着互联网发展而火爆起来的，JavaScript 也是前端开发人员必备的技能。同时，JavaScript 也是浏览器能直接运行的脚本语言。

但也正是 JavaScript 在浏览器端的强势，导致人们对于 JavaScript 的印象还停留在小脚本的角色，认为 JavaScript 只能干点前端展示的简单活。

直到 Chrome V8 引擎（https://v8.dev/）的出现，让 JavaScript 彻底翻了身。Chrome V8 是 JavaScript 渲染引擎，第一个版本随着 Chrome 浏览器的发布而发布（具体时间为 2008 年 9 月 2 日）。在运行 JavaScript 之前，相比其他的 JavaScript 的引擎转换成字节码或解释执行，Chrome V8 将其编译成原生机器码（IA-32、x86-64、ARM 或 MIPS CPUs），并且使用了如内联缓存等方法来提高性能。

[①]　有关该书内容的介绍，可见 https://github.com/waylau/spring-cloud-microservices-development。

Chrome V8 可以独立运行，也可以嵌入到 C++ 应用程序中运行。

随着 Chrome V8 引擎的声名鹊起，在 2009 年，Ryan Dahl 正式推出了基于 JavaScript 和 Chrome V8 引擎的开源 Web 服务器项目，命名为 Node.js。这使得 JavaScript 终于能够在服务器端拥有了一席之地。Node.js 采用事件驱动和非阻塞 I/O 模型，使其变得轻微和高效，非常适合构建运行在分布式设备的数据密集型实时应用。从此，JavaScript 成为从前端到后端再到数据库层能够支持全栈开发的语言。

Node.js 能够火爆的另外一个原因是 npm 包管理工具的应用。npm 可以轻松管理项目依赖，同时也促进了 Node.js 生态圈的繁荣，因为 npm 让开发人员分享开源技术变得不再困难。

以下列举了 Node.js 的大事件。

- 2009 年 3 月，Ryan Dahl 正式推出 Node.js。
- 2009 年 10 月，Isaac Schlueter 首次提出了 npm。
- 2009 年 11 月，Ryan Dahl 首次公开宣讲 Node.js。
- 2010 年 3 月，Web 服务器框架 Express.js 问世。
- 2010 年 3 月，Socket.io 第一版发布。
- 2010 年 4 月，Heroku 首次实验性尝试对 Node.js 进行支持。
- 2010 年 7 月，Ryan Dahl 在 Google 技术交流会上再次宣讲 Node.js。
- 2010 年 8 月，Node.js 0.2.0 发布。
- 2010 年年底，Node.js 项目受到了 Joyent 公司的赞助，Ryan Dahl 也加入到了 Joyent 公司负责 Node.js 的全职开发。
- 2011 年 3 月，Felix 的 Node.js 指南发布。
- 2011 年 5 月，npm 1.0 发布。
- 2011 年 5 月，Ryan Dahl 在 Reddit 发帖接受任何关于 Node.js 的提问。
- 2011 年 8 月，LinkedIn 产品在线上开始使用 Node.js。
- 2011 年 12 月，Uber 线上开始使用 Node.js。
- 2012 年 1 月，Ryan Dahl 宣布不再参与 Node.js 日常开发和维护工作，Isaac Schlueter 接任。
- 2012 年 6 月，Node.js v0.8.0 稳定版发布。
- 2012 年 12 月，Hapi.js 框架发布。
- 2013 年 4 月，用 Node.js 开发的 Ghost 博客平台发布。
- 2013 年 4 月，著名的 MEAN 技术栈被提出 [①]。
- 2013 年 5 月，eBay 分享首次尝试使用 Node.js 开发应用的经验。
- 2013 年 11 月，沃尔玛线上用 Node.js 过程中发现了 Node.js 内存泄漏问题。

―――――――――

① MEAN 是 MongoDB、Express、Angular 和 Node.js 的首字母缩写词。从浏览器端到数据库，MEAN 全都是 JavaScript。本书内容包括了 MEAN 技术栈及其他内容。

- 2013 年 11 月，PayPal 发布一个 Node.js 的框架 Kraken。
- 2013 年 12 月，著名的 Koa 框架发布。
- 2014 年 1 月，T. J. Fontaine 接管了 Node.js 项目。
- 2014 年 10 月，Joyent 和社区成员提议成立 Node.js 顾问委员会。
- 2014 年 11 月，多位重量级 Node.js 开发者不满 Joyent 对 Node.js 的管理，创建了 Node.js 的分支项目 io.js。
- 2015 年 1 月，io.js 发布 1.0.0 版本。
- 2015 年 2 月，Joyent 携手各大公司和 Linux 基金会成立 Node.js 基金会，并提议 io.js 和 Node.js 和解。
- 2015 年 4 月，npm 支持私有模块。
- 2015 年 5 月，T. J. Fontaine 不再管理 Node.js 并离开 Joyent 公司。
- 2015 年 5 月，Node.js 和 io.js 合并，隶属 Node.js 基金会。
- 2015 年 9 月 8 日，Node.js 4.0.0 发布。Node.js 没有经历 1.0、2.0 和 3.0 版本，就直接从 4.0 开始了，这也预示着 Node.js 迎来了一个新的时代。
- 2015 年 10 月 29 日，Node.js 5.0.0 发布。
- 2016 年 2 月，Express 作为 Node.js 基金会的孵化项目。
- 2016 年 3 月，爆发著名的 left-pad 事件。
- 2016 年 3 月，Google Cloud 平台加入了 Node.js 基金会。
- 2016 年 4 月 26 日，Node.js 6.0.0 发布。
- 2016 年 10 月，Yarn 包管理器发布。
- 2016 年 10 月 25 日，Node.js 7.0.0 发布。
- 2017 年 9 月，NASA 的 Node.js 案例研究发布。
- 2017 年 5 月 30 日，Node.js 8.0.0 发布。
- 2017 年 10 月 31 日，Node.js 9.0.0 发布。
- 2018 年 4 月 24 日，Node.js 10.0.0 发布。
- 2018 年 10 月 23 日，Node.js 11.0.0 发布。
- 2019 年 3 月 13 日，Node.js 基金会和 JS 基金会合并成了 OpenJS 基金会，以促进 JavaScript 和 Web 生态系统的健康发展。
- 2019 年 4 月 23 日，Node.js 12.0.0 发布。
- 2019 年 10 月 22 日，Node.js 13.0.0 发布。
- 2020 年 4 月 22 日，Node.js 14.0.0 发布。

1.2.2　Node.js名称的由来

读者可能会好奇，Node.js 为什么要这么命名。其实，一开始 Ryan Dahl 将他的项目命名为

Web.js，致力于构建高性能的 Web 服务。但是随着项目的发展超出了他最初的预期，项目演变成为构建网络应用的一个基础框架。

在大型分布式系统中，"节点"在英文中翻译为"node"，它是用于构建整个系统的独立单元。因此，Ryan Dahl 将他的项目命名为了 Node.js，期望用于快速构建大型应用系统。

1.3 Node.js的特点

Node.js 被广大开发者所青睐，主要是因为 Node.js 包含了以下特点。

1.3.1 异步I/O

异步是相对于同步而言的。同步和异步描述的是用户线程与内核的交互方式。同步是指用户线程发起 I/O 请求后需要等待或者轮询内核 I/O 操作完成后才能继续执行；异步是指用户线程发起 I/O 请求后仍继续执行，当内核 I/O 操作完成后会通知用户线程，或者调用用户线程注册的回调函数。图 1-2 展示了异步 I/O 模型。

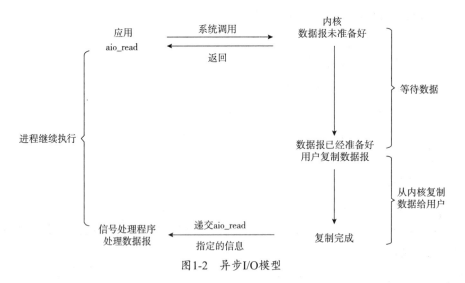

图1-2 异步I/O模型

举个通俗的例子，你打电话问书店老板有没有《Node.js 企业级应用开发实战》这本书卖。如果是同步通信机制，书店老板会说"你稍等，不要挂电话我查一下"。然后书店老板就跑过去书架上查，而你自己则在电话这边干等。等到书店老板查好了（可能是 5 秒，也可能是一天）在电话里告诉你查询的结果。而如果是异步通信机制，书店老板直接告诉你"我查一下，查好了打电话给你"，然后直接挂电话。等查好了，他会主动打电话给你。而等回电的这段时间内，你可以去干其他事情。在这里老板通过"回电"这种方式来回调。

通过上面的例子可以看到，异步的好处是显而易见的，它可以不必等待 I/O 操作完成，就可以去干其他的事，极大地提升了系统的效率。

读者欲了解更多有关同步、异步方面的内容，可以参阅笔者所著的《分布式系统常用技术及案例分析》。

1.3.2　事件驱动

对于 JavaScript 开发者而言，大家对于事件一词应该都不会陌生。用户在界面上单击一个按钮，就会触发一个"单击"事件。在 Node.js 中，事件的应用也是无处不在。

在传统的高并发场景中，其解决方案往往是使用多线程模型，也就是为每个业务逻辑提供一个系统线程，通过系统线程切换来弥补同步 I/O 调用时的时间开销。

而在 Node.js 中使用的是单线程模型，对于所有 I/O 都采用异步式的请求方式，避免了频繁的上下文切换。Node.js 在执行的过程中会维护一个事件队列，程序在执行时进入事件循环（Event Loop）等待下一个事件到来，每个异步式 I/O 请求完成后会被推送到事件队列，等待程序进程进行处理。

Node.js 的异步机制是基于事件的，所有的磁盘 I/O 、网络通信、数据库查询都以非阻塞的方式请求，返回的结果由事件循环来处理。Node.js 进程在同一时刻只会处理一个事件，完成后立即进入事件循环检查并处理后面的事件，其运行原理如图 1-3 所示。

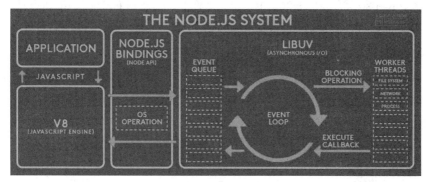

图1-3　运行原理

图 1-3 是整个 Node.js 的运行原理，从左到右，从上到下，Node.js 被分为了四层，分别是应用层、V8 引擎层、Node API 层和 LIBUV 层。

- 应用层：JavaScript 交互层，常见的就是 Node.js 的模块，如 http、fs 等。
- V8 引擎层：利用 V8 引擎来解析 JavaScript 语法，进而和下层 API 交互。
- Node API 层：为上层模块提供系统调用，一般是由 C 语言来实现，和操作系统进行交互。
- LIBUV 层：跨平台的底层封装，实现了事件循环、文件操作等，是 Node.js 实现异步的核心。

这样做的好处是 CPU 和内存在同一时间集中处理一件事，同时尽可能让耗时的 I/O 操作并行执行。对于低速连接攻击，Node.js 只是在事件队列中增加请求，等待操作系统的回应，因而不会有任何多线程开销，很大程度上可以提高 Web 应用的健壮性，防止恶意攻击。

注意，事件驱动也并非是 Node.js 的专利，例如，在 Java 编程语言中，Netty 也是采用了事件驱动的机制来提供系统的并发量。有关 Netty 的内容，可以参阅笔者所著的开源书《Netty 4.x 用户指南》和《Netty 实战（精髓）》（https://waylau.com/books/）。

1.3.3 单线程

从上面所介绍的事件驱动的机制可以了解到，Node.js 只用了一个主线程来接收请求，但它接收请求以后并没有直接做处理，而是放到了事件队列中，然后又去接收其他请求了，空闲的时候，再通过事件循环来处理这些事件，从而实现了异步效果。当然对于 I/O 类任务还需要依赖于系统层面的线程池来处理。因此，可以简单地理解为，Node.js 本身是一个多线程平台，而它对 JavaScript 层面的任务处理是单线程的。

无论是 Linux 平台还是 Windows 平台，Node.js 内部都是通过线程池来完成异步 I/O 操作的，而 LIBUV 针对不同平台的差异性实现了统一调用。因此，Node.js 的单线程仅仅是指 JavaScript 运行在单线程中，而并非 Node.js 平台是单线程。

I/O密集型与CPU密集型

上面提到，如果是 I/O 任务，Node.js 就把任务交给线程池来异步处理，因此 Node.js 适合处理 I/O 密集型任务。但不是所有的任务都是 I/O 密集型任务，当碰到 CPU 密集型任务时，即只用 CPU 计算的操作，如要对数据加解密、数据压缩和解压等，这时 Node.js 就会亲自处理，一个一个地计算，前面的任务没有执行完，后面的任务就只能等着，导致后面的任务被阻塞。即便是多 CPU 的主机，对于 Node.js 而言也只有一个事件循环，也就是只占用一个 CPU 内核，当 Node.js 被 CPU 密集型任务占用，导致其他任务被阻塞时，却还有 CPU 内核处于闲置状态，造成资源浪费。

因此，Node.js 并不适合 CPU 密集型任务。

1.3.4 支持微服务

微服务（Microservices）架构风格就像是把小的服务开发成单一应用的形式，运行在其自己的进程中，并采用轻量级的机制进行通信（一般是 HTTP 资源 API）。这些服务都是围绕业务能力来构建，通过全自动部署工具来实现独立部署。这些服务，可以使用不同的编程语言和不同的数据存储技术，并保持最小化集中管理。

Node.js 非常适合构建微服务。

首先，Node.js 本身提供了跨平台的能力，可以运行在自己的进程中。

其次，Node.js 易于构建 Web 服务，并支持 HTTP 的通信。

最后，Node.js 支持从前端到后端再到数据库全栈开发能力。

开发人员可以通过 Node.js 内嵌的库来快速启动一个微服务应用。业界也提供了成熟的微服务解决方案来打造大型微服务架构系统，如 Tars.js、Seneca 等。

读者欲了解更多微服务方面的内容，可以参阅笔者所著的《Spring Cloud 微服务架构开发实战》。

1.3.5　可用性和扩展性

通过构建基于微服务的 Node.js，可以轻松实现应用的可用性和扩展性。特别是在当今 Cloud Native 盛行的年代，云环境都是基于"即用即付"的模式，并且往往提供自动扩展的能力。这种能力通常被称为弹性，也被称为动态资源提供和取消。自动扩展是一种有效的方法，专门针对具有不同流量模式的微服务。例如，购物网站通常会在"双 11"的时候，迎来服务的最高流量，服务实例当然也是最多的。如果平时也配置那么多的服务实例，显然就是浪费。Amazon 就是这样一个很好的实例，Amazon 总是会在某个时间段迎来流量的高峰，此时，就会配置比较多的服务实例来应对高访问量。而在平时，流量比较小的情况下，Amazon 就会将闲置的主机出租，来收回成本。正是拥有这种强大的自动扩展的实践能力，造就了 Amazon 从一个网上书店，摇身一变成为世界云计算巨头。自动扩展是一种基于资源使用情况自动扩展实例的方法，通过复制要缩放的服务来满足 SLA（Service-Level Agreement，服务等级协议）。

具备自动扩展能力的系统，会自动检测到流量的增加或减少。如果是流量增加，则会增加服务实例，从而能够使其可用于流量处理。同样的，当流量下降时，系统通过从服务中取回活动实例从而减少服务实例的数量。如图 1-4 所示，通常会使用一组备用机器完成自动扩展。

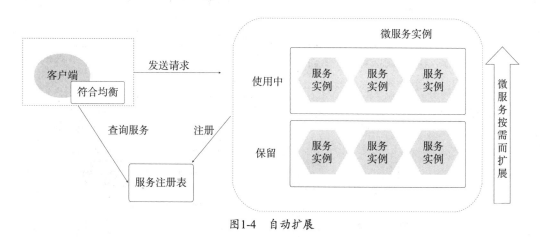

图1-4　自动扩展

1.3.6　跨平台

与 Java 一样，Node.js 是跨平台的，这意味着开发的应用能够运行在 Windows、macOS 和 Linux 等平台上，实现了"一次编写，到处运行"。很多 Node.js 开发者都是在 Windows 上做开发的，然后再将代码部署到 Linux 服务器上。

特别是在 Cloud Native 应用中，容器技术常常作为微服务的宿主，而 Node.js 是支持 Docker 部署的。

有关 Cloud Native 方面的内容，可以参阅笔者所著的《Cloud Native 分布式架构原理与实践》。

1.4 安装Node.js及IDE

在开始 Node.js 开发之前，必须设置好开发环境。

1.4.1 安装Node.js和npm

如果你的计算机中没有 Node.js 和 npm，首先安装它们。

Node.js 的下载地址为 https://nodejs.org/en/download/。截至本书完稿，Node.js 最新版本为 14.0.0（包含了 npm 6.14.4）。

以下是详细的安装步骤。

1. 单击"Next"按钮，来执行下一步。

2. 选中"I accept the terms in the License Agreement"复选框，并单击"Next"按钮。

图1-5　安装步骤1

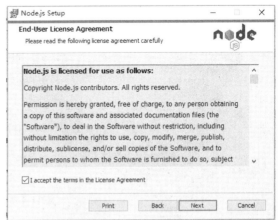

图1-6　安装步骤2

3. 自定义安装目录，并单击"Next"按钮。　　**4. 单击"Next"按钮，来执行下一步。**

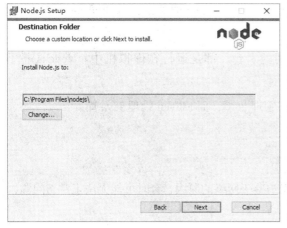

图1-7　安装步骤3

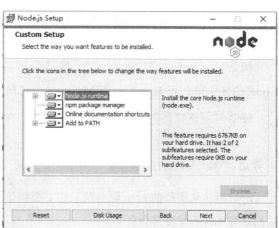

图1-8　安装步骤4

5. 单击"Install"按钮进行安装。　　**6. 安装完成，单击"Finish"按钮。**

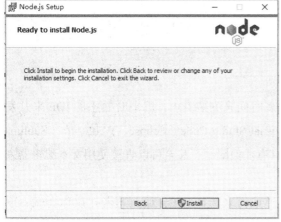

图1-9　安装步骤5

图1-10　安装步骤6

7. 验证安装

安装完成之后，先在终端／控制台窗口中运行命令"node -v"和"npm -v"，来验证一下安装是否正确。

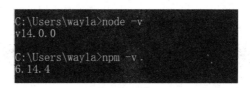

图1-11　验证安装

1.4.2 Node.js与npm的关系

如果你熟悉 Java，那么你一定知道 Maven。而 Node.js 与 npm 的关系，就如同 Java 与 Maven 的关系。

简言之，Node.js 与 Java 一样，都是运行应用的平台，都是运行在虚拟机中。Node.js 基于 Google V8 引擎，而 Java 基于 JVM（Java 虚拟机）。

npm 与 Maven 类似，都是用于依赖管理。npm 管理 js 库，而 Maven 管理 Java 库。

1.4.3 安装npm镜像

npm 默认从国外的 npm 源来获取和下载包信息。鉴于网络的原因，有时可能无法正常访问源，从而导致无法正常安装软件。

可以采用国内的 npm 镜像来解决网速慢的问题。在终端上，通过以下命令来设置 npm 镜像。以下是设置淘宝的镜像的命令。

```
$ npm config set registry=http://registry.npm.taobao.org
```

更多设置方式，可以参考笔者的博客 https://waylau.com/faster-npm/。

1.4.4 选择合适的IDE

如果你是一名前端工程师，那么你不必花太多时间来安装 IDE，用平时熟悉的 IDE 来开发 Node.js 即可。例如，前端工程师经常会选择如 Visual Studio Code、Eclipse、WebStorm、Sublime Text 等 IDE。理论上，开发 Node.js 不会对开发工具有任何限制，甚至可以直接使用文本编辑器来开发。

如果你是一名初级的前端工程师，或者不知道如何来选择 IDE，那么笔者建议你尝试一下 Visual Studio Code。Visual Studio Code 的下载地址为 https://code.visualstudio.com。

Visual Studio Code 是由微软出品的，对 JavaScript、TypeScript 和 Node.js 编程有着一流的支持，而且这款 IDE 还是免费的，可以随时下载使用。选择适合自己的 IDE 有助于提升编程质量和开发效率。

实战▶ 1.5 实战：第一个Node.js应用

Node.js 是可以直接运行 JavaScript 代码的。因此，创建一个 Node.js 应用非常简单，只需要编写一个 JavaScript 文件即可。

1.5.1　创建Node.js应用

在工作目录下，创建一个名为"hello-world"的目录，作为工程目录。

而后在"hello-world"目录下，创建名为"hello-world.js"的 JavaScript 文件，作为主应用文件。在该文件中，写下第一段 Node.js 代码：

```
var hello = 'Hello World';
console.log(hello);
```

会发现 Node.js 应用其实就是用 JavaScript 语言编写的，因此，只要有 JavaScript 的开发经验，上述代码的含义一眼就能看明白。首先，用一个变量 hello 定义了一个字符串。其次，借助 console 对象将 hello 的值打印到控制台。

上述代码几乎是所有编程语言必写的入门示例，用于在控制台输出"Hello World"字样。

1.5.2　运行Node.js应用

在 Node.js 中可以直接执行 JavaScript 文件，具体操作如下。

```
$ node hello-world.js
Hello World
```

可以看到，控制台输出所期望的"Hello World"字样。

当然，为了简便，也可以不指定文件类型，Node.js 会自动查找".js"文件。因此，上述命令等同于：

```
$ node hello-world
Hello World
```

1.5.3　总结

通过上述示例，可以看到，创建一个 Node.js 的应用是非常简单的，并且也可以通过简单的命令来运行 Node.js 应用。这也是互联网公司及在微服务架构中选用 Node.js 的原因。毕竟，Node.js 带给开发人员的感觉就是轻量、快速，熟悉的语法规则，可以让开发人员轻易上手。

本节例子可以在"hello-world/hello-world"文件中找到。

第2章

模块化

　　模块化简化大型系统的开发方式。通过模块化，将大型系统分解为功能内聚的子模块，每个模块专注于特定的业务。模块之间又能通过特定的方式进行交互，相互协作完成系统功能。

　　本章介绍 Node.js 的模块化机制。

2.1　理解模块化机制

为了让 Node.js 的文件可以相互调用，Node.js 提供了一个简单的模块系统。

模块是 Node.js 应用程序的基本组成部分，文件和模块是一一对应的。换言之，一个 Node.js 文件就是一个模块，这个文件可能是 JavaScript 代码、JSON 或编译过的 C/C++ 扩展。

在 Node.js 应用中，主要有以下两种定义模块的格式。

- CommonJS 规范：该规范是自 Node.js 创建以来，一直使用的基于传统模块化的格式。
- ES6 模块：在 ES6 中，使用新的"import"关键字来定义模块。由于目前 ES6 是所有 Java Script 都支持的标准，因此 Node.js 技术指导委员会致力于为 ES6 模块提供一流的支持。

2.1.1　理解CommonJS规范

CommonJS 规范的提出，主要是为了弥补 JavaScript 没有标准的缺陷，以达到像 Python、Ruby 和 Java 那样具备开发大型应用的基础能力，而不是停留在开发浏览器端小脚本程序的阶段。

CommonJS 规范主要分为三部分：模块引用、模块定义、模块标识。

1. 模块引用

如果在 main.js 文件中使用如下语句：

```
var math = require('math');
```

意为使用 require() 方法，引入 math 模块，并赋值给变量 math。事实上，命名的变量名和引入的模块名不必相同，例如：

```
var Math = require('math');
```

赋值的意义在于，main.js 中将仅能识别 Math，因为这是已经定义的变量，并不能识别 math，因为 math 没有定义。

上面的例子中 require() 的参数仅仅是模块名称的字符串，没有带有路径，引用的是 main.js 所在当前目录下的 node_modules 下的 math 模块。如果当前目录下没有 node_modules 目录或 node_modules 目录下没有安装 math 模块，便会报错。

如果要引入的模块在其他路径，就需要使用相对路径或绝对路径，例如：

```
var sum = require('./sum.js');
```

上面的例子中引入了当前目录下的 sum.js 文件，并赋值给 sum 变量。

2. 模块定义

- module 对象：在每一个模块中，module 对象代表该模块自身。
- export 属性：module 对象的一个属性，它向外提供接口。

仍然采用上一个示例，假设 sum.js 中的代码为：

```
function sum (num1, num2){
    return   num1 + num2;
}
```

尽管 main.js 文件引入了 sum.js 文件，前者却仍然无法使用后者中的 sum() 函数，在 main.js 文件中 sum(3,5) 这样的代码会报错，提示 sum 不是一个函数。sum.js 中的函数要能被其他模块使用，就需要暴露一个对外的接口，export 属性用于完成这一工作。将 sum.js 中的代码改为：

```
function sum (num1, num2){
    return   num1 + num2;
}

module.exports.sum = sum;
```

main.js 文件就可以正常调用 sum.js 中的方法，如下面的示例。

```
var sum = require('./sum.js');
var result = sum.sum(3, 5);
console.log(result);  // 8
```

这样的调用能够正常执行，前一个 sum 意为本文件中 sum 变量代表的模块，后一个 sum 是引入模块的 sum() 方法。

3. 模块标识

模块标识指的是传递给 require() 方法的参数，必须是符合小驼峰命名的字符串，或者以 "." ".." 开头的相对路径，或者绝对路径。其中，所引用的 JavaScript 文件可以省略后缀 ".js"，因此上述例子中：

```
var sum = require('./sum.js');
```

等同于：

```
var sum = require('./sum');
```

CommonJS 模块机制，避免了 JavaScript 编程中常见的全局变量污染的问题。每个模块拥有独立的空间，它们互不干扰。图 2-1 展示了模块之间的引用。

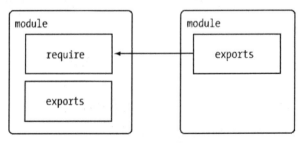

图2-1 模块引用

2.1.2 理解ES6模块

虽然 CommonJS 模块机制很好地为 Node.js 提供了模块化的机制，但这种机制只适用于服务端，针对浏览器端，CommonJS 是无法适用的。为此，ES6 规范推出了模块，期望用标准的方式来统一所有 JavaScript 应用的模块化。

1. 基本的导出

可以使用 export 关键字将已发布代码部分公开给其他模块。最简单的方法就是将 export 放置在任意变量、函数或类声明之前。以下是一些导出的示例。

```
// 导出数据
export var color = "red";
export let name = "Nicholas";
export const magicNumber = 7;

// 导出函数
export function sum(num1, num2) {
        return num1 + num2;
}

// 导出类
export class Rectangle {
    constructor(length, width) {
    this.length = length;
    this.width = width;
    }
}

// 定义一个函数，并导出一个函数引用
function multiply(num1, num2) {
        return num1 * num2;
}
export { multiply };
```

其中，除了 export 关键字之外，每个声明都与正常形式完全一样。每个被导出的函数或类都有名称，这是因为导出的函数声明与类声明必须要有名称。不能使用这种语法来导出匿名函数或匿名类，除非使用了 default 关键字，观察 multiply() 函数，它并没有在定义时被导出，而是通过导出引用的方式进行了导出。

2. 基本的导入

一旦有了包含导出的模块，就能在其他模块内使用 import 关键字来访问已被导出的功能。

import 语句有两个部分，一是需要导入的标识符，二是需导入的标识符的来源模块。下面是导入语句的基本形式。

```
import { identifier1, identifier2 } from './example.js';
```

在 import 之后的花括号指明了从给定模块导入对应的绑定，from 关键字则指明了需要导入的模块。模块由一个表示模块路径的字符串（module specifier，被称为模块说明符）来指定。

当从模块导入了一个绑定时，该绑定表现得就像使用了 const 的定义。这意味着不能再定义另一个同名变量（包括导入另一个同名绑定），也不能在对应的 import 语句之前使用此标识符，更不能修改它的值。

3. 重命名的导出与导入

可以在导出模块中进行重命名。如果想用不同的名称来导出，可以使用 as 关键字来定义新的名称：

```
function sum(num1, num2) {
    return num1 + num2;
}
export { sum as add };
```

上面的例子中，sum() 函数被作为 add() 导出，前者是本地名称（local name），后者则是导出名称（exported name）。这意味着当另一个模块要导入此函数时，它必须改用 add 这个名称：

```
import {add} from './example.js'
```

在导入时同样可以使用 as 关键字进行重命名：

```
import { add as sum } from './example.js'
console.log(typeof add); // "undefined"
console.log(sum(1, 2)); // 3
```

此代码导入了 add() 函数，并使用了导入名称（import name）将其重命名为 sum()（本地名称）。这意味着在此模块中并不存在名为 add 的标识符。

2.1.3 CommonJS和ES6模块的异同点

以下总结了 CommonJS 和 ES6 模块的异同点。

1. CommonJS

- 对于基本数据类型，属于复制，即会被模块缓存。同时，在另一个模块可以对该模块输出的变量重新赋值。
- 对于复杂数据类型，属于浅拷贝。由于两个模块引用的对象指向同一个内存空间，因此对该模块的值做修改时会影响另一个模块。
- 当使用 require 命令加载某个模块时，就会运行整个模块的代码。
- 当使用 require 命令加载同一个模块时，不会再执行该模块，而是取到缓存之中的值。也就是说，CommonJS 模块无论加载多少次，都只会在第一次加载时运行一次，以后再加载，就返回第一次运行的结果，除非手动清除系统缓存。

- 循环加载时，属于加载时执行。即脚本代码在 require 的时候，就会全部执行。一旦出现某个模块被“循环加载”，就只输出已经执行的部分，还未执行的部分不会输出。

2. ES6模块

- ES6 模块中的值属于动态只读引用。
- 对于只读来说，即不允许修改引入变量的值，import 的变量是只读的，不论是基本数据类型还是复杂数据类型。当模块遇到 import 命令时，就会生成一个只读引用。等到脚本真正执行时，再根据这个只读引用，到被加载的那个模块中去取值。
- 对于动态来说，原始值发生变化，import 加载的值也会发生变化，不论是基本数据类型还是复杂数据类型。
- 循环加载时，ES6 模块是动态引用。只要两个模块之间存在某个引用，代码就能够执行。

2.1.4　Node.js的模块实现

在 Node.js 中，模块分为以下两类。

- Node.js 自身提供的模块，称为核心模块，如 fs、http 等，就像 Java 中自身提供核心类一样。
- 用户编写的模块，称为文件模块。

核心模块部分在 Node.js 源代码的编译过程中，编译进了二进制执行文件。在 Node.js 进程启动时，核心模块就被直接加载进内存，所以这部分的模块引入时，文件定位和编译执行这两个步骤可以省略，并且在路径分析中优先判断，所以它的加载速度是最快的。

文件模块在运行时动态加载，需要完整的路径分析、文件定位、编译执行过程，加载速度比核心模块慢。

图 2-2 展示了 Node.js 加载模块的具体过程。

Node.js 为了优化加载模块的速度，也像浏览器一样引入了缓存，对加载过的模块会保存到缓存内，下次再加载时就会命中缓存，节省了对相同模块的多次重复加载。模块加载前会将需要加载的模块名转化为完整路径名，查找到模块后再将完整路径名保存到缓存，下次再加载该路径模块时就可以直接从缓存中取得。

在图 2-2 中也能清楚地看到，模块加载时先查询缓存，缓存没找到后再查 Node.js 自带的核心模块，如果核心模块也没有查询到，最后再去用户自定义模块内查找。因此，模块加载的优先级为缓存模块 > 核心模块 > 用户自定义模块。

在前文也讲了，require 加载模块时，require 参数的标识符可以省略文件类型，例如，require('./sum.js') 等同于 require('./sum')。在省略类型时，Node 首先会认为它是一个 .js 文件，如果没有查找到该 .js 文件，会去查找 .json 文件，如果还没有查找到该 .json 文件，最后会去查找 .node 文件，如果连 .node 文件都没有查找到，就会抛异常了。其中，.node 文件是指用 C/C++ 编写的扩展文件。由于Node.js是单线程执行的,在加载模块时是线程阻塞的,因此为了避免长期阻塞系统,如果不是 .js

文件的话，在 require 的时候就把文件类型加上，这样 Node.js 就不会再去——尝试了。

因此 require 加载无文件类型的优先级为 .js > .json > .node。

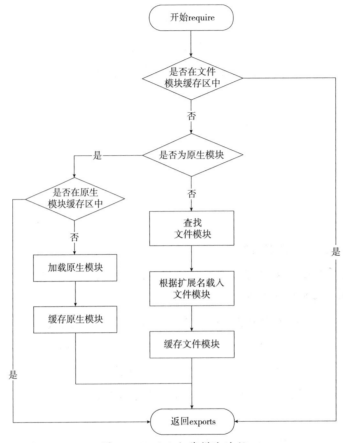

图2-2　Node.js加载模块过程

2.2　使用npm管理模块

npm 是随同 Node.js 一起安装的包管理工具，包是在模块基础上更深一步的封装。Node.js 的包类似于 Java 的类库，能够独立用于发布、更新。npm 解决了包的发布和获取问题。其常见的使用场景有以下几种。

· 允许用户从 npm 服务器下载别人编写的第三方包到本地使用。

· 允许用户从 npm 服务器下载并安装别人编写的命令行程序到本地使用。

· 允许用户将自己编写的包或命令行程序上传到 npm 服务器供别人使用。

Node.js 已经集成了 npm，所以 Node.js 安装好之后，npm 也一并安装好了。

2.2.1 使用npm命令安装模块

使用 npm 安装 Node.js 模块的语法格式如下。

```
$ npm install <Module Name>
```

例如，使用 npm 命令安装 less：

```
$ npm install less
```

安装好之后，less 包就放在了工程目录下的 node_modules 目录中，因此在代码中只需要通过 require('less') 的方式就好，无须指定第三方包路径。示例如下。

```
var less = require('less');
```

2.2.2 全局安装与本地安装

npm 的包安装分为本地安装（local）、全局安装（global）两种，具体选择哪种安装方式取决于怎样使用这个包。如果想将它作为命令行工具使用，如 gulp-cli，那么可以全局安装它。如果要把它作为自己包的依赖，可以局部安装它。

1. 本地安装

以下是本地安装的命令。

```
$ npm install less
```

将安装包放在 ./node_modules 下（运行 npm 命令时所在的目录）。如果没有 node_modules 目录，会在当前执行 npm 命令的目录下生成 node_modules 目录。

可以通过 require() 来引入本地安装的包。

2. 全局安装

以下是全局安装的命令。

```
$ npm install less -g
```

执行了全局安装后，安装包会放在 /usr/local 下或 Node.js 的安装目录下。

全局安装的包可以直接在命令行中使用。

2.2.3 查看安装信息

可以使用以下"npm list -g"命令来查看所有全局安装的模块。

```
C:\Users\User>npm list -g
C:\Users\User\AppData\Roaming\npm
+-- @angular/cli@7.3.2
```

```
| +-- @angular-devkit/architect@0.13.2
| | +-- @angular-devkit/core@7.3.2 deduped
| | '-- rxjs@6.3.3
| |    '-- tslib@1.9.3
| +-- @angular-devkit/core@7.3.2
| | +-- ajv@6.9.1
| | | +-- fast-deep-equal@2.0.1
| | | +-- fast-json-stable-stringify@2.0.0 deduped
| | | +-- json-schema-traverse@0.4.1
| | | '-- uri-js@4.2.2
| | |    '-- punycode@2.1.1
| | +-- chokidar@2.0.4
| | | +-- anymatch@2.0.0
| | | | +-- micromatch@3.1.10
| | | | | +-- arr-diff@4.0.0
| | | | | +-- array-unique@0.3.2 deduped
......
```

如果要查看某个模块的版本号，可以使用如下命令。

```
C:\Users\User>npm list -g chokidar
C:\Users\User\AppData\Roaming\npm
'-- @angular/cli@7.3.2
  '-- @angular-devkit/core@7.3.2
    '-- chokidar@2.0.4
```

2.2.4　卸载模块

可以使用以下命令来卸载 Node.js 模块。

```
$ npm uninstall express
```

卸载后，可以到 node_modules 目录下查看包是否还存在，或者使用以下命令查看。

```
$ npm ls
```

2.2.5　更新模块

可以使用以下命令更新模块。

```
$ npm update express
```

2.2.6　搜索模块

可以使用以下命令来搜索模块。

```
$ npm search express
```

2.2.7　创建模块

创建模块，package.json 文件是必不可少的。可以使用 npm 初始化模块，该模块下就会生成 package.json 文件。

```
$ npm init
```

还可以使用以下命令在 npm 资源库中注册用户（使用邮箱注册）。

```
$ npm adduser
```

接下来就可以用以下命令来发布模块。

```
$ npm publish
```

模块发布成功后，就可以跟其他模块一样使用 npm 来安装。

2.3　核心模块

核心模块为 Node.js 提供了最基本的 API，这些核心模块被编译为二进制分发，并在 Node.js 进程启动时自动加载。

了解核心模块是掌握 Node.js 的基础，本书一半左右的篇幅也在介绍核心模块的使用。常用的核心模块如下。

- buffer：用于二进制数据的处理。
- events：用于事件处理。
- fs：用于与文件系统交互。
- http：用于提供 HTTP 服务器和客户端。
- net：提供异步网络 API，用于创建基于流的 TCP 或 IPC 服务器和客户端。
- path：用于处理文件和目录的路径。
- timers：提供定时器功能。
- tls：提供了基于 OpenSSL 构建的传输层安全性（TLS）和安全套接字层（SSL）协议的实现。
- dgram：提供了 UDP 数据报套接字的实现。

欲了解更多有关 Node.js 模块的内容，可以参阅 Node.js 官方 API（https://nodejs.org/dist/latest/docs/api/）。

第3章
测 试

在敏捷开发中的一项核心实践和技术就是 TDD（Test-Driven Development，测试驱动开发）。TDD 的原理是在开发功能代码之前，先编写单元测试用例代码，测试代码确定需要编写什么产品代码。

因此在正式讲解 Node.js 的核心功能前，先了解下 Node.js 是如何进行测试的。

3.1　使用断言

测试工作的重要性不言而喻。Node.js 内嵌了对于测试的支持，那就是 assert 模块。

assert 模块提供了一组简单的断言测试，可用于测试不变量。assert 模块在测试时可以使用严格模式（strict）或遗留模式（legacy），但建议仅使用严格模式。

3.1.1　严格模式和遗留模式

之所以区分严格模式和遗留模式，是由 JavaScript 的历史原因造成的。有关"JavaScript 严格模式"方面的内容，可以参阅笔者的博客 https://waylau.com/javascript-use-strict-mode/，在此不再赘述。总而言之，严格模式可以让开发人员发现代码中未曾注意到的错误，并能更快更方便地调试程序。

以下是使用遗留模式和严格模式的对比。

```
// 遗留模式
const assert = require('assert');

// 严格模式
const assert = require('assert').strict;
```

相比于遗留模式，使用严格模式唯一的区别就是要多加".strict"。

另外一种方式是，在方法级别使用严格模式。如下面遗留模式的例子：

```
// 遗留模式
const assert = require('assert');

// 使用严格模式的方法
assert.strictEqual(1, 2); // false
```

等同于下面使用严格模式的例子：

```
// 使用严格模式
const assert = require('assert').strict;
assert.equal(1, 2); // false
```

实战 ▶ 3.1.2　实战：断言的使用

这里新建一个名为"assert-strict"的示例，用于演示不同断言使用的场景。

```
// 使用遗留模式
const assert = require('assert');

// 生成 AssertionError 对象
const { message } = new assert.AssertionError({
  actual: 1,
```

```
    expected: 2,
    operator: 'strictEqual'
});

// 验证错误信息输出
try {

// 验证两个值是否相等
    assert.strictEqual(1, 2); // false
} catch (err) {

// 验证类型
    assert(err instanceof assert.AssertionError); // true

// 验证值
    assert.strictEqual(err.message, message); // true
    assert.strictEqual(err.name, 'AssertionError [ERR_ASSERTION]'); // false
    assert.strictEqual(err.actual, 1); // true
    assert.strictEqual(err.expected, 2); // true
    assert.strictEqual(err.code, 'ERR_ASSERTION'); // true
    assert.strictEqual(err.operator, 'strictEqual'); // true
    assert.strictEqual(err.generatedMessage, true);  // true
}
```

其中，strictEqual 用于严格比较两个值是否相等，在上面的例子中，"strictEqual(1, 2)"的结果是 false。可以比较数值、字符串或对象；"assert(err instanceof assert.AssertionError);"用于验证是否为 AssertionError 的实例，上面例子的结果是 true；AssertionError 上并没有对 name 属性赋值，因此"strictEqual(err.name, 'AssertionError [ERR_ASSERTION]');"的结果是 false。

以下是运行示例时控制台的输出内容。

```
assert.js:89
  throw new AssertionError(obj);
  ^

AssertionError [ERR_ASSERTION]: Expected values to be strictly equal:
+ actual - expected

+ 'AssertionError'
- 'AssertionError [ERR_ASSERTION]'
        ^
    at Object.<anonymous> (D:\workspaceGitosc\nodejs-book\samples\
assert-strict\main.js:21:12)
    at Module._compile (internal/modules/cjs/loader.js:759:30)
    at Object.Module._extensions..js (internal/modules/cjs/loader.
js:770:10)
    at Module.load (internal/modules/cjs/loader.js:628:32)
    at Function.Module._load (internal/modules/cjs/loader.js:555:12)
    at Function.Module.runMain (internal/modules/cjs/loader.js:826:10)
```

```
at internal/main/run_main_module.js:17:11
```

从输出中可以看到，所有断言结果为 false（失败）的地方都打印了出来，以提示用户哪些测试用例是不通过的。

3.1.3　了解AssertionError

在上述例子中，通过 "new assert.AssertionError(options)" 的方式实例化了一个 AssertionError 对象。

其中，options 参数包含如下属性。

- message：如果提供，则将错误消息设置为此值。
- actual：错误实例上的 actual 属性将包含此值。在内部用于 actual 错误输入，如使用 assert. strictEqual()。
- expected：错误实例上的 expected 属性将包含此值。在内部用于 expected 错误输入，如使用 assert.strictEqual()。
- operator：错误实例上的 operator 属性将包含此值。在内部用于表明比较的操作（或触发错误的断言函数）。
- stackStartFn：如果提供，则生成的堆栈跟踪将移除所有帧直到提供的函数。

AssertionError 继承自 Error，因此拥有 message 和 name 属性。除此之外，AssertionError 还包括以下属性。

- actual：设置为实际值，如使用 assert.strictEqual()。
- expected：设置为期望值，如使用 assert.strictEqual()。
- generatedMessage：表明消息是否为自动生成的。
- code：始终设置为字符串 ERR_ASSERTION 以表明错误实际上是断言错误。
- operator：设置为传入的运算符值。

实战 3.1.4　实战：deepStrictEqual示例

assert.deepStrictEqual 用于测试实际参数和预期参数之间是否深度相等。深度相等意味着子对象可枚举的自身属性也通过以下规则进行递归计算。

- 使用 SameValue 比较 [1]（使用 Object.is()）来比较原始值。
- 对象的类型标签应该相同。
- 使用严格相等比较来比较对象的原型。
- 只考虑可枚举的自身属性。

---

[1]　SameValue 比较的描述，可见 https://tc39.github.io/ecma262/#sec-samevalue。

- 始终比较 Error 的名称和消息，即使这些不是可枚举的属性。
- 可枚举的自身 Symbol 属性也会比较。
- 对象封装器作为对象和解封装后的值都进行比较。
- Object 属性的比较是无序的。
- Map 键名与 Set 子项的比较是无序的。
- 当两边的值不相同或遇到循环引用时，递归停止。
- WeakMap 和 WeakSet 的比较不依赖于它们的值。

以下是详细的用法示例。

```
// 使用严格模式
const assert = require('assert').strict;


// 1 !== '1'.
assert.deepStrictEqual({ a: 1 }, { a: '1' });
// AssertionError: Expected inputs to be strictly deep-equal:
// + actual - expected
//
//   {
// +   a: 1
// -   a: '1'
//   }

// 对象没有自己的属性
const date = new Date();
const object = {};
const fakeDate = {};
Object.setPrototypeOf(fakeDate, Date.prototype);

// [[Prototype]] 不同
assert.deepStrictEqual(object, fakeDate);
// AssertionError: Expected inputs to be strictly deep-equal:
// + actual - expected
//
// + {}
// - Date {}

// 类型标签不同
assert.deepStrictEqual(date, fakeDate);
// AssertionError: Expected inputs to be strictly deep-equal:
// + actual - expected
//
// + 2019-04-26T00:49:08.604Z
// - Date {}

// 正确，因为符合 SameValue 比较
```

```
assert.deepStrictEqual(NaN, NaN);

// 未包装时数字不同
assert.deepStrictEqual(new Number(1), new Number(2));
// AssertionError: Expected inputs to be strictly deep-equal:
// + actual - expected
//
// + [Number: 1]
// - [Number: 2]

// 正确，对象和字符串未包装时是相同的
assert.deepStrictEqual(new String('foo'), Object('foo'));

// 正确
assert.deepStrictEqual(-0, -0);

// 对于 SameValue 比较而言，0 和 -0 是不同的
assert.deepStrictEqual(0, -0);
// AssertionError: Expected inputs to be strictly deep-equal:
// + actual - expected
//
// + 0
// - -0

const symbol1 = Symbol();
const symbol2 = Symbol();

// 正确，所有对象上都是相同的 Symbol
assert.deepStrictEqual({ [symbol1]: 1 }, { [symbol1]: 1 });

assert.deepStrictEqual({ [symbol1]: 1 }, { [symbol2]: 1 });
// AssertionError [ERR_ASSERTION]: Inputs identical but not reference
equal:
//
// {
//   [Symbol()]: 1
// }

const weakMap1 = new WeakMap();
const weakMap2 = new WeakMap([[{}, {}]]);
const weakMap3 = new WeakMap();
weakMap3.unequal = true;

// 正确，因为无法比较条目
assert.deepStrictEqual(weakMap1, weakMap2);

// 失败！因为 weakMap3 有一个 unequal 属性，而 weakMap1 没有这个属性
assert.deepStrictEqual(weakMap1, weakMap3);
// AssertionError: Expected inputs to be strictly deep-equal:
```

```
// + actual - expected
//
//   WeakMap {
// +   [items unknown]
// -   [items unknown],
// -   unequal: true
//   }
```

本节例子可以在"deep-strict-equal/main.js"文件中找到。

3.2 第三方测试工具

除了 Node.js 自身提供的测试工具外，开源社区也提供了非常不错的测试工具。本节介绍 Nodeunit、Mocha 和 Vows 这三款第三方工具。

3.2.1 Nodeunit

Nodeunit 提供了一种编写多个测试脚本的方法。编写测试用例后，每个测试用例都以串行方式运行。要使用 Nodeunit，需要使用 npm 全局安装它。

```
$ npm install nodeunit -g
```

Nodeunit 提供了一种轻松运行一系列测试的方法，而无须将所有内容都包装在 try/catch 块中。它支持所有 assert 模块测试，并提供自己的几种方法来控制测试。每个测试用例都作为测试脚本中的对象方法导出。每个测试用例都有一个控制对象，通常名为 test。测试用例中的第一个方法是 expect 方法，用来告诉 Nodeunit 在测试用例中预期值是多少。测试用例中的最后一个方法是 done 方法，告诉 Nodeunit 测试用例已完成。

以下是一个 Nodeunit 的典型测试流程。

```
module.exports = {
 'Test 1' : function(test) {
 test.expect(3); // 测试数 3 个

// 省略实际测试用例 ...
 test.done();
 },
 'Test 2' : function (test) {
 test.expect(1); // 测试数 1 个

// 省略实际测试用例 ...
 test.done();
```

```
}
};
```

要运行该测试用例，需要执行下面的命令。

```
$ nodeunit thetest.js
```

下面是一个完整的 Nodeunit 测试脚本，有 6 个断言。它由两个测试单元组成，标记为"Test 1"和"Test 2"。其中，第一个测试单元运行 4 个单独的测试，而第二个测试单元运行两个。expect 方法调用反映了在单元中运行的测试数。

```
var util = require('util');
module.exports = {
 'Test 1' : function(test) {
 test.expect(4);
 test.equal(true, util.isArray([]));
 test.equal(true, util.isArray(new Array(3)));
 test.equal(true, util.isArray([1,2,3]));
 test.notEqual(true, 1 > 2);
 test.done();
 },
 'Test 2' : function(test) {
 test.expect(2);
 test.deepEqual([1,2,3], [1,2,3]);
 test.ok('str' === 'str', 'equal');
 test.done();
 }
};
```

上述例子的运行结果如下。

```
thetest.js
   Test 1
   Test 2
OK: 6 assertions (12ms)
```

测试前面的符号表示成功或失败。上述测试脚本中的所有测试均未失败，因此没有错误脚本或堆栈跟踪输出。

3.2.2　Mocha

Mocha 被认为是另一个流行的测试框架 Espresso 的继承者。Mocha 适用于浏览器和 Node 应用程序。它允许通过 done 函数进行异步测试，但可以省略同步测试的功能。Mocha 可以与任何断言库一起使用。

安装 Mocha 的命令如下。

```
$ npm install mocha -g
```

以下是使用 Mocha 测试的示例：

```
assert = require('assert')
describe('MyTest', function() {
    describe('First', function() {
        it('sample test', function() {
            assert.equal('hello','hello');
        });
    });
});
```

要运行该测试用例，需要执行下面的命令。

```
$ mocha testcase.js
```

上述例子的运行结果如下。

```
MyTest
 First
    sample test
1 passing (15ms)
```

3.2.3　Vows

Vows 是一种行为驱动开发（BDD）测试框架，与其他框架相比具有的优势是有更全面的文档。测试由测试套件组成，测试套件本身由多批顺序执行的测试组成。批处理由一个或多个并行执行的上下文组成，每个上下文由一个主题组成。

安装 Vows 的命令如下。

```
$ npm install vows
```

以下是使用 Vows 编写的测试用例。

```
const PI = Math.PI;
exports.area = function (r) {
 return (PI * r * r).toFixed(4);
};
exports.circumference = function (r) {
 return (2 * PI * r).toFixed(4);
};
```

在 Vows 测试应用程序中，圆形对象是主题（topic），区域和周长方法是誓言（vow），两者都封装为 Vows 上下文。该套件是整体测试应用程序，批处理是测试实例（圆形和两种方法）。

```
var vows = require('vows'),
 assert = require('assert');
var circle = require('./circle');
```

```
var suite = vows.describe('Test Circle');
suite.addBatch({
 'An instance of Circle': {
 topic: circle,
 'should be able to calculate circumference': function (topic) {
 assert.equal (topic.circumference(3.0), 18.8496);
 },
 'should be able to calculate area': function(topic) {
 assert.equal (topic.area(3.0), 28.2743);
 }
 }
}).run();
```

要运行该测试用例，需要执行下面的命令。

```
$ node vowstest.js
```

上述例子的运行结果如下。

```
· ·    OK » 2 honored (0.012s)
```

主题始终是异步函数或值。可以直接将对象方法作为主题引用。

```
var vows = require('vows'),
 assert = require('assert');
var circle = require('./circle');
var suite = vows.describe('Test Circle');
suite.addBatch({
 'Testing Circle Circumference': {
 topic: function() { return circle.circumference;},
 'should be able to calculate circumference': function (topic) {
 assert.equal (topic(3.0), 18.8496);
 },
 },
 'Testing Circle Area': {
 topic: function() { return circle.area;},
 'should be able to calculate area': function(topic) {
 assert.equal (topic(3.0), 28.2743);
 }
 }
}).run();
```

在此版本的示例中，每个上下文都是给定标题的对象：测试圆周长和测试圆区域。在每个上下文中有一个主题和一个誓言。

可以合并多个批次，每个批次具有多个上下文，这些上下文又可以具有多个主题和多个誓言。

第4章
Buffer（缓冲区）

本章介绍使用 Node.js 的 Buffer（缓冲区）类来
处理二进制数据。

4.1　了解Buffer

由于历史原因，早期的 JavaScript 语言没有用于读取或操作二进制数据流的机制。因为 JavaScript 最初被设计用于处理 HTML 文档，而文档主要由字符串组成。

但随着 Web 的发展，Node.js 需要处理如数据库通信、操作图像或视频，以及上传文件等复杂的业务。在早期，Node.js 通过将每个字节编码为本文字符来处理二进制数据，这种方式既浪费资源又速度缓慢，不仅不可靠，还难以控制。

因此，Node.js 引入 Buffer 类，用于在 TCP 流、文件系统操作和其他上下文中与八位字节流（octet streams）进行交互。

之后，随着 ECMAScript 2015 的发布，对于 JavaScript 二进制处理有了质的改善。ECMAScript 2015 定义了一个 TypedArray（类型化数组），期望提供一种更加高效的机制来访问和处理二进制数据。基于 TypedArray，Buffer 类将以更优化和适合 Node.js 的方式来实现 Uint8Array API。

4.1.1　了解TypedArray

TypedArray 对象描述了基础二进制数据缓冲区的类数组视图。没有名为 TypedArray 的全局属性，也没有直接可见的 TypedArray 构造函数。相反，有许多不同的全局属性，其值是特定元素类型的类型化数组构造函数，如下所示。

```
// 创建 TypedArray
const typedArray1 = new Int8Array(8);
typedArray1[0] = 32;

const typedArray2 = new Int8Array(typedArray1);
typedArray2[1] = 42;

console.log(typedArray1);

// 输出：Int8Array [32, 0, 0, 0, 0, 0, 0, 0]
console.log(typedArray2);

// 输出：Int8Array [32, 42, 0, 0, 0, 0, 0, 0]
```

表 4-1 总结了所有 TypedArray 的类型及值范围。

表4-1　TypedArray的类型及值范围

类型	值范围	字节数	等于C语言类型
Int8Array	−128 ~ 127	1	int8_t
Uint8Array	0 ~ 255	1	uint8_t
Uint8ClampedArray	0 ~ 255	1	uint8_t

类型	值范围	字节数	等于C语言类型
Int16Array	−32 768 ~ 32 767	2	int16_t
Uint16Array	0 ~ 65 535	2	uint16_t
Int32Array	−2 147 483 648 ~ 2 147 483 647	4	int32_t
Uint32Array	0 ~ 4 294 967 295	4	uint32_t
Float32Array	1.2×10^{-38} ~ 3.4×10^{38}	4	float
Float64Array	5.0×10^{-324} ~ 1.8×10^{308}	8	double
BigInt64Array	-2^{63} ~ $2^{63}-1$	8	int64_t
BigUint64Array	0 ~ $2^{64}-1$	8	uint64_t

更多有关 TypedArray 的内容，可以参阅文档 https://developer.mozilla.org/en-US/docs/Web/JavaScript/Reference/Global_Objects/TypedArray。

4.1.2　Buffer类

Buffer 类是基于 Uint8Array 的，因此其值为 0 ~ 255 的整数数组。

以下是创建 Buffer 实例的一些示例。

```
// 创建一个长度为 10 的零填充缓冲区
const buf1 = Buffer.alloc(10);

// 创建一个长度为 10 的填充 0x1 的缓冲区
const buf2 = Buffer.alloc(10, 1);

// 创建一个长度为 10 的未初始化缓冲区
// 这比调用 Buffer.alloc() 更快但返回了缓冲区实例
// 但有可能包含旧数据，可以通过 fill() 或 write() 来覆盖旧值
const buf3 = Buffer.allocUnsafe(10);

// 创建包含 [0x1, 0x2, 0x3] 的缓冲区
const buf4 = Buffer.from([1, 2, 3]);

// 创建包含 UTF-8 字节的缓冲区 [0x74, 0xc3, 0xa9, 0x73, 0x74]
const buf5 = Buffer.from('tést');

// 创建一个包含 Latin-1 字节的缓冲区 [0x74, 0xe9, 0x73, 0x74]
const buf6 = Buffer.from('tést', 'latin1');
```

Buffer 可以简单理解为是数组结构，因此，可以用常见的“for..of”语法来迭代缓冲区实例。以下是示例。

```
const buf = Buffer.from([1, 2, 3]);
```

```
for (const b of buf) {
  console.log(b);
}
// 输出：
//   1
//   2
//   3
```

4.2 创建缓冲区

在 Node.js 6.0.0 版本之前，创建缓冲区的方式是通过 Buffer 的构造函数来创建实例。以下是示例。

```
// Node.js 6.0.0 版本之前实例化 Buffer
const buf1 = new Buffer() ;
const buf2 = new Buffer(10);
```

上述例子中，使用 new 关键字创建 Buffer 实例，它根据提供的参数返回不同的 Buffer。其中，将数字作为第一个参数传递给 Buffer() 会分配一个指定大小的新 Buffer 对象。在 Node.js 8.0.0 之前，为此类 Buffer 实例分配的内存未初始化，并且可能包含敏感数据，因此随后必须使用 buf.fill(0) 或写入整个 Buffer 来初始化此类 Buffer 实例。

因此初始化缓存区其实有两种方式：创建快速但未初始化的缓冲区与创建速度更慢但更安全的缓冲区。但这两种方式并未在 API 上明显体现出来，因此可能会导致开发人员的误用，引发不必要的安全问题。所以，初始化缓冲区的安全 API 与非安全 API 之间需要有更明确的区分。

4.2.1 初始化缓冲区的API

为了使 Buffer 实例的创建更可靠且更不容易出错，在新的 Buffer() 中，构造函数已被弃用，由单独的 Buffer.from()、Buffer.alloc() 和 Buffer.allocUnsafe() 方法来替代。

新的 API 包含以下几种。

- Buffer.from(array) 返回一个新的 Buffer，其中包含提供的八位字节的副本。
- Buffer.from(arrayBuffer [, byteOffset [, length]]) 返回一个新的 Buffer，它与给定的 ArrayBuffer 共享相同的已分配内存。
- Buffer.from(buffer) 返回一个新的 Buffer，其中包含给定 Buffer 的内容副本。
- Buffer.from(string [, encoding]) 返回一个新的 Buffer，其中包含提供的字符串的副本。
- Buffer.alloc(size [, fill [, encoding]]) 返回指定大小的新初始化 Buffer。此方法比 Buffer.allocUnsafe(size)

慢，但保证新创建的 Buffer 实例永远不会包含可能敏感的旧数据。

- Buffer.allocUnsafe(size) 和 Buffer.allocUnsafeSlow(size) 分别返回指定大小的新未初始化缓冲区。由于缓冲区未初始化，因此分配的内存段可能包含敏感的旧数据。如果 size 小于或等于 Buffer. poolSize 的一半，则 Buffer.allocUnsafe() 返回的缓冲区实例可以从共享内部内存池中分配。Buffer.allocUnsafeSlow() 返回的实例从不使用共享内部内存池。

4.2.2 理解数据的安全性

正如上面 API 所描述的，API 在使用时要区分场景，毕竟不同的 API 对于数据的安全性有所差异。以下是 Buffer 的 alloc 方法和 allocUnsafe 方法使用的例子。

```
// 创建一个长度为 10 的零填充缓冲区
const safeBuf = Buffer.alloc(10, 'waylau');

console.log(safeBuf.toString()); // waylauwayl

// 数据有可能包含旧数据
const unsafeBuf = Buffer.allocUnsafe(10); // ┐ Qbf

console.log(unsafeBuf.toString());
```

输出内容如下。

```
waylauwayl
 ┐ Qbf
```

可以看到，allocUnsafe 分配的缓存区中包含了旧数据，而且旧数据的值是不确定的。之所以会有这种旧数据产生，是因为调用 Buffer.allocUnsafe() 和 Buffer.allocUnsafeSlow() 时，分配的内存段未初始化（它不会被清零）。虽然这种设计使得内存分配非常快，但分配的内存段可能包含敏感的旧数据。使用由 Buffer.allocUnsafe() 创建的缓冲区而不完全覆盖内存可以允许在读取缓冲区内存时泄漏此旧数据。虽然使用 Buffer.allocUnsafe() 有明显的性能优势，但必须格外小心，以避免将安全漏洞引入应用程序。

如果想清理旧数据，可以使用 fill() 方法。示例如下。

```
// 数据有可能包含旧数据
const unsafeBuf = Buffer.allocUnsafe(10);

console.log(unsafeBuf.toString());

const unsafeBuf2 = Buffer.allocUnsafe(10);

// 用 0 填充清理掉旧数据
unsafeBuf2.fill(0);
```

```
console.log(unsafeBuf2.toString());
```

通过填充零的方式（fill(0)），可以成功清理掉 allocUnsafe 分配的缓冲区中的旧数据。

注意安全和性能是天平的两端，要获取相对的安全，就要牺牲相对的性能。因此，开发人员在选择使用安全或非安全的方法时，一定要基于自己的业务场景来考虑。

本节例子可以在"buffer-demo/safe-and-unsafe.js"文件中找到。

4.2.3　启用零填充

可以使用 --zero-fill-buffers 命令行选项启动 Node.js，这样所有新分配的 Buffer 实例在创建时默认为零填充，包括 new Buffer(size)、Buffer.allocUnsafe()、Buffer.allocUnsafeSlow() 和 new SlowBuffer(size)。

以下是启用零填充的示例。

```
node --zero-fill-buffers safe-and-unsafe
```

正如前文所述，使用零填充虽然可以获得数据上的安全，但一定是以牺牲性能为代价，因此使用此标志可能会对性能产生重大负面影响。建议仅在必要时使用 --zero-fill-buffers 选项。

4.2.4　指定字符编码

当字符串数据存储在 Buffer 实例中或从 Buffer 实例中提取时，可以指定字符编码。

```
// 以 UTF-8 编码初始化缓冲区数据
const buf = Buffer.from('Hello World! 你好，世界! ', 'utf8');

// 转为十六进制字符
console.log(buf.toString('hex'));

// 输出： 48656c6c6f20576f726c6421e4bda0e5a5bdefbc8ce4b896e7958cefbc81

// 转为 Base64 编码
console.log(buf.toString('base64'));

// 输出： SGVsbG8gV29ybGQh5L2g5aW977yM5LiW55WM77yB
```

上述例子中，在初始化缓冲区数据时使用 UTF-8，而后在提取缓冲区数据时，转为了十六进制字符和 Base64 编码。

Node.js 当前支持的字符编码包括以下几种。

- ascii：仅适用于 7 位 ASCII 数据。此编码速度很快，如果设置则会剥离高位。
- utf8：多字节编码的 Unicode 字符。许多网页和其他文档格式都使用 UTF-8。涉及中文字符时，建议采用该编码。
- utf16le：2 个或 4 个字节，little-endian 编码的 Unicode 字符。

- ucs2：utf16le 的别名。
- base64：Base64 编码。从字符串创建缓冲区时，此编码也将正确接受 RFC 4648 规范指定的 "URL 和文件名安全字母"[①]。
- latin1：将 Buffer 编码为单字节编码字符串的方法。
- binary：latin1 的别名。
- hex：将每个字节编码为两个十六进制字符。

本节例子可以在 "buffer-demo/character-encodings.js" 文件中找到。

4.3 切分缓冲区

Node.js 提供了切分缓冲的方法 buf.slice([start[, end]])，其中参数的含义如下。

- start<integer> 指定新缓冲区开始的索引。默认值为 0。
- end<integer> 指定缓冲区结束的索引（不包括）。默认值为 buf.length。

返回的新的 Buffer 引用与原始内存相同的内存，但是由起始和结束索引进行偏移和切分。以下是示例。

```
const buf1 = Buffer.allocUnsafe(26);

for (let i = 0; i < 26; i++) {

  // 97 在 ASCII 中的值是 'a'.
  buf1[i] = i + 97;

}

const buf2 = buf1.slice(0, 3);
console.log(buf2.toString('ascii', 0, buf2.length));

// 输出：abc
buf1[0] = 33; // 33 在 ASCII 中的值是 '!'.
console.log(buf2.toString('ascii', 0, buf2.length));

// 输出：!bc
```

如果指定了大于 buf.length 的结束索引，则返回的结束索引的值等于 buf.length 的值。示例如下：

```
const buf = Buffer.from('buffer');

console.log(buf.slice(-6, -1).toString());
```

---

① 有关 RFC 4648 规范的内容，可见 https://tools.ietf.org/html/rfc4648。

```
// 输出：buffe
// 等同于：buf.slice(0, 5)
console.log(buf.slice(-6, -2).toString());

// 输出： buff
// 等同于：buf.slice(0, 4)
console.log(buf.slice(-5, -2).toString());

// 输出： uff
// 等同于：buf.slice(1, 4)
```

修改新的 Buffer 片段将会同时修改原始 Buffer 中的内存，因为两个对象分配的内存是相同的。示例如下。

```
const oldBuf = Buffer.from('buffer');
const newBuf = oldBuf.slice(0, 3);

console.log(newBuf.toString()); // buf

// 修改新的 Buffer
newBuf[0] = 97;  // 97 在 ASCII 中的值是 'a'.
console.log(oldBuf.toString()); // auffer
```

本节例子可以在"buffer-demo/buffer-slice.js"文件中找到。

4.4　连接缓冲区

Node.js 提供了连接缓冲区的方法 Buffer.concat(list[, totalLength])，其中参数的含义如下。

- list <Buffer[]> | <Uint8Array[]> 指待连接的 Buffer 或 Uint8Array 实例的列表。
- totalLength <integer> 连接完成后 list 中的 Buffer 实例的长度。

返回的新的 Buffer 是连接 list 中所有 Buffer 实例的结果。如果 list 没有数据项或 totalLength 为 0，则返回的新 Buffer 的长度也是 0。

在上述连接方法中，totalLength 可以指定也可以不指定。如果不指定，会从 list 中计算 Buffer 实例的长度。如果指定了的话，即便 list 中连接之后的 Buffer 实例长度超过了 totalLength，则最终返回的新 Buffer 的长度也只会是 totalLength 长度。考虑到计算 Buffer 实例的长度会有一定的性能损耗，建议在能够提前预知长度的情况下，指定 totalLength。

以下是连接缓冲区的示例。

```
// 创建 3 个 Buffer 实例
const buf1 = Buffer.alloc(1);
```

```
const buf2 = Buffer.alloc(4);
const buf3 = Buffer.alloc(2);
const totalLength = buf1.length + buf2.length + buf3.length;

console.log(totalLength); // 7

// 连接 3 个 Buffer 实例
const bufA = Buffer.concat([buf1, buf2, buf3], totalLength);

console.log(bufA); // <Buffer 00 00 00 00 00 00 00>

console.log(bufA.length); // 7
```

本节例子可以在“buffer-demo/buffer-concat.js”文件中找到。

4.5 比较缓冲区

Node.js 提供了比较缓冲区的方法 Buffer.compare(buf1, buf2)。将 buf1 与 buf2 进行比较通常是为了对 Buffer 实例的数组进行排序。以下是示例。

```
const buf1 = Buffer.from('1234');
const buf2 = Buffer.from('0123');
const arr = [buf1, buf2];

console.log(arr.sort(Buffer.compare));
// 输出：[ <Buffer 30 31 32 33>, <Buffer 31 32 33 34> ]
```

上述结果等同于：

```
const arr = [buf2, buf1];
```

比较还有另外一种用法，是比较两个 Buffer 实例。以下是示例。

```
const buf1 = Buffer.from('1234');
const buf2 = Buffer.from('0123');

console.log(buf1.compare(buf2));
// 输出 1
```

将 buf1 与 buf2 进行比较，并返回一个数字，指示 buf1 在排序顺序之前、之后还是与目标相同。比较是基于每个缓冲区中的实际字节序列。

- 如果 buf2 与 buf1 相同，则返回 0。
- 如果在排序时 buf2 应该在 buf1 之前，则返回 1。
- 如果在排序后 buf2 应该在 buf1 之后，则返回 –1。

本节例子可以在"buffer-demo/buffer-compare.js"文件中找到。

4.6　缓冲区编解码

编写一个网络应用程序避免不了要使用编解码器。编解码器的作用就是将原始字节数据与目标程序数据格式进行互转，因为网络中都是以字节码的数据形式来传输数据的。编解码器又可以细分为两类：解码器和编码器。

4.6.1　解码器和编码器

编码器和解码器都是实现了字节序列与业务对象转化。那么，如何进行区分呢？

从消息角度看，编码器是转换消息格式为适合传输的字节流，而相应的解码器是将传输数据转换为程序的消息格式。

从逻辑上看，编码器是从消息格式转化为字节流，是出站（outbound）操作；而解码器是将字节流转换为消息格式，是入站（inbound）操作。

4.6.2　缓冲区解码

Node.js 缓冲区解码都是"read"方法。以下是常用的解码 API。

- buf.readBigInt64BE([offset])
- buf.readBigInt64LE([offset])
- buf.readBigUInt64BE([offset])
- buf.readBigUInt64LE([offset])
- buf.readDoubleBE([offset])
- buf.readDoubleLE([offset])
- buf.readFloatBE([offset])
- buf.readFloatLE([offset])
- buf.readInt8([offset])
- buf.readInt16BE([offset])
- buf.readInt16LE([offset])
- buf.readInt32BE([offset])
- buf.readInt32LE([offset])
- buf.readIntBE(offset, byteLength)

- buf.readIntLE(offset, byteLength)
- buf.readUInt8([offset])
- buf.readUInt16BE([offset])
- buf.readUInt16LE([offset])
- buf.readUInt32BE([offset])
- buf.readUInt32LE([offset])
- buf.readUIntBE(offset, byteLength)
- buf.readUIntLE(offset, byteLength)

上述 API 从方法命名上就能看出其用意。以 buf.readInt8([offset]) 方法为例，该 API 是从缓冲区读取 8 位整型数据。以下是一个使用示例。

```
const buf = Buffer.from([-1, 5]);

console.log(buf.readInt8(0));
// 输出：-1

console.log(buf.readInt8(1));
// 输出：5

console.log(buf.readInt8(2));
// 抛出 ERR_OUT_OF_RANGE 异常
```

其中，offset 用于指示数据在缓冲区的索引的位置。如果 offset 超过了缓冲区的长度，则会抛出"ERR_OUT_OF_RANGE"异常信息。

本节例子可以在"buffer-demo/buffer-read.js"文件中找到。

4.6.3　缓冲区编码

Node.js 缓冲区编码都是"write"方法。以下是常用的编码 API。

- buf.write(string[, offset[, length]][, encoding])
- buf.writeBigInt64BE(value[, offset])
- buf.writeBigInt64LE(value[, offset])
- buf.writeBigUInt64BE(value[, offset])
- buf.writeBigUInt64LE(value[, offset])
- buf.writeDoubleBE(value[, offset])
- buf.writeDoubleLE(value[, offset])
- buf.writeFloatBE(value[, offset])
- buf.writeFloatLE(value[, offset])

- buf.writeInt8(value[, offset])
- buf.writeInt16BE(value[, offset])
- buf.writeInt16LE(value[, offset])
- buf.writeInt32BE(value[, offset])
- buf.writeInt32LE(value[, offset])
- buf.writeIntBE(value, offset, byteLength)
- buf.writeIntLE(value, offset, byteLength)
- buf.writeUInt8(value[, offset])
- buf.writeUInt16BE(value[, offset])
- buf.writeUInt16LE(value[, offset])
- buf.writeUInt32BE(value[, offset])
- buf.writeUInt32LE(value[, offset])
- buf.writeUIntBE(value, offset, byteLength)
- buf.writeUIntLE(value, offset, byteLength)

上述 API 从方法命名上就能看出其用意。以 buf.writeInt8(value[, offset]) 方法为例，该 API 是将 8 位整型数据写入缓冲区。以下是一个使用示例。

```
const buf = Buffer.allocUnsafe(2);

buf.writeInt8(2, 0);
buf.writeInt8(4, 1);

console.log(buf);
// 输出：<Buffer 02 04>
```

上述例子，最终在缓冲区的数据为 [02, 04]。

本节例子可以在"buffer-demo/buffer-write.js"文件中找到。

第5章
事件处理

  Node.js 吸引人一个非常重要的原因是 Node.js 是异步事件驱动的。通过异步事件驱动机制，Node.js应用拥有了高并发处理能力。

  本章介绍 Node.js 的事件处理。

5.1　理解事件和回调

在 Node.js 应用中，事件无处不在。例如，net.Server 会在每次有新连接时触发事件，fs.ReadStream 会在打开文件时触发事件，stream 会在数据可读时触发事件。

在 Node.js 的事件机制中主要有三类角色：事件（Event）、事件发射器（Event Emitter）、事件监听器（Event Listener）。

所有能触发事件的对象在 Node.js 中都是 EventEmitter 类的实例。这些对象有一个 eventEmitter.on() 函数，用于将一个或多个函数绑定到命名事件上。事件的命名通常是驼峰式的字符串。

当 EventEmitter 对象触发一个事件时，所有绑定在该事件上的函数都会被同步地调用。

以下是一个简单的 EventEmitter 实例，绑定了一个事件监听器。

```
const EventEmitter = require('events');

class MyEmitter extends EventEmitter {}

const myEmitter = new MyEmitter();

// 注册监听器
myEmitter.on('event', () => {
  console.log(' 触发事件 ');
});

// 触发事件
myEmitter.emit('event');
```

在上述例子中，eventEmitter.on() 用于注册监听器，eventEmitter.emit() 用于触发事件。其中，eventEmitter.on() 是一个典型的异步编程模式，而且与回调函数密不可分，而回调函数就是后继传递风格的一种体现。后继传递风格是一种控制流通过参数传递的风格。简单来说就是把下一步要运行的代码封装成函数，通过参数传递的方式传给当前运行的函数。

所谓回调，就是"回头再调"的意思。在上述例子中，myEmitter 先注册了 event 事件，同时绑定了一个匿名的回调函数。该函数并不是马上执行，而是需要等到事件触发了以后再执行。

5.1.1　事件循环

Node.js 是单进程单线程应用程序，但是因为 V8 引擎提供了异步执行回调接口，通过这些接口可以处理大量的并发请求，所以性能非常高。

Node.js 几乎每一个 API 都是支持回调函数的。

Node.js 基本上所有的事件机制都是用设计模式中的观察者模式实现。

Node.js 单线程类似进入一个 while(true) 的事件循环，直到没有事件观察者退出，每个异步事件都生成一个事件观察者，如果有事件发生就调用该回调函数。

5.1.2　事件驱动

图 5-1 所示为事件驱动模型示意图。

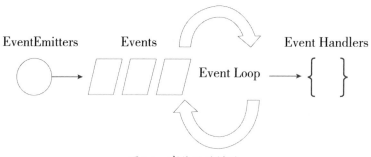

图5-1　事件驱动模型

Node.js 使用事件驱动模型，当服务器接收到请求，就把它关闭进行处理，然后去服务下一个请求。当这个请求完成，它被放回处理队列，当到达队列开头，这个结果被返回给用户。

这个模型非常高效，可扩展性非常强，因为服务器一直接受请求而不等待任何读写操作。

在事件驱动模型中，会生成一个主循环来监听事件，当检测到事件时触发回调函数。

整个事件驱动的流程有点类似于观察者模式，事件相当于一个主题（Subject），而所有注册到这个事件上的处理函数相当于观察者（Observer）。

5.2　事件发射器

在 Node.js 中，事件发射器是定义在 events 模块的 EventEmitter 类。获取 EventEmitter 类的方式如下。

```
const EventEmitter = require('events');
```

当 EventEmitter 类实例新增监听器时，会触发 newListener 事件；当移除已存在的监听器时，则触发 removeListener 事件。

5.2.1　将参数和this传给监听器

eventEmitter.emit() 方法可以传递任意数量的参数到监听器函数。当监听器函数被调用时，this 关键词会被指向监听器所绑定的 EventEmitter 实例。以下是示例。

```
const EventEmitter = require('events');

class MyEmitter extends EventEmitter {}

const myEmitter = new MyEmitter();

myEmitter.on('event', function(a, b) {
  console.log(a, b, this, this === myEmitter);
  // 输出 :
  // a b MyEmitter {
  //   _events: [Object: null prototype] { event: [Function] },
  //   _eventsCount: 1,
  //   _maxListeners: undefined
  // } true
});

myEmitter.emit('event', 'a', 'b');
```

也可以使用 ES6 的 lambda 表达式作为监听器，但 this 关键词不会指向 EventEmitter 实例。以下是示例。

```
const EventEmitter = require('events');

class MyEmitter extends EventEmitter { }

const myEmitter = new MyEmitter();

myEmitter.on('event', (a, b) => {
    console.log(a, b, this);
    // 输出 : a b {}
});

myEmitter.emit('event', 'a', 'b');
```

本节例子可以在"events-demo/parameter-this.js"和"events-demo/parameter-lambda.js"文件中找到。

5.2.2　异步与同步

EventEmitter 会按照监听器注册的顺序同步地调用所有监听器。所以必须确保事件的排序正确，且避免竞态条件。可以使用 setImmediate() 或 process.nextTick() 切换到异步模式。

```
const EventEmitter = require('events');

class MyEmitter extends EventEmitter { }

const myEmitter = new MyEmitter();
```

```
myEmitter.on('event', (a, b) => {
    setImmediate(() => {
        console.log('异步进行');
    });
});

myEmitter.emit('event', 'a', 'b');
```

本节例子可以在"events-demo/set-immediate.js"文件中找到。

5.2.3　仅处理事件一次

当使用 eventEmitter.on() 注册监听器时，监听器会在每次触发命名事件时被调用。

```
const myEmitter = new MyEmitter();
let m = 0;

myEmitter.on('event', () => {
  console.log(++m);
});

myEmitter.emit('event');
// 输出：1

myEmitter.emit('event');
// 输出：2
```

使用 eventEmitter.once() 可以注册最多可调用一次的监听器。 当事件被触发时，监听器会被注销，然后再调用。

```
const EventEmitter = require('events');

class MyEmitter extends EventEmitter { }

const myEmitter = new MyEmitter();
let m = 0;

myEmitter.once('event', () => {
    console.log(++m);
});

myEmitter.emit('event');
// 打印：1
myEmitter.emit('event');
// 不触发
```

本节例子可以在"events-demo/emitter-once.js"文件中找到。

5.3　事件类型

Node.js 的事件是由不同的类型进行区分的。

5.3.1　事件类型的定义

观察在前面章节所涉及的示例。

```
const EventEmitter = require('events');

class MyEmitter extends EventEmitter {}

const myEmitter = new MyEmitter();

// 注册监听器
myEmitter.on('event', () => {
  console.log('触发事件');
});

// 触发事件
myEmitter.emit('event');
```

事件的类型是由字符串表示的。在上述示例中，事件的类型是"event"。

事件类型可以定义为任意的字符串，但约定俗成的是，事件类型通常是由不包含空格的小写单词组成的。

由于事件类型定义的灵活性，无法通过编程来判断事件发射器到底能够发射哪些类型的事件，因为事件发射器 API 不会提供内省机制，因此只能通过 API 文档来查看它能够发射的事件类型有哪些。

5.3.2　内置的事件类型

事件类型可以灵活定义，但有一些事件是由 Node.js 本身定义的，例如，前面章节所涉及的 newListener 事件和 removeListener 事件。当 EventEmitter 类实例新增监听器时，会触发 newListener 事件；当移除已存在的监听器时，则触发 removeListener 事件。

还有一类特殊的事件是指 error 事件。

5.3.3　error事件

当 EventEmitter 实例出错时，应该触发 error 事件。

如果没有为 error 事件注册监听器，则当 error 事件触发时，会抛出错误、打印堆栈跟踪，并退出 Node.js 进程。

```
const EventEmitter = require('events');

class MyEmitter extends EventEmitter { }

const myEmitter = new MyEmitter();

// 模拟触发error事件
myEmitter.emit('error', new Error(' 错误信息 '));
// 抛出错误
```

执行程序，可以看到控制台抛出了如下错误信息。

```
events.js:173
      throw er; // Unhandled 'error' event
      ^

Error: 错误信息
    at Object.<anonymous> (D:\workspaceGitosc\nodejs-book\samples\
events-demo\error-event.js:8:25)
    at Module._compile (internal/modules/cjs/loader.js:759:30)
    at Object.Module._extensions..js (internal/modules/cjs/loader.
js:770:10)
    at Module.load (internal/modules/cjs/loader.js:628:32)
    at Function.Module._load (internal/modules/cjs/loader.js:555:12)
    at Function.Module.runMain (internal/modules/cjs/loader.js:826:10)
    at internal/main/run_main_module.js:17:11
Emitted 'error' event at:
    at Object.<anonymous> (D:\workspaceGitosc\nodejs-book\samples\
events-demo\error-event.js:8:11)
    at Module._compile (internal/modules/cjs/loader.js:759:30)
    [... lines matching original stack trace ...]
    at internal/main/run_main_module.js:17:11
```

上述错误如果没有做进一步的处理，极易导致 Node.js 进程崩溃。为了防止进程崩溃，有两种解决方式。

1. 使用domain模块

早期 Node.js 的 domain 模块是用于简化异步代码的异常处理，可以捕捉处理 try-catch 无法捕捉的异常。引入 domain 模块的语法格式如下。

```
var domain = require('domain');
```

domain 模块把处理多个不同的 I/O 的操作作为一个组。注册事件和回调到 domain，当发生一个错误事件或抛出一个错误时，domain 对象会被通知，不会丢失上下文环境，也不导致程序错误立即退出。以下是一个 domain 的示例。

```
var domain = require('domain');
var connect = require('connect');

var app = connect();

// 引入一个 domain 的中间件，将每一个请求都包裹在一个独立的 domain 中
//domain 来处理异常
app.use(function (req,res, next) {
  var d = domain.create();
  // 监听 domain 的错误事件
  d.on('error', function (err) {
    logger.error(err);
    res.statusCode = 500;
    res.json({sucess:false, messag: '服务器异常'});
    d.dispose();
  });

  d.add(req);
  d.add(res);
  d.run(next);
});

app.get('/index', function (req, res) {
  // 处理业务
});
```

需要注意的是，domain 模块已经废弃了，不再推荐使用了。

2. 为error事件注册监听器

作为最佳实践，应该始终为 error 事件注册监听器。

```
const EventEmitter = require('events');

class MyEmitter extends EventEmitter { }

const myEmitter = new MyEmitter();

// 为 error 事件注册监听器
myEmitter.on('error', (err) => {
    console.error(' 错误信息 ');
});

// 模拟触发 error 事件
myEmitter.emit('error', new Error(' 错误信息 '));
```

本节例子可以在 "events-demo/error-event.js" 文件中找到。

5.4　事件的操作

本节介绍 Node.js 事件的常用操作。

实战 5.4.1　实战：设置最大监听器

默认情况下，每个事件可以注册最多 10 个监听器。可以使用 emitter.setMaxListeners(n) 方法改变单个 EventEmitter 实例的限制，也可以使用 EventEmitter.defaultMaxListeners 属性来改变所有 EventEmitter 实例的默认值。

需要注意的是，设置 EventEmitter.defaultMaxListeners 要谨慎，因为这个设置会影响所有 EventEmitter 实例，包括之前创建的。因而，推荐优先使用 emitter.setMaxListeners(n) 而不是 EventEmitter.defaultMaxListeners。

虽然可以设置最大监听器，但这个限制不是硬性的。EventEmitter 实例可以添加超过限制的监听器，只是会向 stderr 输出跟踪警告，表明检测到可能的内存泄漏。对于单个 EventEmitter 实例，可以使用 emitter.getMaxListeners() 和 emitter.setMaxListeners() 暂时地消除警告。

```
emitter.setMaxListeners(emitter.getMaxListeners() + 1);

emitter.once('event', () => {
  // 做些操作
  emitter.setMaxListeners(Math.max(emitter.getMaxListeners() - 1, 0));
});
```

如果想显示此类警告的堆栈跟踪信息，可以使用 "-trace-warnings" 命令行参数。

触发的警告可以通过 process.on('warning') 进行检查，并具有附加的 emitter、type 和 count 属性，分别指向事件触发器实例、事件名称，以及附加的监听器数量。其 name 属性设置为 MaxListenersExceededWarning。

实战 5.4.2　实战：获取已注册的事件的名称

可以通过 emitter.eventNames() 方法来返回已注册监听器的事件名数组。数组中的值可以为字符串或 Symbol。以下是示例。

```
const EventEmitter = require('events');

class MyEmitter extends EventEmitter { }

const myEmitter = new MyEmitter();

myEmitter.on('foo', () => {});
```

```
myEmitter.on('bar', () => {});

const sym = Symbol('symbol');
myEmitter.on(sym, () => {});

console.log(myEmitter.eventNames());
```

　　上述程序在控制台输出的内容如下：

```
[ 'foo', 'bar', Symbol(symbol) ]
```

　　本节例子可以在"events-demo/event-names.js"文件中找到。

实战 5.4.3　实战：获取监听器数组的副本

　　可以通过 emitter.listeners(eventName) 方法来返回名为 eventName 的事件的监听器数组的副本。
以下是示例。

```
const EventEmitter = require('events');

class MyEmitter extends EventEmitter { }

const myEmitter = new MyEmitter();

myEmitter.on('foo', () => {});

console.log(myEmitter.listeners('foo'));
```

　　上述程序在控制台输出的内容如下。

```
[ [Function] ]
```

　　本节例子可以在"events-demo/event-listeners.js"文件中找到。

实战 5.4.4　实战：将事件监听器添加到监听器数组的开头

　　通过 emitter.on(eventName, listener) 方法，监听器 listener 会被添加到监听器数组的末尾。可以
通过 emitter.prependListener() 方法，将事件监听器添加到监听器数组的开头。以下是示例。

```
const EventEmitter = require('events');

class MyEmitter extends EventEmitter { }

const myEmitter = new MyEmitter();

myEmitter.on('foo', () => console.log('a'));
myEmitter.prependListener('foo', () => console.log('b'));
```

```
myEmitter.emit('foo');
```

默认情况下，事件监听器会按照添加的顺序依次调用。由于 prependListener 方法让监听器提前到了数组的开头，因此该监听器会被优先执行。所以控制台输出的内容为：

```
b
a
```

注意，注册监听器时，不会检查监听器是否已被添加过。因此，多次调用并传入相同的 event-Name 与 listener 会导致 listener 会被添加多次，这是合法的。

本节例子可以在 "events-demo/prepend-listener.js" 文件中找到。

实战▶ 5.4.5　实战：移除监听器

通过 emitter.removeListener(eventName, listener) 方法，从名为 eventName 的事件的监听器数组中移除指定的 listener。以下是示例。

```
const EventEmitter = require('events');

class MyEmitter extends EventEmitter { }

const myEmitter = new MyEmitter();

let listener1 = function () {
    console.log('监听器 listener1');
}

// 获取监听器的个数
let getListenerCount = function () {

    let count = myEmitter.listenerCount('foo');
    console.log("监听器监听个数为: " + count);
}

myEmitter.on('foo', listener1);

getListenerCount();

myEmitter.emit('foo');

// 移除监听器
myEmitter.removeListener('foo', listener1);

getListenerCount();
```

在上述示例中，通过 listenerCount() 方法来获取监听器的个数。通过 removeListener() 前后的监听器个数的对比，可以看到 removeListener() 方法已经移除掉了 foo 监听器。

以下是控制台的输出内容。

```
监听器监听个数为：1
监听器 listener1
监听器监听个数为：0
```

removeListener() 最多只会从监听器数组中移除一个监听器。如果监听器被多次添加到指定 eventName 的监听器数组中，则必须多次调用 removeListener() 才能移除所有实例。

如果想要快捷地删除某个 eventName 所有的监听器，则可以使用 emitter.removeAllListeners([event Name]) 方法。

```javascript
const EventEmitter = require('events');

class MyEmitter extends EventEmitter { }

const myEmitter = new MyEmitter();

let listener1 = function () {
    console.log(' 监听器 listener1');
}

// 获取监听器的个数
let getListenerCount = function () {

    let count = myEmitter.listenerCount('foo');
    console.log(" 监听器监听个数为： " + count);
}

// 添加多个监听器
myEmitter.on('foo', listener1);
myEmitter.on('foo', listener1);
myEmitter.on('foo', listener1);


getListenerCount();

// 移除所有监听器
myEmitter.removeAllListeners(['foo']);

getListenerCount();
```

在上述示例中，通过 listenerCount() 方法来获取监听器的个数。通过 removeListener() 前后的监听器个数的对比，可以看到 removeListener() 方法已经移除掉了 foo 监听器。

以下是控制台的输出内容。

```
监听器监听个数为：3
监听器监听个数为：0
```

本节例子可以在 "events-demo/remove-listener.js" 文件中找到。

第6章
定时处理

本章介绍 Node.js 的 timer 模块，该模块 API 可以提供定时器的功能。

6.1 定时处理常用类

Node.js 的 timer 模块公开了一个全局 API，用于调度在将来某个时间段调用的函数。因为 timer 函数是全局变量，所以不需要调用类似 require('timers') 的方式来使用 API。

Node.js 中的 timer 函数实现了与 Web 浏览器提供的定时器 API 类似的 API，但是使用了不同的内部实现（基于 Node.js 事件循环构建）。

timer 模块常用的类有 Immediate 类和 Timeout 类。

6.1.1 Immediate

Immediate 对象在内部创建，并从 setImmediate() 返回。它可以传给 clearImmediate() 以取消计划的操作。

默认情况下，当预定 immediate 时，只要 immediate 激活，Node.js 事件循环将继续运行。setImmediate() 返回的 Immediate 对象导出 immediate.ref() 和 immediate.unref() 函数，这些函数可用于控制此默认行为。

1. immediate.hasRef()

Immediate.hasRef() 方法如果返回为 true，则 Immediate 对象将使 Node.js 事件循环保持活动状态。

2. immediate.ref()

immediate.ref() 方法调用时，只要 Immediate 处于活动状态，就会请求 Node.js 事件循环不会退出。多次调用 immediate.ref() 将无效。

默认情况下，所有 Immediate 对象都是 ref 的，通常不需要调用 immediate.ref()，除非之前调用了 immediate.unref()。

3. immediate.unref()

immediate.unref() 方法调用时，活动的 Immediate 对象不需要 Node.js 事件循环保持活动状态。如果没有其他活动保持事件循环运行，则进程可以在调用 Immediate 对象的回调之前退出。多次调用 immediate.unref() 将无效。

6.1.2 Timeout

Timeout 对象在内部创建，并从 setTimeout() 和 setInterval() 返回。它可以传给 clearTimeout() 或 clearInterval() 以取消计划的操作。

默认情况下，当使用 setTimeout() 或 setInterval() 预定定时器时，只要定时器处于活动状态，Node.js 事件循环将继续运行。这些函数返回的每个 Timeout 对象都会导出 timeout.ref() 和 timeout.unref() 函数，这些函数可用于控制此默认行为。

1. timeout.hasRef()

timeout.hasRef() 方法如果返回为 true，则 Timeout 对象将使 Node.js 事件循环保持活动状态。

2. timeout.ref()

timeout.ref() 方法调用时，只要 Timeout 处于活动状态，就会请求 Node.js 事件循环不会退出。多次调用 timeout.ref() 将无效。

默认情况下，所有 Timeout 对象都是 ref 的，通常不需要调用 timeout.ref()，除非之前调用了 timeout.unref()。

3. timeout.refresh()

将定时器的开始时间设置为当前时间，并重新安排定时器以在之前指定的持续时间内调用其回调，并将其调整为当前时间。这对于在不分配新 JavaScript 对象的情况下刷新定时器非常有用。

在已调用其回调的定时器上使用此选项将重新激活定时器。

4. timeout.unref()

timeout.unref() 方法调用时，活动的 Timeout 对象不需要 Node.js 事件循环保持活动状态。如果没有其他活动保持事件循环运行，则进程可以在调用 Timeout 对象的回调之前退出。多次调用 timeout.unref() 将无效。

调用 timeout.unref() 会创建一个内部定时器，它将唤醒 Node.js 事件循环。创建太多这些定时器可能会对 Node.js 应用程序的性能产生负面影响。

6.2 定时调度

Node.js 中的定时器是一种会在一段时间后调用给定的函数的内部构造。何时调用定时器函数取决于用来创建定时器的方法，以及 Node.js 事件循环正在执行的其他工作。

6.2.1 setImmediate

Node.js 定义了 setImmediate(callback[, ...args]) 方法，用于设定定时器为立即执行定时器。其中参数：callback<Function> 指在当前回合的 Node.js 事件循环结束时调用的函数；...args<any> 指当调用 callback 时传入的可选参数。

当多次调用 setImmediate() 时，callback 函数将按照创建它们的顺序排队等待执行。每次事件循环迭代都会处理整个回调队列。如果立即（immediate）定时器是从正在执行的回调排入队列，则直到下一次事件循环迭代才会触发。

如果 callback 不是函数，则抛出 TypeError。

此方法具有使用 util.promisify() 的用于 Promise 的自定义变体。

```
const util = require('util');
const setImmediatePromise = util.promisify(setImmediate);

setImmediatePromise('foobar').then((value) => {
  // value === 'foobar' （传值是可选的）
  // 在所有 I/O 回调之后执行
});

// 或使用异步功能
async function timerExample() {
  console.log(' 在 I/O 回调之前 ');
  await setImmediatePromise();
  console.log(' 在 I/O 回调之后 ');
}
timerExample();
```

6.2.2　setInterval

setInterval(callback, delay[, ...args]) 方法，用于设定定时器执行的周期，定时器每隔 delay 毫秒重复执行一次。其中参数：callback<Function> 指在当前回合的 Node.js 事件循环结束时调用的函数；delay<number> 指调用 callback 之前等待的毫秒数；...args<any> 指当调用 callback 时传入的可选参数。

当 delay 大于 2 147 483 647（即 32 位整型的最大值）或小于 1 时，delay 将设置为 1。

如果 callback 不是函数，则抛出 TypeError。

6.2.3　setTimeout

setTimeout(callback, delay[, ...args]) 方法，用于在上一次定时器执行的 delay 毫秒之后设定定时器执行时机。其中参数：callback<Function> 指在当前回合的 Node.js 事件循环结束时调用的函数；delay<number> 指调用 callback 之前等待的毫秒数；...args<any> 指当调用 callback 时传入的可选参数。

可能不会精确地在 delay 毫秒时调用 callback。Node.js 不保证回调被触发的确切时间，也不保证它们的顺序。callback 会在尽可能接近指定的时间调用。

同 setInterval 一样，当 delay 大于 2 147 483 647（即 32 位整型的最大值）或小于 1 时，delay 将设置为 1。

如果 callback 不是函数，则抛出 TypeError。

此方法具有使用 util.promisify() 的用于 Promise 的自定义变体。

```
const util = require('util');
const setTimeoutPromise = util.promisify(setTimeout);
```

```
setTimeoutPromise(40, 'foobar').then((value) => {
  // value === 'foobar' （传值是可选的）
  // 在大约 40 毫秒后执行
});
```

6.2.4 setInterval和setTimeout的异同

setInterval 和 setTimeout 这两个方法的参数是一样的，其区别在于定时执行的时点不同。

setInterval 是每间隔一定时间执行一次，循环往复。例如，每隔 1 秒执行一次，60 秒过后执行了 60 次。setTimeout 是过了一定时间执行一次，只执行一次。例如，隔 1 秒后执行一次，过了十万八千秒后也只在第一秒执行了一次。

图 6-1 展示了 setInterval 和 setTimeout 的执行差异。

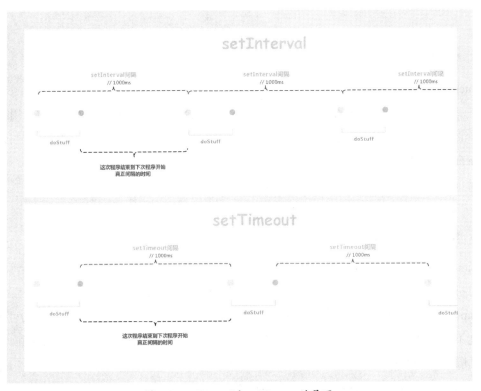

图 6-1　setInterval和setTimeout的异同

在图 6-1 中，setInterval 每个定时器执行的间隔都是固定的，不管 doStuff 需要执行多久，都能按照固定的时间间隔来执行。而在 setTimeout 中，下一个定时的时间间隔取决于 doStuff 的执行耗时，换言之，下个定时的时间间隔可以等同于 doStuff 的执行耗时加上 delay。

6.3　取消定时

setImmediate()、setInterval() 和 setTimeout() 方法各自返回表示预定的定时器的对象。它们可用于取消定时器并防止其触发。

无法取消使用 setImmediate()、setTimeout() 的 Promise 化的变体创建的定时器。

第7章
文件处理

本章介绍如何基于 Node.js 的 fs 模块，来实现文件的处理操作。

7.1　了解fs模块

Node.js 对应文件处理的能力，主要由 fs 模块来提供。fs 模块提供了一组 API，用于以模仿标准 UNIX（POSIX）函数的方式与文件系统进行交互。

使用 fs 模块的方式如下。

```
const fs = require('fs');
```

7.1.1　同步与异步操作文件

所有文件系统操作都具有同步和异步的形式。

异步的形式总是将完成回调作为其最后一个参数。传给完成回调的参数取决于具体方法，但第一个参数始终预留用于异常。如果操作成功完成，则第一个参数将为 null 或 undefined。以下是一个异常操作文件系统的示例。

```
const fs = require('fs');

fs.unlink('/tmp/hello', (err) => {
  if (err) throw err;
  console.log(' 已成功删除 /tmp/hello');
});
```

使用同步的操作发生的异常会立即抛出，可以使用 try/catch 处理，也可以允许冒泡。以下是一个同步操作文件系统的示例。

```
const fs = require('fs');

try {
  fs.unlinkSync('/tmp/hello');
  console.log(' 已成功删除 /tmp/hello');
} catch (err) {
  // 处理错误
}
```

使用异步的方法时无法保证顺序。因此，以下的操作容易出错，因为 fs.stat() 操作可能在 fs.rename() 操作之前完成。

```
fs.rename('/tmp/hello', '/tmp/world', (err) => {
  if (err) {
      throw err;
  }

  console.log(' 重命名完成 ');
});
```

```
fs.stat('/tmp/world', (err, stats) => {
  if (err) {
      throw err;
  }

  console.log(' 文件属性 : ${JSON.stringify(stats)}');
});
```

要正确地排序这些操作，则将 fs.stat() 调用移动到 fs.rename() 操作的回调中。

```
fs.rename('/tmp/hello', '/tmp/world', (err) => {
  if (err) {
      throw err;
  }

  fs.stat('/tmp/world', (err, stats) => {
    if (err) {
        throw err;
    }

    console.log(' 文件属性 : ${JSON.stringify(stats)}');
  });
});
```

在繁忙的进程中，强烈建议使用这些调用的异步版本。同步的版本将阻塞整个进程，直到它们完成（停止所有连接）。

虽然不推荐这样使用，但大多数 fs 函数允许省略回调参数，在这种情况下，使用一个会重新抛出错误的默认回调。要获取原始调用点的跟踪，则设置 NODE_DEBUG 环境变量。

```
$ cat script.js
function bad() {
  require('fs').readFile('/');
}
bad();

$ env NODE_DEBUG=fs node script.js
fs.js:88
        throw backtrace;
        ^
Error: EISDIR: illegal operation on a directory, read
    <stack trace.>
```

不推荐在异步的 fs 函数上省略回调函数，因为可能导致将来抛出错误。

7.1.2　文件描述符

在 POSIX 系统上，对于每个进程，内核都维护着一张当前打开着的文件和资源的表格。每个打开的文件都分配了一个称为文件描述符（file descriptor）的简单的数字标识符。在系统层，所有文件系统操作都使用这些文件描述符来标识和跟踪每个特定的文件。Windows 系统使用了一个虽然不同但概念上类似的机制来跟踪资源。为了简化用户的工作，Node.js 抽象出操作系统之间的特定差异，并为所有打开的文件分配一个数字型的文件描述符。

fs.open() 方法用于分配新的文件描述符。一旦被分配，则文件描述符可用于从文件读取数据、向文件写入数据或请求关于文件的信息。以下是示例。

```
fs.open('/open/some/file.txt', 'r', (err, fd) => {
  if (err) {
     throw err;
  }

  fs.fstat(fd, (err, stat) => {
    if (err) {
       throw err;
    }

    // 始终关闭文件描述符
    fs.close(fd, (err) => {
      if (err) {
         throw err;
      }
    });
  });
});
```

大多数操作系统限制在任何给定时间内可能打开的文件描述符的数量，因此当操作完成时关闭描述符至关重要。如果不这样做将导致内存泄漏，甚至最终导致应用程序崩溃。

7.2　处理文件路径

大多数 fs 操作接受的文件路径可以指定为字符串、Buffer 或使用 file: 协议的 URL 对象。

7.2.1　字符串形式的路径

字符串形式的路径被解析为标识绝对或相对文件名的 UTF-8 字符序列。相对路径将相对于 process.cwd() 指定的当前工作目录进行解析。

在 POSIX 上使用绝对路径的示例如下。

```
const fs = require('fs');

fs.open('/open/some/file.txt', 'r', (err, fd) => {
  if (err) {
      throw err;
  }

  fs.close(fd, (err) => {
    if (err) {
        throw err;
    }
  });
});
```

在 POSIX 上使用相对路径（相对于 process.cwd()）的示例如下。

```
const fs = require('fs');

fs.open('file.txt', 'r', (err, fd) => {
  if (err) {
      throw err;
  }

  fs.close(fd, (err) => {
    if (err) {
        throw err;
    }
  });
});
```

7.2.2 Buffer形式的路径

使用 Buffer 指定的路径主要用于将文件路径视为不透明字节序列的某些 POSIX 操作系统。在这样的系统上，单个文件路径可以包含使用多种字符编码的子序列。与字符串路径一样，Buffer 路径可以是相对路径或绝对路径。

在 POSIX 上使用绝对路径的示例如下。

```
fs.open(Buffer.from('/open/some/file.txt'), 'r', (err, fd) => {
  if (err) {
      throw err;
  }

  fs.close(fd, (err) => {
    if (err) {
        throw err;
```

```
  }
 });
});
```

在 Windows 上，Node.js 遵循每个驱动器工作目录的概念。当使用没有反斜杠的驱动器路径时，可以观察到此行为。例如，fs.readdirSync('c:\\') 可能会返回与 fs.readdirSync('c:') 不同的结果。

7.2.3　URL对象的路径

对于大多数 fs 模块的函数，path 或 filename 参数可以传入遵循 WHATWG 规范的 URL 对象[①]。Node.js 仅支持使用 file: 协议的 URL 对象。以下是使用 URL 对象的示例。

```
const fs = require('fs');
const fileUrl = new URL('file:///tmp/hello');

fs.readFileSync(fileUrl);
```

注意，file: 的 URL 始终是绝对路径。

使用 WHATWG 规范的 URL 对象可能会采用特定于平台的行为。如在 Windows 上，带有主机名的 URL 转换为 UNC 路径，而带有驱动器号的 URL 转换为本地绝对路径。没有主机名和驱动器号的 URL 将导致抛出错误。观察下面的示例。

```
// 在 Windows 上:

// - 带有主机名的 WHATWG 文件的 URL 转换为 UNC 路径
// file://hostname/p/a/t/h/file => \\hostname\p\a\t\h\file
fs.readFileSync(new URL('file://hostname/p/a/t/h/file'));

// - 带有驱动器号的 WHATWG 文件的 URL 转换为绝对路径
// file:///C:/tmp/hello => C:\tmp\hello
fs.readFileSync(new URL('file:///C:/tmp/hello'));

// - 没有主机名的 WHATWG 文件的 URL 必须包含驱动器号
fs.readFileSync(new URL('file:///notdriveletter/p/a/t/h/file'));
fs.readFileSync(new URL('file:///c/p/a/t/h/file'));
// TypeError [ERR_INVALID_FILE_URL_PATH]: File URL path must be abso lute
```

带有驱动器号的 URL 必须使用作为驱动器号后面的分隔符，使用其他分隔符将导致抛出错误。

在其他平台上，不支持带有主机名的 URL，使用时将导致抛出错误。

```
// 在其他平台上:

// - 不支持带有主机名的 WHATWG 文件的 URL
// file://hostname/p/a/t/h/file => throw!
```

[①]　有关 WHATWG 关于 URL 的规范，可见 https://url.spec.whatwg.org。

```
fs.readFileSync(new URL('file://hostname/p/a/t/h/file'));
// TypeError [ERR_INVALID_FILE_URL_PATH]: must be absolute

// - WHATWG 文件的 URL 转换为绝对路径
// file:///tmp/hello => /tmp/hello
fs.readFileSync(new URL('file:///tmp/hello'));
```

包含编码后的斜杠字符（%2F）的 file: URL 在所有平台上都将导致抛出错误。

```
// 在 Windows 上:
fs.readFileSync(new URL('file:///C:/p/a/t/h/%2F'));
fs.readFileSync(new URL('file:///C:/p/a/t/h/%2f'));
/* TypeError [ERR_INVALID_FILE_URL_PATH]: File URL path must not include
encoded
\ or / characters */

// 在 POSIX 上:
fs.readFileSync(new URL('file:///p/a/t/h/%2F'));
fs.readFileSync(new URL('file:///p/a/t/h/%2f'));
/* TypeError [ERR_INVALID_FILE_URL_PATH]: File URL path must not include
encoded
/ characters */
```

在 Windows 上，包含编码后的反斜杠字符（%5C）的 URL 将导致抛出错误。

```
// 在 Windows 上:
fs.readFileSync(new URL('file:///C:/path/%5C'));
fs.readFileSync(new URL('file:///C:/path/%5c'));
/* TypeError [ERR_INVALID_FILE_URL_PATH]: File URL path must not include
encoded
\ or / characters */
```

7.3 打开文件

Node.js 提供了 fs.open(path[, flags[, mode]], callback) 方法，用于异步打开文件。其中参数：flags <string> | <number> 为所支持的文件系统标志，默认值是 r。

mode <integer> 为文件模式，其默认值是 0o666（可读写）。在 Windows 上，只能操作写权限。

如果想同步打开文件，则使用 fs.openSync(path[, flags, mode]) 方法。

7.3.1 文件系统标志

文件系统标志选项采用字符串时，可用以下标志。

- a：打开文件用于追加。如果文件不存在，则创建该文件。

- ax：与 a 相似，但如果路径已存在则失败。

- a+：打开文件用于读取和追加。如果文件不存在，则创建该文件。

- ax+：与 a+ 相似，但如果路径已存在则失败。

- as：以同步模式打开文件用于追加。如果文件不存在，则创建该文件。

- as+：以同步模式打开文件用于读取和追加。如果文件不存在，则创建该文件。

- r：打开文件用于读取。如果文件不存在，则出现异常。

- r+：打开文件用于读取和写入。如果文件不存在，则出现异常。

- rs+：以同步模式打开文件用于读取和写入。指示操作系统绕过本地的文件系统缓存。这对于在 NFS 挂载上打开文件时非常有用，因为它允许跳过可能过时的本地缓存。它对 I/O 性能有非常实际的影响，因此除非需要，否则不建议使用此标志。这不会将 fs.open() 或 fsPromises. open() 转换为同步的阻塞调用。如果需要同步的操作，则应使用 fs.openSync() 之类的。

- w：打开文件用于写入。如果文件不存在则创建文件，如果文件已存在则截断文件。

- wx：与 w 相似，但如果路径已存在则失败。

- w+：打开文件用于读取和写入。如果文件不存在则创建文件，如果文件已存在则截断文件。

- wx+：与 w+ 相似，但如果路径已存在则失败。

文件系统标志也可以是一个数字，参阅 open(2) 文档[①]。常用的常量定义在了 fs.constants 中。在 Windows 上，文件系统标志会被适当地转换为等效的标志，例如，O_WRONLY 转换为 FILE_GENERIC_WRITE，O_EXCL|O_CREAT 转换为能被 CreateFileW 接受的 CREATE_NEW。

特有的 x 标志可以确保路径是新创建的。在 POSIX 系统上，即使路径是一个符号链接且指向一个不存在的文件，它也会被视为已存在。该特有标志不一定适用于网络文件系统。

在 Linux 上，当以追加模式打开文件时，写入无法指定位置。内核会忽略位置参数，并始终将数据追加到文件的末尾。

如果要修改文件而不是覆盖文件，则标志模式应选为 r+ 模式而不是默认的 w 模式。

某些标志的行为是特定于平台的。例如，在 MacOS 和 Linux 上使用 a+ 标志打开目录会返回一个错误。而在 Windows 和 FreeBSD 上，则返回一个文件描述符或 FileHandle。观察下面的示例。

```
// 在 MacOS 和 Linux 上:
fs.open('<目录>', 'a+', (err, fd) => {
  // => [Error: EISDIR: illegal operation on a directory, open <目录>]
});

// 在 Windows 和 FreeBSD 上:
fs.open('<目录>', 'a+', (err, fd) => {
  // => null, <fd>
```

---

① 有关 open(2) 文档的内容，可见 http://man7.org/linux/man-pages/man2/open.2.html。

```
});
```

在 Windows 上，使用 w 标志打开现存的隐藏文件（通过 fs.open()、 fs.writeFile() 或 fsPromises.open()）会抛出 EPERM。现存的隐藏文件可以使用 r+ 标志打开用于写入。

调用 fs.ftruncate() 或 fsPromises.ftruncate() 可以用于重置文件的内容。

实战▶ 7.3.2　实战：打开文件的例子

以下是一个打开文件的例子。

```
const fs = require('fs');

fs.open('data.txt', 'r', (err, fd) => {
    if (err) {
        throw err;
    }

    fs.fstat(fd, (err, stat) => {
        if (err) {
            throw err;
        }

        // 始终关闭文件描述符
        fs.close(fd, (err) => {
            if (err) {
                throw err;
            }
        });
    });
});
```

该例子用于打开当前目录下的 data.txt 文件。当前目录下不存在 data.txt 文件时，则报如下异常。

```
D:\workspaceGitosc\nodejs-book\samples\fs-demo\fs-open.js:5
        throw err;
        ^

Error: ENOENT: no such file or directory, open 'D:\workspaceGitosc\node
js-book\samples\fs-demo\data.txt'
```

当前目录下存在 data.txt 文件时，则程序能正常执行完成。

本节例子可以在 "fs-demo/fs-open.js" 文件中找到。

实战 ▶ 7.4　实战：读取文件

Node.js 为读取文件的内容提供了如下 API。

- fs.read(fd, buffer, offset, length, position, callback)
- fs.readSync(fd, buffer, offset, length, position)
- fs.readdir(path[, options], callback)
- fs.readdirSync(path[, options])
- fs.readFile(path[, options], callback)
- fs.readFileSync(path[, options])

这些 API 都包含异步的方法，并提供与之对应的同步的方法。

7.4.1　fs.read

fs.read(fd, buffer, offset, length, position, callback) 方法用于异步地从 fd 指定的文件中读取数据。观察下面的示例。

```
const fs = require('fs');

fs.open('data.txt', 'r', (err, fd) => {
    if (err) {
        throw err;
    }


    var buffer = Buffer.alloc(255);

    // 读取文件
    fs.read(fd, buffer, 0, 255, 0, (err, bytesRead, buffer) => {
        if (err) {
            throw err;
        }

        // 打印出 buffer 中存入的数据
        console.log(bytesRead, buffer.slice(0, bytesRead).toString());

        // 始终关闭文件描述符
        fs.close(fd, (err) => {
            if (err) {
                throw err;
            }
        });
    });
});
```

上述例子中使用 fs.open() 方法来打开文件，接着通过 fs.read() 方法读取文件中的内容，并转换为字符串打印到控制台。控制台输出内容如下。

```
128 江上吟——唐朝 李白
兴酣落笔摇五岳， 诗成笑傲凌沧洲。
功名富贵若长在， 汉水亦应西北流。
```

与 fs.read(fd, buffer, offset, length, position, callback) 方法所对应的同步的方法是 fs.readSync(fd, buffer, offset, length, position)。

本节例子可以在"fs-demo/fs-read.js"文件中找到。

7.4.2　fs.readdir

fs.readdir(path[, options], callback) 方法用于异步地读取目录中的内容。

观察下面的示例。

```
const fs = require("fs");

console.log(" 查看当前目录下所有的文件 ");

fs.readdir(".", (err, files) => {
    if (err) {
        throw err;
    }

    // 列出文件名称
    files.forEach(function (file) {
        console.log(file);
    });
});
```

上述例子中使用 fs.readdir() 方法来获取当前目录下所有的文件列表，并将文件名打印到控制台。控制台输出内容如下。

```
查看当前目录
data.txt
fs-open.js
fs-read-dir.js
fs-read.js
```

与 fs.readdir(path[, options], callback) 方法所对应的同步的方法是 fs.readdirSync(path[, options])。

本节例子可以在"fs-demo/fs-read-dir.js"文件中找到。

7.4.3　fs.readFile

fs.readFile(path[, options], callback) 方法用于异步地读取文件的全部内容。

观察下面的示例。

```
const fs = require('fs');

fs.readFile('data.txt', (err, data) => {
    if (err) {
        throw err;
    }

    console.log(data);
});
```

readFile() 方法回调会传入两个参数 err 和 data，其中 data 是文件的内容。

由于没有指定编码格式，因此控制台输出的是原始的 Buffer。

```
<Buffer e6 b1 9f e4 b8 8a e5 90 9f e2 80 94 e2 80 94 e5 94 90 e6 9c 9d
20 e6 9d 8e e7 99 bd 0d 0a e5 85 b4 e9 85 a3 e8 90 bd e7 ac 94 e6 91 87
e4 ba 94 e5 b2 ... 78 more bytes>
```

如果 options 是字符串，并且已经指定字符编码，例如：

```
const fs = require('fs');

// 指定为 UTF-8
fs.readFile('data.txt', 'utf8', (err, data) => {
    if (err) {
        throw err;
    }

    console.log(data);
});
```

则能把字符串正常打印到控制台。

```
江上吟——唐朝　李白
兴酣落笔摇五岳，　诗成笑傲凌沧洲。
功名富贵若长在，　汉水亦应西北流。
```

与 fs.read(fd, buffer, offset, length, position, callback) 所对应的异步方法是 fs.readSync(fd, buffer, offset, length, position)。

当 path 是目录时，fs.readFile() 与 fs.readFileSync() 的行为是特定于平台的。在 MacOS、Linux 和 Windows 上，将返回错误。在 FreeBSD 上，将返回目录内容的表示。

```
// 在 MacOS、 Linux 和 Windows 上:
fs.readFile('<目录>', (err, data) => {
```

```
  // => [Error: EISDIR: illegal operation on a directory, read <目录>]
});

// 在 FreeBSD 上:
fs.readFile('<目录>', (err, data) => {
  // => null, <data>
});
```

由于 fs.readFile() 函数会缓冲整个文件，因此为了最小化内存成本，尽可能通过 fs.createRead-Stream() 进行流式传输。

本节例子可以在 "fs-demo/fs-read-file.js" 文件中找到。

实战 ▶ **7.5　实战：写入文件**

Node.js 为写入文件的内容提供了如下 API。

- fs.write(fd, buffer[, offset[, length[, position]]], callback)
- fs.writeSync(fd, buffer[, offset[, length[, position]]])
- fs.write(fd, string[, position[, encoding]], callback)
- fs.writeSync(fd, string[, position[, encoding]])
- fs.writeFile(file, data[, options], callback)
- fs.writeFileSync(file, data[, options])

这些 API 都包含异步的方法，并提供与之对应的同步的方法。

7.5.1　将Buffer写入文件

fs.write(fd, buffer[, offset[, length[, position]]], callback) 方法用于将 buffer 写入到 fd 指定的文件。其中，offset 决定了 Buffer 中要被写入的部位；length 是一个整数，指定要写入的字节数；position 指定文件开头的偏移量（数据应该被写入的位置），如果 typeof position !== 'number'，则数据会被写入当前的位置；回调有 3 个参数 err、bytesWritten 和 buffer，其中 bytesWritten 指定 buffer 中被写入的字节数。

以下是 fs.write(fd, buffer[, offset[, length[, position]]], callback) 方法的示例。

```
const fs = require('fs');

// 打开文件用于写入。 如果文件不存在则创建文件
fs.open('write-data.txt', 'w', (err, fd) => {
    if (err) {
```

```
        throw err;
    }

    let buffer = Buffer.from(" 《Node.js 企业级应用开发实战》 ");

    // 写入文件
    fs.write(fd, buffer, 0, buffer.length, 0, (err, bytesWritten, buff
er) => {
        if (err) {
            throw err;
        }

        // 打印出 buffer 中存入的数据
        console.log(bytesWritten, buffer.slice(0, bytesWritten).to
String());

        // 始终关闭文件描述符
        fs.close(fd, (err) => {
            if (err) {
                throw err;
            }
        });
    });
});
```

成功执行上述程序之后，可以发现在当前目录下已经新建了一个"write-data.txt"文件。打开该文件，可以看到如下内容。

《Node.js 企业级应用开发实战》

说明程序中的 Buffer 数据已经成功写入到了文件中。

在同一个文件上多次使用 fs.write() 且不等待回调是不安全的。对于这种情况，建议使用 fs.createWriteStream()。

在 Linux 上，当以追加模式打开文件时，写入无法指定位置，内核会忽略位置参数，并始终将数据追加到文件的末尾。

与 fs.write(fd, buffer[, offset[, length[, position]]], callback) 方法所对应的同步的方法是 fs.write-Sync(fd, buffer[, offset[, length[, position]]])。

本节例子可以在"fs-demo/fs-write.js"文件中找到。

7.5.2　将字符串写入文件

如果事先知道待写入文件的数据是字符串格式的话，可以使用 fs.write(fd, string[, position[, en-coding]], callback) 方法。该方法用于将字符串写入到 fd 指定的文件。如果 string 不是一个字符串，

79

则该值会被强制转换为字符串。其中，position 指定文件开头的偏移量（数据应该被写入的位置）。如果 typeof position !== 'number'，则数据会被写入当前的位置；encoding 是期望的字符，默认值是 'utf8'；回调会接收到参数 err、written 和 string。其中 written 指定传入的字符串中被要求写入的字节数。被写入的字节数不一定与被写入的字符串字符数相同。

以下是 fs.write(fd, string[, position[, encoding]], callback) 方法的示例。

```
const fs = require('fs');

// 打开文件用于写入。 如果文件不存在则创建文件
fs.open('write-data.txt', 'w', (err, fd) => {
    if (err) {
        throw err;
    }


    let string = " 《Node.js 企业级应用开发实战》 ";

    // 写入文件
    fs.write(fd, string, 0, 'utf8', (err, written, buffer) => {
        if (err) {
            throw err;
        }

        // 打印出存入的字节数
        console.log(written);

        // 始终关闭文件描述符
        fs.close(fd, (err) => {
            if (err) {
                throw err;
            }
        });
    });
});
```

成功执行上述程序之后，可以发现在当前目录下已经新建了一个"write-data.txt"文件。打开该文件，可以看到如下内容。

《Node.js 企业级应用开发实战》

说明程序中的字符串已经成功写入到了文件中。

在同一个文件上多次使用 fs.write() 且不等待回调是不安全的。对于这种情况，建议使用 fs.createWriteStream()。

在 Linux 上，当以追加模式打开文件时，写入无法指定位置，内核会忽略位置参数，并始终将数据追加到文件的末尾。

在 Windows 上，如果文件描述符连接到控制台（如 fd == 1 或 stdout），则无论使用何种编码，包含非 ASCII 字符的字符串默认情况下都不会被正确地渲染。通过使用"chcp 65001"命令更改活动的代码页，可以将控制台配置为正确地渲染 UTF-8。

与 fs.write(fd, string[, position[, encoding]], callback) 方法所对应的同步的方法是 fs.writeSync(fd, string[, position[, encoding]])。

本节例子可以在"fs-demo/fs-write-string.js"文件中找到。

7.5.3 将数据写入文件

fs.writeFile(file, data[, options], callback) 方法用于将数据异步地写入到一个文件中，如果文件已存在则覆盖该文件。data 可以是字符串或 Buffer。如果 data 是一个 Buffer，则 encoding 选项会被忽略；如果 options 是一个字符串，则它指定了字符编码。

以下是 fs.writeFile(file, data[, options], callback) 方法的示例。

```
const fs = require('fs');

let data = " 《Node.js 企业级应用开发实战》 ";

// 将数据写入文件。 如果文件不存在则创建文件
fs.writeFile('write-data.txt', data, 'utf-8', (err) => {
    if (err) {
        throw err;
    }
});
```

成功执行上述程序之后，可以发现在当前目录下已经新建了一个"write-data.txt"文件。打开该文件，可以看到如下内容。

《Node.js 企业级应用开发实战》

说明程序中的数据已经成功写入到了文件中。

在同一个文件上多次使用 fs.writeFile() 且不等待回调是不安全的。对于这种情况，建议使用 fs.createWriteStream()。

与 fs.writeFile(file, data[, options], callback) 方法所对应的同步的方法是 fs.writeFileSync(file, data[, options])。

本节例子可以在"fs-demo/fs-write-file.js"文件中找到。

第8章
进　程

　　Node.js 是被设计用来高效处理 I/O 操作的，因此，某些类型的程序可能并不适合这种模式。例如，在 CPU 密集型的任务中，可能会阻塞事件循环，并因此降低应用程序的响应能力。一个替代方式是，将 CPU 密集型的任务分配给另外的线程进行处理，这样不但能够释放事件循环，同时也能够利用多核的计算优势。

　　Node.js 提供了 child_process 模块，来管理子进程。

8.1　执行外部命令

当需要执行一个外部的 shell 命令或可执行文件时，可使用 child_process 模块的 spawn()、exec() 或 execFile() 方法来实现。

8.1.1　spawn

child_process.spawn(command[, args][, options]) 方法异步地衍生子进程，且不阻塞 Node.js 事件循环。其参数的含义如下。

- command <string>：要运行的命令。
- args <string[]>：字符串参数的列表。
- options <Object>
    - cwd <string>：子进程的当前工作目录。
    - env <Object>：环境变量的键值对。
    - argv0 <string>：显式设置发送给子进程的 argv[0] 的值。如果没有指定，则设置为 command 的值。
    - stdio <Array> | <string>：子进程的 stdio 配置。
    - detached <boolean>：准备子进程独立于其父进程运行。
    - uid <number>：设置进程的用户标识。
    - gid <number>：设置进程的群组标识。
    - shell <boolean> | <string>：如果为 true，则在 shell 中运行 command。在 UNIX 上使用 '/bin/sh'，在 Windows 上使用 process.env.ComSpec。传入字符串则指定其他 shell。默认值是 false（没有 shell）。
    - windowsVerbatimArguments <boolean>：在 Windows 上不为参数加上引号或转义，在 UNIX 上忽略。如果指定了 shell，则自动设为 true。默认值是 false。
    - windowsHide <boolean>：隐藏通常在 Windows 系统上创建的子进程的控制台窗口。默认值是 false。

child_process.spawn() 方法使用给定的 command 衍生一个新进程，并带上 args 中的命令行参数。如果省略 args，则其默认为空数组。

如果启用了 shell 选项，则不要将未经过处理的用户输入传给此函数。包含 shell 元字符的任何输入都可用于触发任意命令执行。

第三个参数可用于指定其他选项，具有以下默认值。

```
const defaults = {
  cwd: undefined,
```

83

```
  env: process.env
};
```

使用 cwd 指定衍生进程的工作目录。如果没有给出，则默认为继承当前工作目录。使用 env 指定新进程的可见的环境变量，默认为 process.env。env 中的 undefined 值会被忽略。

执行 "node -v" 命令行，并捕获 stdout、stderr 及退出码，示例如下。

```
const { spawn } = require('child_process');
const childProcess = spawn('node', ['-v']);

childProcess.stdout.on('data', (data) => {
    console.log('stdout: ${data}');
});

childProcess.stderr.on('data', (data) => {
    console.log('stderr: ${data}');
});

childProcess.on('close', (code) => {
    console.log(' 子进程退出码：${code}');
});
```

上述例子成功执行后，在控制台输出如下内容。

```
stdout: v14.0.0
```

子进程退出码：0

其中，v14.0.0 为当前主机所安装的 Node.js 的版本。

某些平台（如 MacOS、Linux）是使用 argv[0] 的值作为进程的标题，其他平台（如 Windows、SunOS）则使用 command。

Node.js 一般会在启动时用 process.execPath 覆盖 argv[0]，因此 Node.js 子进程的 process.argv[0] 与从父进程传给 spawn 的 argv0 参数不会匹配，可以使用 process.argv0 属性获取。

与 child_process.spawn(command[, args][, options]) 方法所对应的同步的方法是 child_process.spawnSync(command[, args][, options])。

本节例子可以在 "child-process/spawn-command.js" 文件中找到。

8.1.2 exec

child_process.exec(command[, options][, callback]) 方法，其参数的含义如下。

- command <string>：要运行的命令，并带上以空格分隔的参数。
- options <Object>
  - cwd <string>：子进程的当前工作目录。默认值是 null。

- env <Object>：环境变量的键值对。默认值是 null。

- encoding <string>：默认值是 'utf8'。

- shell <string>：用于执行命令的 shell。

- timeout <number>：超时时间，默认值是 0。如果 timeout 大于 0，则当子进程运行时间超过 timeout 毫秒时，父进程将发送带 killSignal 属性（默认为 'SIGTERM'）的信号。

- maxBuffer <number>：stdout 或 stderr 上允许的最大字节数。如果超过限制，则子进程将终止。默认值是 200*1024。

- killSignal <string> | <integer>：默认值是 'SIGTERM'。

- uid <number>：设置进程的用户标识。

- gid <number>：设置进程的群组标识。

- windowsHide <boolean>：隐藏通常在 Windows 系统上创建的子进程的控制台窗口。默认值是 false。

- callback <Function>：当进程终止时调用。

  - error <Error>

  - stdout <string> | <Buffer>

  - stderr <string> | <Buffer>

执行该命令，会衍生出一个 shell，然后在该 shell 中执行 command，并缓冲产生的输出。传给 exec() 函数的 command 字符串将由 shell 直接处理，以下是一个使用示例。

```
const { exec } = require('child_process');

exec('node -v', (error, stdout, stderr) => {
    if (error) {
        console.error(' 执行出错：${error}');
        return;
    }

    console.log('stdout: ${stdout}');
    console.log('stderr: ${stderr}');
});
```

上述示例传入了一个"node -v"的命令，该命令用于获取当前主机所安装的 Node.js 的版本。其中 callback 可传入 3 个参数 error、stdout 和 stderr。

- 当执行成功时，则 error 将为 null。当出错时，则 error 将是 Error 的实例。error.code 属性是子进程的退出码，error.signal 是终止进程的信号。除 0 以外的任何退出码都被视为出错。

- 传给回调的 stdout 和 stderr 参数包含子进程的 stdout 和 stderr 输出。默认情况下，Node.js 会将输出解码为 UTF-8 并将字符串传给回调。encoding 选项可用于指定用于解码 stdout 和 stderr 输出的字符编码。如果 encoding 是 'buffer' 或无法识别的字符编码，则传给回调的将会是 Buffer

对象。

执行上述示例在控制台输出如下内容。

```
stdout: v14.0.0
stderr:
```

其中，v14.0.0 为当前主机所安装的 Node.js 的版本。

与 child_process.exec(command[, options][, callback]) 方法所对应的同步的方法是 child_process.execSync(command[, options])。

本节例子可以在"child-process/exec-command.js"文件中找到。

8.1.3　execFile

child_process.execFile(file[, args][, options][, callback]) 方法，其参数的含义如下。

- file <string>：要运行的可执行文件的名称或路径。
- args <string[]>：字符串参数的列表。
- options <Object>
  - cwd <string>：子进程的当前工作目录。默认值是 null。
  - env <Object>：环境变量的键值对。默认值是 null。
  - encoding <string>：默认值是 'utf8'。
  - shell <string>：用于执行命令的 shell。
  - timeout <number>：超时时间，默认值是 0。如果 timeout 大于 0，则当子进程运行时间超过 timeout 毫秒时，父进程将发送带 killSignal 属性（默认为 'SIGTERM'）的信号。
  - maxBuffer <number>：stdout 或 stderr 上允许的最大字节数。如果超过限制，则子进程将终止。默认值是 200*1024。
  - killSignal <string> | <integer>：默认值是 'SIGTERM'。
  - uid <number>：设置进程的用户标识。
  - gid <number>：设置进程的群组标识。
  - windowsHide <boolean>：隐藏通常在 Windows 系统上创建的子进程的控制台窗口。默认值是 false。
  - windowsVerbatimArguments <boolean>：在 Windows 上不为参数加上引号或转义，在 UNIX 上忽略。默认值是 false。
  - shell <boolean> | <string>：如果为 true，则在 shell 中运行 command。在 UNIX 上使用 '/bin/sh'，在 Windows 上使用 process.env.ComSpec。传入字符串则指定其他 shell。默认值是 false（没有 shell）。
- callback <Function>：当进程终止时调用。

— error <Error>

— stdout <string> | <Buffer>

— stderr <string> | <Buffer>

child_process.execFile() 函数类似于 child_process.exec()，但默认情况下不会衍生 shell。相反，指定的可执行 file 直接作为新进程衍生，使其比 child_process.exec() 更高效。

支持与 child_process.exec() 相同的选项。由于没有生成 shell，因此不支持 I/O 重定向和文件通配等行为。以下是一个使用示例。

```
const { execFile } = require('child_process');

execFile('node', ['-v'], (error, stdout, stderr) => {
    if (error) {
        console.error(' 执行出错 : ${error}');
        return;
    }

    console.log('stdout: ${stdout}');
    console.log('stderr: ${stderr}');
});
```

上述示例传入了一个 "node -v" 的命令，该命令用于获取当前主机所安装的 Node.js 的版本。其中 callback 可传入 3 个参数 error、stdout 和 stderr。

- 当执行成功时，则 error 将为 null。当出错时，则 error 将是 Error 的实例。error.code 属性是子进程的退出码，error.signal 是终止进程的信号。除 0 以外的任何退出码都被视为出错。
- 传给回调的 stdout 和 stderr 参数包含子进程的 stdout 和 stderr 输出。默认情况下，Node.js 会将输出解码为 UTF-8 并将字符串传给回调。encoding 选项可用于指定用于解码 stdout 和 stderr 输出的字符编码。如果 encoding 是 'buffer' 或无法识别的字符编码，则传给回调的将会是 Buffer 对象。

执行上述示例在控制台输出如下内容。

```
stdout: v14.0.0
stderr:
```

其中，v14.0.0 为当前主机所安装的 Node.js 的版本。

与 child_process.execFile(file[, args][, options][, callback]) 方法所对应的同步的方法是 child_process.execFileSync(file[, args][, options])。

本节例子可以在 "child-process/exec-file.js" 文件中找到。

8.2　子进程ChildProcess

调用 child_process 模块的 spawn()、exec() 或 execFile() 等方法会返回一个 ChildProcess 对象。

ChildProcess 类的实例都是 EventEmitter，表示衍生的子进程。ChildProcess 的实例不是直接创建的，而是使用 child_process 模块的 spawn()、exec()、execFile() 或 fork() 方法来创建的。

child_process 模块允许对子进程的启动、终止及与其进行交互进行更加精细的控制。例如，有些场景需要在程序（父进程）中新建一个进程（也就是子进程），一旦启动了一个新的子进程，Node.js 就创建了一个双向通信的通道，两个进程可以利用这条通道互相收发字符串形式的数据。父进程还可以对子进程施加一些控制，向其发送信号或强制终止子进程。

8.2.1　生成子进程

以前面章节的示例为例，调用 spawn() 方法之后，会生成一个 ChildProcess 类的实例 childProcess。以下是代码。

```
const { spawn } = require('child_process');
const childProcess = spawn('node', ['-v']);

childProcess.stdout.on('data', (data) => {
    console.log('stdout: ${data}');
});

childProcess.stderr.on('data', (data) => {
    console.log('stderr: ${data}');
});

childProcess.on('close', (code) => {
    console.log(' 子进程退出码: ${code}');
});
```

默认情况下，stdin、stdout 和 stderr 的管道在父 Node.js 进程和衍生的子进程之间建立。这些管道具有有限的（和平台特定的）容量。如果子进程在没有捕获输出的情况下写入超出该限制的 stdout，则子进程将阻塞等待管道缓冲区接受更多的数据，这与 shell 中的管道的行为相同。如果不消费输出，则使用 "{ stdio: 'ignore' }" 选项。

spawn() 等异步方法，是异步地衍生子进程，且不阻塞 Node.js 事件循环。spawnSync() 方法则以同步的方式提供等效功能，但会阻止事件循环直到衍生的进程退出或终止。

8.2.2　进程间通信

Node.js 的父进程和子进程之间，可以通过某些机制进行通信。

1. 监听子进程的输出内容

任何子进程句柄都有一个属性 stdout，它以流的形式表示子进程的标准输出信息，然后在这个流上绑定事件。如上述例子中的：

```
childProcess.stdout.on('data', (data) => {
    console.log('stdout: ${data}');
});
```

每当子进程将数据输出到其标准输出时，父进程就会得到通知，并将其打印至控制台。

2. 向子进程发送数据

除了从子进程的输出流中获取数据之外，父进程也向子进程的标准输入流中写入数据，这相当于向子进程发送数据。标准的输入流是用 childProcess.stdin 属性表示的。

3. 发送消息

当父进程和子进程之间建立了一个 IPC 通道时（例如，使用 child_process.fork()），subprocess.send() 方法可用于发送消息到子进程。当子进程是一个 Node.js 实例时，消息可以通过 message 事件接收。

消息通过序列化和解析进行传递，接收到的消息可能跟发送的不完全一样。

例如，父进程的脚本如下。

```
const cp = require('child_process');
const n = cp.fork('${__dirname}/sub.js');

n.on('message', (m) => {
  console.log(' 父进程收到消息 ', m);
});

// 使子进程输出 : 子进程收到消息 { hello: 'world' }
n.send({ hello: 'world' });
```

子进程的脚本 'sub.js' 如下。

```
process.on('message', (m) => {
  console.log(' 子进程收到消息 ', m);
});

// 使父进程输出 : 父进程收到消息 { foo: 'bar', baz: null }
process.send({ foo: 'bar', baz: NaN });
```

Node.js 中的子进程有一个自己的 process.send() 方法，允许子进程发送消息给父进程。

当发送一个"{cmd:'NODE_foo'}"消息时，是一个特例。cmd 属性中包含"NODE_"的消息是预留给 Node.js 核心代码内部使用的，不会触发子进程的 message 事件。而且，这种消息可使用 process.on('internalMessage') 事件触发，且被 Node.js 内部消费。应用程序应避免使用这种消息或监听 internalMessage 事件。

如果通道已关闭，或当未发送的消息的积压超过阈值使其无法发送更多时，subprocess.send() 会返回 false。除此以外，该方法返回 true。callback 函数可用于实现流量控制。

8.3　终止进程

信号是父进程与子进程进行通信的一种简单方式，也可以用它来终止子进程。

不同的信号代码所具有的含义是不同的。信号类型多样，最常见的是终止进程的信号。一些信号可以由子进程处理，而另外一些信号只能由操作系统处理。

一般而言，可以使用 subprocess.kill() 向子进程发送信号。如果没有指定参数，则进程会发送 SIGTERM 信号[1]。示例如下。

```
const { spawn } = require('child_process');
const grep = spawn('grep', ['ssh']);

grep.on('close', (code, signal) => {
  console.log('子进程收到信号 ${signal} 而终止');
});

// 发送 SIGHUP 到进程
grep.kill('SIGHUP');
```

---

[1]　有关操作系统各种信号的含义，可见 http://man7.org/linux/man-pages/man7/signal.7.html。

第9章
流

流（stream）是编程中处理流式数据的抽象接口。

Node.js 中 stream 模块用于构建实现了流接口的对象。

本章介绍 stream 模块的用法。

9.1　流概述

Node.js 提供了多种流对象。例如，HTTP 服务器的请求和 process.stdout 都是流的实例。

流可以是可读的、可写的或可读可写的。所有的流都是 EventEmitter 的实例。

流的使用方法如下。

```
const stream = require('stream');
```

9.1.1　流的类型

Node.js 中有以下 4 种基本的流类型。

- 可读流（Writable）：可写入数据的流，如 fs.createWriteStream()。
- 可写流（Readable）：可读取数据的流，如 fs.createReadStream()。
- 双工流（Duplex）：可读又可写的流，如 net.Socket。
- 转换流（Transform）：在读写过程中可以修改或转换数据的 Duplex 流，如 zlib.createDe-flate()。

9.1.2　对象模式

Node.js 创建的流都是运作在字符串和 Buffer（或 Uint8Array）上。当然，流的实现也可以使用其他类型的 JavaScript 值（除了 null），这些流会以"对象模式"进行操作。

当创建流时，可以使用 objectMode 选项把流实例切换到对象模式。将已存在的流切换到对象模式是不安全的。

9.1.3　流中的缓冲区

可写流和可读流都会在内部的缓冲区中存储数据，可以分别使用 writable.writableBuffer 或 readable.readableBuffer 来获取。

可缓冲的数据大小取决于传入流构造函数的 highWaterMark 选项。对于普通的流，highWaterMark 指定了字节的总数。对于对象模式的流，highWaterMark 指定了对象的总数。

当调用 stream.push(chunk) 时，数据会被缓冲在可读流中。如果流的"消费者"没有调用 stream.read()，则数据会保留在内部队列中直到被消费。

一旦内部的可读缓冲的总大小达到 highWaterMark 指定的阈值时，流会暂时停止从底层资源读取数据，直到当前缓冲的数据被消费（也就是说，流会停止调用内部的用于填充可读缓冲的 readable._read()）。

当调用 writable.write(chunk) 时，数据会被缓冲在可写流中。当内部的可写缓冲的总大小小于 highWaterMark 设置的阈值时，调用 writable.write() 会返回 true。一旦内部缓冲的大小达到或超过 highWaterMark 时，则会返回 false。

为了保护内存，某些 Stream API（特别是 stream.pipe()）会限制缓冲区，可以避免读写速度不一致引起的内存的崩溃。

因为双工流和转换流都是可读又可写的，所以它们各自维护着两个相互独立的内部缓冲区用于读取和写入，这使得它们在维护数据流时，读取和写入两边可以各自独立地运作。例如，net.Socket 实例是双工流，它的可读端可以消费从 socket 接收的数据，而可写端则可以将数据写入到 socket。因为数据写入到 socket 的速度可能比接收数据的速度快或慢，所以在读写两端独立地进行操作（或缓冲）就显得很重要了。

9.2 可读流

Node.js 可读流是对提供数据的来源的一种抽象。所有可读流都实现了 stream.Readable 类定义的接口。可读流常见的例子包括客户端的 HTTP 响应、服务器的 HTTP 请求、fs 的读取流、zlib 流、crypto 流、TCP socket、子进程 stdout 与 stderr、process.stdin。

9.2.1 stream.Readable类事件

stream.Readable 类定义了如下事件。

1. close事件

close 事件在流或其底层资源（如文件描述符）被关闭时触发。表明不会再触发其他事件，也不会再发生操作。

不是所有可读流都会触发 close 事件。如果使用 emitClose 选项创建可读流，则它将始终发出 close 事件。

2. data事件

data 事件是在流将数据块传送给"消费者"后触发。对于非对象模式的流，数据块可以是字符串或 Buffer。对于对象模式的流，数据块可以是除了 null 的任何 JavaScript 值。

当调用 readable.pipe()、readable.resume() 或绑定监听器到 data 事件时，流会转换到流动模式。当调用 rcadable.read() 且有数据块返回时，也会触发 data 事件。

如果使用 readable.setEncoding() 为流指定了默认的字符编码，则监听器回调传入的数据为字符串，否则传入的数据为 Buffer。

以下是示例。

```
const readable = getReadableStreamSomehow();

readable.on('data', (chunk) => {
  console.log(' 接收到 ${chunk.length} 个字节的数据 ');
});
```

3. end事件

end 事件在流中没有数据可供消费时触发。

end 事件只有在数据被完全消费掉后才会触发。要想触发该事件，可以将流转换到流动模式，或反复调用 stream.read() 直到数据被消费完。

以下是使用示例。

```
const readable = getReadableStreamSomehow();

readable.on('data', (chunk) => {
  console.log(' 接收到 ${chunk.length} 个字节的数据 ');
});

readable.on('end', () => {
  console.log(' 已没有数据 ');
});
```

4. error事件

error 事件通常是在当流因底层内部出错而不能产生数据，或推送无效的数据块时触发。

监听器回调将传递一个 Error 对象。

5. pause事件

调用 stream.pause() 并且 readsFlowing 不为 false 时，会发出 pause 事件。

6. readable事件

readable 事件在当流中有数据可供读取时触发。

以下是使用示例。

```
const readable = getReadableStreamSomehow();

readable.on('readable', function() {
  // 有数据可读取
  let data;

  while (data = this.read()) {
    console.log(data);
  }
});
```

当到达流数据的尽头时，readable 事件也会触发，但是在 end 事件之前触发。

readable 事件表明流有新的动态，要么有新的数据，要么到达流的尽头。对于前者，stream.read() 会返回可用的数据。对于后者，stream.read() 会返回 null。例如，下面的例子中，foo.txt 是一个空文件。

```
const fs = require('fs');

const rr = fs.createReadStream('data.txt');

rr.on('readable', () => {
  console.log(' 读取的数据 : ${rr.read()}');
});

rr.on('end', () => {
  console.log(' 结束 ');
});
```

运行上面的示例输出如下。

```
读取的数据 :  江上吟——唐朝 李白
兴酣落笔摇五岳，  诗成笑傲凌沧洲。
功名富贵若长在，  汉水亦应西北流。
读取的数据 : null
结束
```

通常情况下，readable.pipe() 和 data 事件的机制比 readable 事件更容易理解。处理 readable 事件可能造成吞吐量升高。

如果同时使用 readable 事件和 data 事件，则 readable 事件会优先控制流，也就是说，当调用 stream.read() 时才会触发 data 事件。readableFlowing 属性会变成 false。 当移除 readable 事件时，如果存在 data 事件监听器，则流会开始流动，也就是说，无须调用 stream.resume() 也会触发 data 事件。

本节例子可以在 "stream-demo/stream-readable-event.js" 文件中找到。

7. resume事件

调用 stream.resume() 并且 readsFlowing 不为 true 时，将发出 resume 事件。

9.2.2　stream.Readable类方法

stream.Readable 类包含以下常用的方法。

1. destroy

readable.destroy([error]) 方法用于销毁流，并触发 error 事件和 close 事件。调用后，可读流将释放所有的内部资源，且忽视后续的 push() 调用。实现流时不应该重写这个方法，而是重写 readable._destroy()。

2. isPaused

readable.isPaused() 方法用于返回可读流当前的操作状态。主要用于 readable.pipe() 底层的机制，大多数情况下无须直接使用该方法。

```
const readable = new stream.Readable();

readable.isPaused(); // === false
readable.pause();
readable.isPaused(); // === true
readable.resume();
readable.isPaused(); // === false
```

3. pause与resume

readable.pause() 方法使流动模式的流停止触发 data 事件，并切换到流动模式。任何可用的数据都会保留在内部缓存中。

相对的，readable.resume() 将被暂停的可读流恢复触发 data 事件，并将流切换到流动模式。

观察下面的示例。

```
const fs = require('fs');

const readable = fs.createReadStream('data.txt');

readable.on('data', (chunk) => {
  console.log(`接收到 ${chunk.length} 字节的数据`);

  // 暂停
  readable.pause();

  console.log('暂停一秒');
  setTimeout(() => {
    console.log('数据重新开始流动');

    // 继续
    readable.resume();
  }, 1000);
});

readable.on('end', () => {
  console.log('结束');
});
```

运行上述示例，则控制台输出如下。

```
接收到 128 字节的数据
暂停一秒
数据重新开始流动
结束
```

如果存在 readable 事件监听器，则该方法不起作用。

本节例子可以在 "stream-demo/stream-pause.js" 文件中找到。

4. pipe

readable.pipe(destination[, options]) 方法用于绑定可写流到可读流，将可读流自动切换到流动模式，并将可读流的所有数据推送到绑定的可写流。数据流会被自动管理，所以即使可读流更快，目标可写流也不会超负荷。

例如，将可读流的所有数据通过管道推送到 write-data.txt 文件，代码如下。

```
const fs = require('fs');

const readable = fs.createReadStream('data.txt');

const writable = fs.createWriteStream('write-data.txt');

// readable 的所有数据都推送到 'write-data.txt'
readable.pipe(writable);
```

可以在单个可读流上绑定多个可写流。

```
readable.pipe() 会返回目标流的引用， 这样就可以对流进行链式的管道操作：
const fs = require('fs');
const zlib = require('zlib');

const readable = fs.createReadStream('data.txt');

const gzip = zlib.createGzip();
const writable2 = fs.createWriteStream('write-data.txt.gz');

// 在单个可读流上绑定多个可写流
readable.pipe(gzip).pipe(writable2);
```

默认情况下，当来源可读流触发 end 事件时，目标可写流也会调用 stream.end() 结束写入。若要禁用这种默认行为，end 选项应设为 false，这样目标流就会保持打开。

```
reader.pipe(writer, { end: false });
reader.on('end', () => {
  writer.end(' 结束 ');
});
```

如果可读流发生错误，目标可写流不会自动关闭，需要手动关闭所有流以避免内存泄漏。

process.stderr 和 process.stdout 可写的流在 Node.js 进程退出之前永远不会关闭，无论指定的选项如何。

本节例子可以在 "stream-demo/stream-pipe.js" 文件中找到。

5. read

readable.read([size]) 方法用于从内部缓冲拉取并返回数据。其中，size 指定要读取的数据的字节数。如果没有指定 size 参数，则返回内部缓冲中的所有数据。

该方法如果没有可读的数据，则返回 null。默认情况下，readable.read() 返回的数据是 Buffer 对象，除非使用 readable.setEncoding() 指定字符编码或流处于对象模式。如果可读的数据不足 size 个字节，则返回内部缓冲剩余的数据，如果流已经结束则返回 null。

readable.read() 应该只对处于暂停模式的可读流调用。在流动模式中，readable.read() 会自动调用直到内部缓冲的数据完全耗尽。

如果 readable.read() 返回一个数据块，则 data 事件也会触发。

end 事件触发后再调用 stream.read([size]) 会返回 null，不会抛出错误。

以下是一个完整的示例。

```javascript
const fs = require('fs');

const readable = fs.createReadStream('data.txt');

// 设置字符编码
readable.setEncoding('utf-8');

// 读取数据
readable.on('readable', () => {
  let chunk;
  while (null !== (chunk = readable.read(10))) {
    console.log(' 接收到 ${chunk.length} 字节的数据 ');
    console.log(' 接收到的数据是： ${chunk}');
  }
});

readable.on('end', () => {
  console.log(' 结束 ');
});
```

上述示例中，使用 readable.read() 处理数据时，while 循环是必需的。只有在 readable.read() 返回 null 之后，才会发出 readable 事件；readable.setEncoding() 用于设置字符编码。默认情况下没有设置字符编码，流数据返回的是 Buffer 对象。如果设置了字符编码，则流数据返回指定编码的字符串。例如，本例中调用 readable.setEncoding('utf-8') 会将数据解析为 UTF-8 数据，并返回字符串。如果调用 readable.setEncoding('hex') 则会将数据编码成十六进制字符串。运行上述示例，在控制台输出如下内容。

```
接收到 10 字节的数据
接收到的数据是： 江上吟——唐朝 李白
接收到 10 字节的数据
```

接收到的数据是:
兴酣落笔摇五岳,
接收到 10 字节的数据
接收到的数据是:　诗成笑傲凌沧洲。
接收到 10 字节的数据
接收到的数据是:　功名富贵若长在,　汉水
接收到 6 字节的数据
接收到的数据是:　亦应西北流。
结束

本节例子可以在 "stream-demo/stream-read.js" 文件中找到。

6. readable.unpipe([destination])

解绑之前使用 stream.pipe() 绑定的可写流。

如果没有指定目标可写流,则解绑所有管道,如果指定了目标可写流,但它没有建立管道,则不起作用。

```javascript
const fs = require('fs');

const readable = fs.createReadStream('data.txt');

const writable = fs.createWriteStream('write-data.txt');

// readable 的所有数据都推送到 'write-data.txt'
readable.pipe(writable);

setTimeout(() => {
  console.log(' 停止写入数据 ');
  readable.unpipe(writable);
  console.log(' 手动关闭文件流 ');
  writable.end();
}, 3);
stream-unpipe.js
```

本节例子可以在 "stream-demo/stream-unpipe.js" 文件中找到。

9.2.3　异步迭代器

可读流中提供了异步迭代器的使用。观察下面的示例。

```javascript
const fs = require('fs');

async function print(readable) {
  readable.setEncoding('utf8');
  let data ='';

  // 迭代器
  for await (const k of readable) {
```

```
    data += k;
  }
  console.log(data);
}
print(fs.createReadStream('file')).catch(console.log);
```

如果循环以 break 或 throw 终止，则流将被销毁。换句话说，迭代流将完全消耗流，并以大小等于 highWaterMark 选项的块读取流。在上面的示例代码中，如果文件的数据少于 64kb，则数据将位于单个块中，因为没有为 fs.createReadStream() 提供 highWaterMark 选项。

本节例子可以在 "stream-demo/stream-async-iterator.js" 文件中找到。

9.2.4　两种读取模式

可读流运作于流动模式（flowing）或暂停模式（paused）两种模式之一。

- 在流动模式中，数据自动从底层系统读取，并通过 EventEmitter 接口的事件尽可能快地被提供给应用程序。
- 在暂停模式中，必须显式调用 stream.read() 读取数据块。

所有可读流都开始于暂停模式，可以通过以下方式切换到流动模式。

- 添加 data 事件句柄。
- 调用 stream.resume()。
- 调用 stream.pipe()。

可读流可以通过以下方式切换回暂停模式。

- 如果没有管道目标，则调用 stream.pause()。
- 如果有管道目标，则移除所有管道目标。调用 stream.unpipe() 可以移除多个管道目标。

只有提供了消费或忽略数据的机制后，可读流才会产生数据。如果消费的机制被禁用或移除，则可读流会停止产生数据。

为了向后兼容，移除 data 事件句柄不会自动地暂停流。如果有管道目标，一旦目标变为 drain 状态并请求接收数据时，则调用 stream.pause() 也不能保证流会保持暂停模式。

如果可读流切换到流动模式，且没有可用的"消费者"来处理数据，则数据将会丢失。例如，当调用 readable.resume() 时，没有监听 data 事件或 data 事件句柄已移除。

添加 readable 事件句柄会使流自动停止流动，并通过 readable.read() 消费数据。如果 readable 事件句柄被移除，且存在 data 事件句柄，则流会再次开始流动。

9.3　可写流

可写流是对数据要被写入的目的地的一种抽象。所有可写流都实现了 stream.Writable 类定义的接口。可写流常见的例子包括客户端的 HTTP 请求、服务器的 HTTP 响应、fs 的写入流、zlib 流、crypto 流、TCP socket、子进程 stdin、process.stdout、process.stderr。

上面的一些例子事实上是实现了可写流接口的双工流。

尽管可写流的具体实例可能略有差别，但所有的可写流都遵循同一基本的使用模式，如以下示例。

```
const myStream = getWritableStreamSomehow();
myStream.write(' 一些数据 ');
myStream.write(' 更多数据 ');
myStream.end(' 完成写入数据 ');
```

9.3.1　stream.Writable类事件

stream.Writable 类定义了如下事件。

1. close事件

当流及其任何底层资源（如文件描述符）已关闭时，将发出 close 事件。该事件表明不会发出更多事件，也不会进一步计算。

如果使用 emitClose 选项创建可写流，它将始终发出 close 事件。

2. drain事件

如果对 stream.write(chunk) 的调用返回 false，则在适合继续将数据写入流时将发出 drain 事件。

3. error事件

如果在写入管道数据时发生错误，则会发出 error 事件。调用时，监听器回调会传递一个 Error 参数。

发出 error 事件时，流不会关闭。

4. finish事件

调用 stream.end() 方法后会发出 finish 事件，并且所有数据都已刷新到底层系统。

```
const fs = require('fs');

const writable = fs.createWriteStream('write-data.txt');

for (let i = 0; i < 10; i++) {
  writable.write(' 写入 #${i}!\n');
}

writable.end(' 写入结尾 \n');
writable.on('finish', () => {
```

```
console.log(' 写入已完成 ');
})
```

运行程序，可以看到 write-data.txt 文件中写入的数据如下。

```
写入 #0!
写入 #1!
写入 #2!
写入 #3!
写入 #4!
写入 #5!
写入 #6!
写入 #7!
写入 #8!
写入 #9!
写入结尾
```

本节例子可以在 "stream-demo/stream-finish.js" 文件中找到。

5. pipe事件

在可读流上调用 stream.pipe() 方法时会发出 pipe 事件，并将此可写流添加到其目标集。

6. unpipe事件

当在可读流上调用 stream.unpipe() 时触发。

当可读流通过管道流向可写流发生错误时，也会触发 unpipe 事件。

9.3.2　stream.Writable类方法

stream.Writable 类包含以下常用的方法。

1. cork

writable.cork() 方法用于强制把所有写入的数据都缓冲到内存中。当调用 stream.uncork() 或 stream.end() 时，缓冲的数据才会被输出。

当写入大量小块数据到流时，内部缓冲可能失效，从而导致性能下降，writable.cork() 主要用于避免这种情况。对于这种情况，实现了 writable._writev() 的流可以用更优的方式对写入的数据进行缓冲。

2. destroy

writable.destroy([error]) 方法用于销毁流。在调用该方法之后，可写流已结束，随后对 write() 或 end() 的调用都将导致 ERR_STREAM_DESTROYED 错误。如果数据在关闭之前应该刷新，则应使用 end() 方法而不是 destroy() 方法，或者在销毁流之前等待 drain 事件。实现者不应该重写此方法，而是实现 writable._destroy()。

3. end

调用 writable.end([chunk][, encoding][, callback]) 方法表示不再将数据写入 Writable。该方法的参数如下。

- chunk <string> | <Buffer> | <Uint8Array> | <any>：要写入的可选数据。对于不在对象模式下运行的流，块必须是字符串、Buffer 或 Uint8Array。对于对象模式流，块可以是除 null 之外的任何 JavaScript 值。
- encoding <string>：如果设置了编码，则 chunk 是一个字符串。
- callback <Function>：流完成时的可选回调。

调用 writable.end() 方法表示不再将数据写入 Writable。可选的块和编码参数允许在关闭流之前立即写入最后一个额外的数据块。如果提供，则附加可选回调函数作为 finish 事件的监听器。示例如下。

```
const fs = require('fs');

const writable = fs.createWriteStream('write-data.txt');

for (let i = 0; i < 10; i++) {
  writable.write('写入 #${i}!\n');
}

writable.end('写入结尾 \n');
writable.on('finish', () => {
  console.log('写入已完成 ');
})
```

调用 stream.end() 后调用 stream.write() 方法将引发错误。

4. setDefaultEncoding

writable.setDefaultEncoding(encoding) 为可写流设置默认的编码。

5. uncork

writable.uncork() 方法用于将调用 stream.cork() 后缓冲的所有数据输出到目标。

当使用 writable.cork() 和 writable.uncork() 来管理流的写入缓冲时，建议使用 process.nextTick() 来延迟调用 writable.uncork()。通过这种方式，可以对单个 Node.js 事件循环中调用的所有 writable.write() 进行批处理。

```
stream.cork();
stream.write('一些 ');
stream.write('数据 ');
process.nextTick(() => stream.uncork());
```

如果一个流上多次调用 writable.cork()，则必须调用同样次数的 writable.uncork() 才能输出缓冲的数据。

```
stream.cork();
stream.write(' 一些 ');
stream.cork();
stream.write(' 数据 ');
process.nextTick(() => {
  stream.uncork();
  // 数据不会被输出，直到第二次调用 uncork()
  stream.uncork();
});
```

6. write

writable.write(chunk[, encoding][, callback]) 写入数据到流，并在数据被完全处理之后调用 callback。如果发生错误，则 callback 可能被调用也可能不被调用。为了可靠地检测错误，可以为 error 事件添加监听器。该方法的参数如下。

- chunk <string> | <Buffer> | <Uint8Array> | <any>：要写入的数据。对于非对象模式的流，chunk 必须是字符串、Buffer 或 Uint8Array。对于对象模式的流，chunk 可以除 null 外的是任何 JavaScript 值。
- encoding <string>：如果 chunk 是字符串，则指定字符编码。
- callback <Function>：当数据块被输出到目标后的回调函数。

writable.write() 写入数据到流，并在数据被完全处理之后调用 callback。如果发生错误，则 callback 可能被调用也可能不被调用。为了可靠地检测错误，可以为 error 事件添加监听器。

在接收了 chunk 后，如果内部的缓冲小于创建流时配置的 highWaterMark，则返回 true。如果返回 false，则应该停止向流写入数据，直到 drain 事件被触发。

当流还未被排空时，调用 write() 会缓冲 chunk，并返回 false。一旦所有当前缓冲的数据块都被排空了（被操作系统接收并传输），则触发 drain 事件。建议一旦 write() 返回 false，则不再写入任何数据块，直到 drain 事件被触发。当流还未被排空时，也是可以调用 write()，Node.js 会缓冲所有被写入的数据块，直到达到最大内存占用，这时它会无条件中止，甚至在它中止之前，高内存占用将会导致垃圾回收器的性能变差和 RSS 变高（即使内存不再需要，通常也不会被释放回系统）。如果远程的另一端没有读取数据，TCP 的 socket 可能永远也不会排空，所以写入到一个不会排空的 socket 可能会导致产生远程可利用的漏洞。

对于 Transform，写入数据到一个不会排空的流尤其成问题，因为 Transform 流默认会被暂停，直到它们被 pipe 或者添加了 data 或 readable 事件句柄。

如果要被写入的数据可以根据需要生成或取得，建议将逻辑封装为一个可读流并且使用 stream.pipe()。如果要优先调用 write()，则可以使用 drain 事件来防止背压与避免内存问题。以下是示例。

```
function write(data, cb) {
  if (!stream.write(data)) {
    stream.once('drain', cb);
```

```
  } else {
    process.nextTick(cb);
  }
}

// 在回调函数被执行后再进行其他的写入
write('hello', () => {
  console.log(' 完成写入，可以进行更多的写入 ');
});
```

9.4 双工流与转换流

双工流（Duplex）是同时实现了 Readable 和 Writable 接口的流。双工流的例子包括 TCP socket、zlib 流、crypto 流。

转换流（Transform）是一种双工流，但它的输出与输入是相关联的。与双工流一样，转换流也同时实现了 Readable 和 Writable 接口。转换流的例子包括 zlib 流和 crypto 流。

9.4.1 实现双工流

双工流同时实现了可读流和可写流，如 TCP socket 连接。因为 JavaScript 不支持多重继承，所以使用 stream.Duplex 类来实现双工流（而不是使用 stream.Readable 类和 stream.Writable 类）。

stream.Duplex 类的原型继承自 stream.Readable 和寄生自 stream.Writable，但是 instanceof 对这两个基础类都可用，因为重写了 stream.Writable 的 Symbol.hasInstance。

自定义的双工流必须调用 new stream.Duplex([options]) 构造函数并实现 readable._read() 和 writable._write() 方法。以下是示例。

```
const { Duplex } = require('stream');

class MyDuplex extends Duplex {
  constructor(options) {
    super(options);
    // ...
  }
}
```

实战 9.4.2 实战：双工流的例子

下面是一个双工流的例子，封装了一个可读可写的底层资源对象。

```
const { Duplex } = require('stream');
const kSource = Symbol('source');

class MyDuplex extends Duplex {
  constructor(source, options) {
    super(options);
    this[kSource] = source;
  }

  _write(chunk, encoding, callback) {
    // 底层资源只处理字符串
    if (Buffer.isBuffer(chunk))
      chunk = chunk.toString();
    this[kSource].writeSomeData(chunk);
    callback();
  }

  _read(size) {
    this[kSource].fetchSomeData(size, (data, encoding) => {
      this.push(Buffer.from(data, encoding));
    });
  }
}
```

双工流最重要的方面是，可读端和可写端相互独立，并共存于同一个对象实例中。

9.4.3 对象模式的双工流

对双工流来说，可以使用 readableObjectMode 和 writableObjectMode 选项来分别设置可读端和可写端的 objectMode。

在下面的例子中，创建了一个转换流（双工流的一种），对象模式的可写端接收 JavaScript 数值，并在可读端转换为十六进制字符串。

```
const { Transform } = require('stream');

// 转换流也是双工流
const myTransform = new Transform({
  writableObjectMode: true,

  transform(chunk, encoding, callback) {
    // 强制把 chunk 转换成数值
    chunk |= 0;
```

```
    // 将 chunk 转换成十六进制
    const data = chunk.toString(16);

    // 推送数据到可读队列
    callback(null,'0'.repeat(data.length % 2) + data);
  }
});

myTransform.setEncoding('ascii');
myTransform.on('data', (chunk) => console.log(chunk));

myTransform.write(1);
// 打印 : 01
myTransform.write(10);
// 打印 : 0a
myTransform.write(100);
// 打印 : 64
```

9.4.4　实现转换流

转换流是一种特殊双工流，它会对输入做些计算然后输出，如 zlib 流和 crypto 流会压缩、加密或解密数据。

输出流的大小、数据块的数量都不一定会和输入流的一致。例如，Hash 流在输入结束时只会输出一个数据块，而 zlib 流的输出可能比输入大很多或小很多。stream.Transform 类可用于实现一个转换流。

stream.Transform 类继承自 stream.Duplex，并且实现了自有的 writable._write() 和 readable._read() 方法。自定义的转换流必须实现 transform._transform() 方法，而实现 transform._flush() 方法是可选的。以下是使用示例。

```
const { Transform } = require('stream');

class MyTransform extends Transform {
  constructor(options) {
    super(options);
    // ...
  }
}
```

当使用转换流时，如果可读端的输出没有被消费，则写入流的数据可能会导致可写端被暂停。

第10章

TCP

Node.js 是面向网络而生的平台，因此非常适合使用 Node.js 来构建网络服务。

Node.js 支持常见的网络协议，如 TCP、UDP、HTTP、HTTPS、WebSocket 等。本章着重介绍 Node.js 基于 TCP 协议的网络编程。

10.1　创建TCP服务器

TCP 协议在网络编程中应用广泛，大多数应用都是基于 TCP 协议来构建的，如 IM 聊天软件、能耗监控系统等。

10.1.1　了解TCP

TCP（Transmission Control Protocol）是面向连接的、提供端到端可靠的数据流（flow of data）的协议。TCP 提供超时重发、丢弃重复数据、检验数据、流量控制等功能，保证数据能从一端传到另一端。

"面向连接"就是指在正式通信前必须要与对方建立起连接。这一过程与打电话很相似，先拨号振铃，等待对方摘机应答，然后才说明是谁。

TCP 是基于连接的协议，也就是说，在正式收发数据前，必须和对方建立可靠的连接。一个 TCP 连接必须要经过三次"握手"才能建立起来，简单地讲就是 A 向主机 B 发出连接请求数据包："我想给你发数据，可以吗？"主机 B 向主机 A 发送同意连接和要求同步（同步就是两台主机一个在发送，一个在接收，协调工作）的数据包："可以，你来吧"。主机 A 再发出一个数据包确认主机 B 的要求同步："好的，我来也，你接着吧！" 三次"握手"的目的是使数据包的发送和接收同步，经过三次"对话"之后，主机 A 才向主机 B 正式发送数据。

那么，TCP 如何保证数据的可靠性？总结来说，TCP 通过下列方式来提供可靠性。

* 应用数据被分割成 TCP 认为最适合发送的数据块。这和 UDP 完全不同，应用程序产生的数据报长度将保持不变。由 TCP 传递给 IP 的信息单位称为报文段或段（segment）。
* 当 TCP 发出一个段后，它启动一个定时器，等待目的端确认收到这个报文段。如果不能及时收到一个确认，将重发这个报文段（可自行了解 TCP 协议中自适应的超时及重传策略）。
* 当 TCP 收到发自 TCP 连接另一端的数据，它将发送一个确认。这个确认不是立即发送，通常将推迟几分之一秒。
* TCP 将保持它首部和数据的检验和。这是一个端到端的检验和，目的是检测数据在传输过程中的任何变化。如果收到段的检验和有差错，TCP 将丢弃这个报文段和不确认收到此报文段（希望发送端超时并重发）。
* 既然 TCP 报文段作为 IP 数据报来传输，而 IP 数据报的到达可能会失序，那么 TCP 报文段的到达也可能会失序。如果有必要，TCP 将对收到的数据进行重新排序，将收到的数据以正确的顺序交给应用层。
* 既然 IP 数据报会发生重复，TCP 的接收端必须丢弃重复的数据。
* TCP 还能提供流量控制。TCP 连接的每一方都有固定大小的缓存空间。TCP 的接收端只允许另一端发送接收端缓存区所能接纳的数据。这将防止较快主机致使较慢主机的缓存区溢出。

10.1.2 了解Socket

Socket（套接字）是在网络上运行两个程序之间的双向通信链路的一个端点。Socket 绑定到一个端口号，使得 TCP 层可以标识数据最终要被发送到哪个应用程序。

正常情况下，一台服务器在特定计算机上运行，并具有被绑定到特定端口号的 Socket。服务器只是等待，并监听用于客户发起的连接请求的 Socket。Socket 是 TCP 套接字或流式 IPC 端点的抽象，在 Node.js 中用 net.Socket 类来表示。Socket 是双工流，因此它既可读也可写。

对于客户端而言，客户端知道服务器所运行的主机名称及服务器正在监听的端口号。建立连接请求时，客户端尝试与主机服务器和端口会合。客户端也需要在连接中将自己绑定到本地端口以便给服务器做识别。本地端口号通常是由系统分配的。图 10-1 展示了客户端向服务端发起请求的过程。

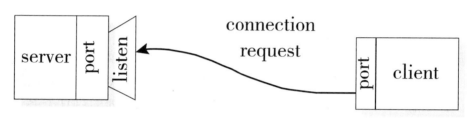

图10-1　客户端向服务端发起请求

如果一切顺利的话，服务器将接受连接。一旦接受，服务器获取绑定到相同的本地端口的新 Socket，并且还具有其远程端点设定为客户端的地址和端口。它需要一个新的 Socket，以便它可以继续监听原来用于客户端连接请求的 Socket。图 10-2 展示了客户端与服务端建立连接的过程。

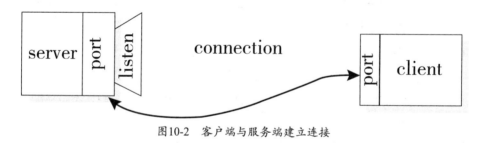

图10-2　客户端与服务端建立连接

在客户端如果连接被接受，则成功地创建一个套接字和客户端，可以使用该 Socket 与服务器进行通信。

客户机和服务器现在可以通过 Socket 写入或读取来交互了。

端点是 IP 地址和端口号的组合。每个 TCP 连接可以通过它的两个端点被唯一标识。这样，主机和服务器之间可以有多个连接。

10.1.3　net模块

在 Node.js 中，net 模块用于创建基于流的 TCP 或 IPC 的服务器与客户端。其中，在 Windows 上支持命名管道 IPC，在其他操作系统上支持 UNIX 域套接字。

net 模块的使用方法如下。

```
const net = require('net');
```

实战 10.1.4　实战：创建TCP服务器

net.Server 类创建 TCP 或 IPC 服务器。其中，net.Server 类支持如下事件。

- close 事件：当服务器关闭的时候触发。注意，如果有连接存在，直到所有的连接结束才会触发这个事件。
- connection 事件：当一个新的 connection 建立的时候触发。
- error 事件：当错误出现的时候触发。
- listening 事件：当服务被绑定后调用 server.listen() 方法后触发。

以下是一个创建 TCP 服务器的示例。

```
const net = require('net');

const server = net.createServer((socket) => {
    socket.end('goodbye\n');
}).on('error', (err) => {
    // 处理错误
    throw err;
});

server.on('close', () => {
    console.log(' 服务器接收到 close 事件 ');
})

server.on('connection', () => {
    console.log(' 服务器接收到 connection 事件 ')
})

server.on('listening', () => {
    console.log(' 服务器接收到 listening 事件 ')
})

// 随机获取未绑定的端口
server.listen(() => {
    console.log(' 服务器启动，占用端口： ', server.address());
});
```

运行该程序,可以在控制台看到如下输出内容。

```
服务器接收到 listening 事件
服务器启动,占用端口: { address: '::', family: 'IPv6', port: 58557 }
```

在上述例子中,server.address() 方法用于绑定操作系统随机分配的端口号。

本节例子可以在"net-demo/create-server.js"文件中找到。

10.2 监听连接

server.listen() 方法用于启动一个服务器来监听连接。net.Server 可以是 TCP 或 IPC 服务器,具体取决于它所监听的内容。

server.listen() 方法可以接受以下几种参数。

- server.listen(handle[, backlog][, callback])。
- server.listen(options[, callback])。
- server.listen(path[, backlog][, callback]):用于 IPC 服务器。
- server.listen([port[, host[, backlog]]][, callback]):用于 TCP 服务器。

上述 listen() 方法都是异步的。当服务器开始监听时,会触发 listening 事件。最后一个参数 callback 将被添加为 listening 事件的监听器。

所有的 listen() 方法都可以使用一个 backlog 参数来指定待连接队列的最大长度。实际的长度将由操作系统的 sysctl 设置决定,例如,Linux 上的 tcp_max_syn_backlog 和 somaxconn。此参数的默认值是 511。

所有的 net.Socket 都被设置为 SO_REUSEADDR。

当且仅当在第一次调用 server.listen() 或调用 server.close() 期间出现错误时,才能再次调用 server.listen() 方法。否则,将抛出 ERR_SERVER_ALREADY_LISTEN 错误。

监听时最常见的错误之一是 EADDRINUSE,这说明该地址正被另一个服务器所使用。处理此问题的一种方法是在一段时间后重试。示例如下。

```
server.on('error', (e) => {
  if (e.code === 'EADDRINUSE') {
    console.log('地址正被使用,重试中 ...');
    setTimeout(() => {
      server.close();
      server.listen(PORT, HOST);
    }, 1000);
  }
});
```

10.2.1　server.listen(handle[, backlog][, callback])

server.listen(handle[, backlog][, callback]) 方法用于启动一个服务器，监听已经绑定到端口、UNIX 域套接字或 Windows 命名管道的给定句柄上的连接。

句柄对象可以是服务器、套接字，也可以是具有 fd 成员的对象，该成员是一个有效的文件描述符。

注意，在 Windows 上不支持在文件描述符上进行监听。

10.2.2　server.listen(options[, callback])

server.listen(options[, callback]) 方法中的 options 参数支持如下属性。

- port <number>：端口号。
- host <string>：主机。
- path <string>：如果指定了 port，将被忽略。
- backlog <number>。
- exclusive <boolean>：默认值是 false。
- readableAll <boolean>：对于 IPC 服务器，使管道对所有用户都可读。默认值是 false。
- writableAll <boolean>：对于 IPC 服务器，管道可以为所有用户写入。默认值是 false。
- ipv6Only <boolean>：对于 TCP 服务器，将 ipv6Only 设置为 true 将禁用双栈支持，即绑定到 host 为 "::" 时，不会使 0.0.0.0 绑定。默认值是 false。

server.listen(options[, callback]) 方法如果指定了 port，则其行为与 server.listen([port[, host[, backlog]]][, callback]) 相同。否则，如果指定了 path，则其行为与 server.listen(path[, backlog][, callback]) 相同。 如果未指定任何一个，则将引发错误。

如果 exclusive 为 false，则集群将使用相同的底层句柄，从而允许共享连接处理。 当 exclusive 为 true 时，不共享句柄，并且尝试端口共享会导致错误。监听专用端口的示例如下。

```
server.listen({
  host: 'localhost',
  port: 80,
  exclusive: true
});
```

注意，以 root 身份启动 IPC 服务器可能导致无特权用户无法访问服务器路径。使用 readableAll 和 writableAll 将使所有用户都可以访问服务器。

10.3 发送和接收数据

Socket 是 TCP 套接字或流式 IPC 端点的抽象,在 Node.js 中用 net.Socket 类来表示。Socket 是双工流,因此它既可读也可写。

通过 net.createServer() 方法,很容易地就可以创建一个 TCP 服务器。以下是示例代码。

```
const net = require('net');

const server = net.createServer();

// ...

// 随机获取未绑定的端口
server.listen(8888, () => {
    console.log('服务器启动, 端口: 8888');
});
```

listen() 方法用于指定服务器所要绑定的端口号。在本例中,所绑定的端口号是 8888。

server 支持众多事件,如下面这些。

```
server.on('close', () => {
    console.log('服务器接收到 close 事件 ');
})

server.on('connection', () => {
    console.log('服务器接收到 connection 事件 ');
})

server.on('listening', () => {
    console.log('服务器接收到 listening 事件 ');
})
```

这里需要重点关注的是 connection 事件,当有客户端连接到 server 时,会触发该事件。

10.3.1 创建Socket对象

当有客户端连接上 server 时,意味着在 server 中创建了一个 Socket 对象。观察下面的代码。

```
server.on('connection', (socket) => {
    console.log('服务器接收到 connection 事件 ');

    // ...
})
```

在 connection 事件中,socket 就是在 server 中创建了一个 Socket 对象。该 Socket 对象可以与客户端进行通信。

10.3.2　创建Socket对象发送和接收数据

继续改造 server 的 connection 事件，代码如下。

```
server.on('connection', (socket) => {
    console.log(' 服务器接收到 connection 事件 ');
    socket.setEncoding('utf8');
    socket.write('welcome!');

    socket.on('data', (data) => {
        console.log(' 服务器接收到的数据为： ' + data);
        socket.write(data);
    })
})
```

在上述示例中，socket.write() 方法用于将数据写入 Socket（发送）；socket 通过 data 事件，可以监听来自客户端写入的数据（接收）。在上述示例中，会将接收到的数据，再通过 socket.write() 方法发送回客户端。

实战 ▶ 10.3.3　实战：TCP服务器的例子

TCP 服务器完整的示例代码如下。

```
const net = require('net');

const server = net.createServer();

server.on('error', (err) => {
    // 处理错误
    throw err;
});

server.on('close', () => {
    console.log(' 服务器接收到 close 事件 ');
})

server.on('connection', (socket) => {
    console.log(' 服务器接收到 connection 事件 ');
    socket.setEncoding('utf8');
    socket.write('welcome!');

    socket.on('data', (data) => {
        console.log(' 服务器接收到的数据为： ' + data);
        socket.write(data);
    })
})
```

```
server.on('listening', () => {
    console.log('服务器接收到 listening 事件');
})

// 绑定到端口
server.listen(8888, () => {
    console.log('服务器启动，端口：8888');
});
```

1. 启动该TCP服务器

通过命令行启动该 TCP 服务器。

```
node socket-write.js
```

正常启动后，可以在控制台看到如下输出内容。

```
服务器接收到 listening 事件
服务器启动，端口：8888
```

2. 启动客户端连接到TCP服务器

在操作系统中，启动一个 Telnet 客户端，来连接到上述 TCP 服务器。

执行如下命令。

```
telnet 127.0.0.1 8888
```

成功连接之后，可以看到如图 10-3 所示的信息，该信息是由 TCP 服务器返回的。

图10-3　启动一个Telnet客户端

3. 客户端与TCP服务器交互

当建立了 TCP 连接之后，客户端就可以与 TCP 服务器进行交互了。

当在客户端输入 "a" 字符时，服务器也会将 "a" 发送回客户端。图 10-4 所示的是 Telnet 客户端发送并接收消息的效果。

图10-4　Telnet客户端发送并接收消息

本节例子可以在 "net-demo/socket-write.js" 文件中找到。

10.4　关闭TCP服务器

TCP 服务器通过 socket.end() 终止客户端的连接，也可以通过 server.close() 方法来将整个 TCP 服务器关闭。当 TCP 服务器关闭时，会监听到 close 事件。

10.4.1　socket.end()

socket.end() 方法用于终止 Socket 对象，从而终止客户端的连接。

观察下面的示例。

```
const net = require('net');

const server = net.createServer();

server.on('error', (err) => {
    // 处理错误
    throw err;
});

server.on('close', () => {
    console.log(' 服务器接收到 close 事件 ');
})

server.on('connection', (socket) => {
    console.log(' 服务器接收到 connection 事件 ');
    socket.setEncoding('utf8');
    socket.write('welcome!');

    socket.on('data', (data) => {
        console.log(' 服务器接收到的数据为： ' + data);

        // 如果收到 c 字符， 就终止连接
        if (data == 'c') {
            socket.write('bye!');
            socket.end(); // 关闭 socket
        } else {
            socket.write(data);
        }

    })
})

server.on('listening', () => {
    console.log(' 服务器接收到 listening 事件 ');
})
```

```
// 绑定到端口
server.listen(8888, () => {
    console.log('服务器启动，端口：8888');
});
```

在 connection 事件中，设置了 "如果收到 c 字符，就终止连接" 的逻辑。其中，就使用了 socket.end() 方法来关闭 Socket。

图 10-5 展示了发送终止信息后的效果。

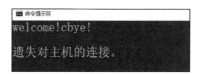

图10-5　发送终止信息

10.4.2　server.close()

socket.end() 方法主要用于关闭客户端，而 server.close() 方法则是为了关闭服务器。

观察下面的代码。

```
const net = require('net');

const server = net.createServer();

server.on('error', (err) => {
    // 处理错误
    throw err;
});

server.on('close', () => {
    console.log('服务器接收到 close 事件');
})

server.on('connection', (socket) => {
    console.log('服务器接收到 connection 事件');
    socket.setEncoding('utf8');
    socket.write('welcome!');

    socket.on('data', (data) => {
        console.log('服务器接收到的数据为：' + data);

        // 如果收到 c 字符，就终止连接
        if (data == 'c') {
            socket.write('bye!');
            socket.end(); // 关闭 socket
            // 如果收到 k 字符，就关闭服务器
```

```
        } else if (data == 'k') {
            socket.write('bye!');
            socket.end(); // 关闭 socket
            server.close(); // 关闭服务器
        } else {
            socket.write(data);
        }

    })
})

server.on('listening', () => {
    console.log(' 服务器接收到 listening 事件 ');
})

// 绑定到端口
server.listen(8888, () => {
    console.log(' 服务器启动，端口：8888');
});
```

在 connection 事件中，设置了"如果收到 k 字符，就关闭服务器"的逻辑。其中，就使用了 server.close() 方法来关闭服务器。

图 10-6 展示了发送关闭服务器消息后的效果。

图10-6　发送关闭服务器消息

以下是服务器控制台输出的内容。

```
服务器接收到 listening 事件
服务器启动，端口：8888
服务器接收到 connection 事件
服务器接收到的数据为：k
服务器接收到 close 事件
```

从上述内容可以看到，服务器在关闭前，会发送 close 事件。

本节例子可以在"net-demo/server-close.js"文件中找到。

第11章

UDP

本章着重介绍 Node.js 基于 UDP 协议的网络编程。

11.1　创建UDP服务器

UDP（User Datagram Protocol，用户数据报协议），是 OSI 参考模型中一种无连接的传输层协议，提供面向事务的简单不可靠信息传送服务。

11.1.1　了解UDP

UDP 的正式规范是 IETF RFC 768（https://tools.ietf.org/html/rfc768）。UDP 在 IP 报文的协议号是 17。

UDP 协议的全称是用户数据报协议，在网络中它与 TCP 协议一样用于处理数据包，是一种无连接的协议。在 OSI 模型中，在第四层传输层，处于 IP（网际协议）协议的上一层。

UDP 有不提供数据包分组、组装和不能对数据包进行排序的缺点，也就是说，当报文发送之后，是无法得知其是否安全完整到达的。UDP 用来支持那些需要在计算机之间传输数据的网络应用。包括网络视频会议系统在内的众多的 CS 模式的网络应用都需要使用 UDP 协议。UDP 协议从问世至今已经被使用了很多年，虽然其最初的光彩已经被一些类似协议所掩盖，但是即使是在今天 UDP 仍然不失为一项非常实用和可行的网络传输层协议。

与所熟知的 TCP（传输控制协议）协议一样，UDP 协议直接位于 IP 协议的上一层。根据 OSI（开放系统互联）参考模型，UDP 和 TCP 都属于传输层协议。UDP 协议的主要作用是将网络数据流量压缩成数据包的形式。一个典型的数据包就是一个二进制数据的传输单位。每一个数据包的前 8 个字节用来包含报头信息，剩余字节则用来包含具体的传输数据。

在 Node.js 中是使用 dgram.Socket 类来对 UDP 端点进行抽象。

11.1.2　TCP与UDP的区别

TCP 与 UDP 的区别总结如下。

- TCP 是面向连接的（如打电话要先拨号建立连接）；而 UDP 是无连接的，即发送数据之前不需要建立连接。
- TCP 提供可靠的服务。也就是说，通过 TCP 连接传送的数据无差错，不丢失，不重复，且按序到达；UDP 是尽最大努力交付，即不保证可靠交付。
- TCP 通过校验和、重传控制、序号标识、滑动窗口、确认应答实现可靠传输。如丢包时的重发控制，还可以对次序乱掉的分包进行顺序控制。
- UDP 具有较好的实时性，工作效率比 TCP 高，适用于对高速传输和实时性有较高要求的通信或广播通信。
- 每一条 TCP 连接只能是点到点的；而 UDP 支持一对一、一对多、多对一和多对多等多重交互方式。
- TCP 对系统资源要求较多；UDP 对系统资源要求较少。

实战 ▶ 11.1.3 实战：创建UDP服务器

在 Node.js 中，dgram 模块承担了 UDP 的实现功能。

下面演示如何来创建 UDP 服务器。

```
const dgram = require('dgram');
const server = dgram.createSocket('udp4');

server.on('error', (err) => {
  console.log('服务器错误 :\n${err.stack}');
  server.close();
});

server.on('message', (msg, rinfo) => {
  console.log('服务器从 ${rinfo.address}:${rinfo.port} 接收到消息 :
${msg}');
});

server.on('listening', () => {
  const address = server.address();
  console.log('服务器监听 ${address.address}:${address.port}');
});
```

```
server.bind(41234); // 输出为：服务器监听 0.0.0.0:41234
```

在上述例子中，dgram.createSocket() 方法用于创建 UDP 服务器。其中，参数 "udp4" 是指使用的是 IPv4。如果想指定使用 IPv6，则可以设置参数为 "udp6"。

server.bind() 方法用于绑定指定的端口号。

执行下面的命令以启动服务器。

```
node create-socket.js
```

服务器启动后，可以看到控制台输出如下内容。

```
服务器监听 0.0.0.0:41234
```

本节例子可以在 "dgram-demo/create-socket.js" 文件中找到。

11.2 监听连接

Node.js 通过 listening 事件来监听连接。只要套接字开始监听数据报消息，就会发出 listening 事件。只要创建 UDP 套接字，就会发生这种情况。

以下是使用示例。

```
const dgram = require('dgram');
const server = dgram.createSocket('udp4');

// ...

server.on('listening', () => {
  const address = server.address();
  console.log(' 服务器监听 ${address.address}:${address.port}');
});


server.bind(41234); // 输出为： 服务器监听 0.0.0.0:41234
```

上述例子中，只要 server 成功绑定了端口，就说明已经创建了 UDP 的套接字，此时就会发出 listening 事件。

server.address() 方法用于获取 server 所使用的地址。

11.3　发送和接收数据

Node.js 通过 message 事件来接收数据，通过 socket.send() 方法来发送数据。

11.3.1　message事件

当有新的数据包被 socket 接收时，message 事件会被触发。该事件会有 msg 和 rinfo 作为参数传递到该事件的处理函数中。其中：

- msg <Buffer>：接收到的消息。
- rinfo <Object>：远程地址信息。
  - address <string>：发送方地址。
  - family <string>：地址类型，可以是 IPv4 或 IPv6。
  - port <number>：发送者端口。
  - size <number>：消息大小。

以下是一个 message 事件监听示例。

```
server.on('message', (msg, rinfo) => {
  console.log(' 服务器从 ${rinfo.address}:${rinfo.port} 接收到消息：
${msg}');
  console.log(' 地址类型是 ${rinfo.family}， 消息大小是 ${rinfo.size}');
});
```

11.3.2　socket.send()方法

socket.send(msg[, offset, length][, port][, address][, callback]) 方法用于在套接字上广播数据报。对于无连接套接字，必须指定目标端口和地址。另外，连接的套接字将使用其关联的远程端点，因此不能设置端口和地址参数。

msg 参数包含要发送的消息。根据其类型，可以应用不同的行为。如果 msg 是 Buffer 或 Uint8Array，则 offset 和 length 分别指定消息开始的 Buffer 内的偏移量和消息中的字节数。如果 msg 是一个 String，那么它会自动转换为带有 UTF-8 编码的 Buffer。对于包含多字节字符的消息，将根据字节长度而不是字符位置计算偏移量和长度。如果 msg 是数组，则不能指定偏移量和长度。

address 参数是一个字符串。如果 address 的值是主机名，则 DNS 将用于解析主机的地址。如果未提供地址或其他方法，则默认情况下将使用"127.0.0.1"（对于 IPv4 套接字）或":: 1"（对于 IPv6 套接字）。

如果套接字事先没有指定绑定的端口，则为套接字分配一个随机端口号并绑定到"所有接口"地址（对于 IPv4 套接字为"127.0.0.1"，对于 IPv6 套接字为":: 1"）。

可以指定可选的回调函数作为报告 DNS 错误或确定何时重用 buf 对象是安全的方式。注意，DNS 查找会延迟发送至少一个 Node.js 事件循环的时间。

确定数据报已被发送的唯一方法是使用回调。如果发生错误并给出回调，则错误将作为第一个参数传递给回调。如果未给出回调，则错误将作为套接字对象上的 error 事件发出。

偏移和长度是可选的，仅当第一个参数是 Buffer 或 Uint8Array 时才支持它们。

以下是将 UDP 数据包发送到 localhost 上的端口的示例。

```
const dgram = require('dgram');
const message = Buffer.from('Some bytes');
const client = dgram.createSocket('udp4');

client.send(message, 41234, 'localhost', (err) => {
  client.close();
});
```

以下是将由多个缓冲区组成的 UDP 数据包发送到 127.0.0.1 上的端口的示例。

```
const dgram = require('dgram');
const buf1 = Buffer.from('Some ');
const buf2 = Buffer.from('bytes');
const client = dgram.createSocket('udp4');

// 多个缓冲区组成的 UDP 数据包
client.send([buf1, buf2], 41234, (err) => {
  client.close();
});
```

　　根据应用程序和操作系统的不同，发送多个缓冲区可能会更快或更慢。但是一般来说，发送多个缓冲区的速度更快。这个需要根据自身项目的实际情况进行测试才能准确评估。

　　以下是使用连接到 localhost 上端口的套接字发送 UDP 数据包的示例。

```
const dgram = require('dgram');
const message = Buffer.from('Some bytes');
const client = dgram.createSocket('udp4');

client.connect(41234, 'localhost', (err) => {
  client.send(message, (err) => {
    client.close();
  });
});
```

11.4　关闭UDP服务器

　　Node.js 使用 socket.close() 方法来关闭套接字。关闭后，会发出 close 事件。该事件触发后，此套接字上就不会发出新的 message 事件。

　　观察下面的示例。

```
const dgram = require('dgram');
const server = dgram.createSocket('udp4');

server.on('error', (err) => {
  console.log(' 服务器错误 :\n${err.stack}');
  server.close();
});

server.on('close', () => {
  console.log(' 服务器触发 close 事件 ');
});

server.on('message', (msg, rinfo) => {
  console.log(' 服务器从 ${rinfo.address}:${rinfo.port} 接收到消息 :
${msg}');
  console.log(' 地址类型是 ${rinfo.family}, 消息大小是 ${rinfo.size}');
});

server.on('listening', () => {
  const address = server.address();
  console.log(' 服务器监听 ${address.address}:${address.port}');
});
```

```
server.bind(41234); // 输出为：服务器监听 0.0.0.0:41234

// 两秒后执行 close 方法
setInterval(() => {
  server.close();
}, 2000
)
```

在上述例子中，服务器启动成功两秒之后，会主动 server.close()，并会触发 close 事件。控制台输出内容如下。

```
服务器监听 0.0.0.0:41234
服务器触发 close 事件
```

本节例子可以在 "dgram-demo/socket-close.js" 文件中找到。

实战 ▶ 11.5　实战：UDP服务器的例子

为了演示 UDP 服务器通信的功能，这里构建了服务器和客户端两个程序。当服务器启动之后，客户端可以给服务器发送消息，同时，服务器也可以发回消息给客户端。

11.5.1　UDP服务器

以下是 UDP 服务器的示例代码。

```
const dgram = require('dgram');
const server = dgram.createSocket('udp4');

server.on('error', (err) => {
  console.log(' 服务器错误 :\n${err.stack}');
  server.close();
});

server.on('close', () => {
  console.log(' 服务器触发 close 事件 ');
});

server.on('message', (msg, rinfo) => {
  console.log(' 服务器从 ${rinfo.address}:${rinfo.port} 接收到消息 :
${msg}');
  console.log(' 地址类型是 ${rinfo.family}, 消息大小是 ${rinfo.size}');

  server.send(msg + " too!", rinfo.port, rinfo.address );
});
```

```
server.on('listening', () => {
  const address = server.address();
  console.log(' 服务器监听 ${address.address}:${address.port}');
});

server.bind(41234); // 输出为：服务器监听 0.0.0.0:41234
```

　　上述例子实现了，将接收到的客户端的消息加上"too!"文本内容，再发送给客户端的功能。

11.5.2　UDP客户端

　　以下是 UDP 客户端的示例代码。

```
const dgram = require('dgram');
const message = Buffer.from('i love u');
const client = dgram.createSocket('udp4');

client.on('message', (msg, rinfo) => {
  console.log(' 客户端从 ${rinfo.address}:${rinfo.port} 接收到消息：
${msg}');
  console.log(' 地址类型是 ${rinfo.family}, 消息大小是 ${rinfo.size}');
});

// 每隔 2 秒执行一次
setInterval(() => {
  client.send(message, 41234, 'localhost');
}, 2000
)
```

　　上述例子实现了，当客户端启动后，每隔 2 秒，就会向服务器发送"i love u"文本内容，同时，等待接收服务器发送给客户端的内容。

11.5.3　运行应用

　　首先启动服务器，接着启动客户端，可以看到服务端输出内容如下。

```
node upd-server
服务器监听 0.0.0.0:41234
服务器从 127.0.0.1:58721 接收到消息：i love u
地址类型是 IPv4, 消息大小是 8
服务器从 127.0.0.1:58721 接收到消息：i love u
地址类型是 IPv4, 消息大小是 8
...
同时，也可以看到客户端输出内容如下：
node upd-client
客户端从 127.0.0.1:41234 接收到消息：i love u too!
```

```
地址类型是 IPv4，消息大小是 13
客户端从 127.0.0.1:41234 接收到消息：i love u too!
地址类型是 IPv4，消息大小是 13
...
```

本节例子可以在"dgram-demo/upd-server.js"和"dgram-demo/upd-client.js"文件中找到。

第12章
HTTP

HTTP 协议是伴随着万维网而产生的传送协议，用于将服务器超文本传输到本地浏览器。目前，主流的互联网应用都是采用 HTTP 协议来发布 REST API，实现客户端与服务器的轻松互联。

本章介绍如何基于 Node.js 来开发 HTTP 协议的应用。

12.1　创建HTTP服务器

在 Node.js 中，使用 HTTP 服务器和客户端，要使用 http 模块。用法如下。

```
const http = require('http');
```

Node.js 中的 HTTP 接口旨在支持传统上难以使用的协议的许多特性，特别是大块的、可能块编码消息。接口永远不会缓冲整个请求或响应，用户能够流式传输数据。

12.1.1　http.Server类创建服务器

HTTP 服务器主要由 http.Server 类来提供功能。该类继承自 net.Server，有很多 net.Server 的方法和事件。例如，以下示例中的 server.listen() 方法。

```
const http = require('http');

const hostname = '127.0.0.1';
const port = 8080;

const server = http.createServer((req, res) => {
  res.statusCode = 200;
  res.setHeader('Content-Type', 'text/plain');
  res.end('Hello World\n');
});

server.listen(port, hostname, () => {
  console.log('服务器运行在 http://${hostname}:${port}/');
});
```

上述代码中，http.createServer() 创建了 HTTP 服务器；server.listen() 方法用于指定服务器启动时所要绑定的端口；res.end() 方法用于响应内容给客户端。当客户端访问服务器时，服务器将会返回"Hello World"文本内容给客户端。

以下是在浏览器访问 http://127.0.0.1:8080/ 地址时，所返回的界面内容。

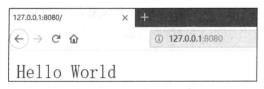

图12-1　Hello World程序

本节例子可以在"http-demo/hello-world.js"文件中找到。

12.1.2　http.Server事件

相比于 net.Server，http.Server 还具有以下额外的事件。

1. checkContinue事件

每次收到"HTTP Expect: 100-continue"的请求时都会触发。如果未监听此事件，服务器将自动响应"100 Continue"。

处理此事件时，如果客户端应继续发送请求主体，则调用 response.writeContinue() 方法；如果客户端不应继续发送请求主体，则生成适当的 HTTP 响应（如"400 Bad Request"）。

注意：在触发和处理此事件时，不会触发 request 事件。

2. checkExpectation事件

每次收到带有"HTTP Expect"请求头的请求时触发，其中值不是"100-continue"。如果未监听此事件，则服务器将根据需要自动响应"417 Expectation Failed"。

注意：在触发和处理此事件时，不会触发 request 事件。

3. clientError事件

如果客户端连接发出 error 事件，则会在此处转发。此事件的监听器负责关闭或销毁底层套接字。例如，人们可能希望使用自定义 HTTP 响应更优雅地关闭套接字，而不是突然切断连接。

默认行为是尝试使用 HTTP 的"400 Bad Request"来关闭套接字，或者在 HPE_HEADER_OVERFLOW 错误的情况下尝试使用"431 Request Header Fields Too Large"关闭 HTTP。如果套接字不可写，则会立即销毁。

以下是一个监听的示例。

```
const http = require('http');

const server = http.createServer((req, res) => {
  res.end();
});
server.on('clientError', (err, socket) => {
  socket.end('HTTP/1.1 400 Bad Request\r\n\r\n');
});
server.listen(8000);
```

当 clientError 事件发生时，由于没有请求或响应对象，因此必须将发送的任何 HTTP 响应（包括响应头和有效负载）直接写入 Socket 对象。必须注意确保响应是格式正确的 HTTP 响应消息。

4. close事件

服务器关闭时触发 close 事件。

5. connect事件

connect 事件在每次客户端请求 HTTP CONNECT 方法时触发。如果未监听此事件，则请求 CONNECT 方法的客户端将关闭其连接。

触发此事件后，请求的套接字将没有 data 事件监听器，这意味着它需要绑定才能处理发送到该套接字上的服务器的数据。

6. connection事件

建立新的 TCP 流时会发出 connection 事件。socket 通常是 net.Socket 类的对象。通常用户不需要处理和访问该事件。特别是，由于协议解析器附加到套接字时采用的方式，套接字将不会发出 readable 事件。也可以在 request.connection 上访问套接字。

用户也可以显式发出此事件，以将连接注入 HTTP 服务器。在这种情况下，可以传递任何 Duplex 流。

如果在此处调用 socket.setTimeout()，则当套接字已提供请求时（如果 server.keepAliveTimeout 为非零），超时将被 server.keepAliveTimeout 替换。

7. request事件

每次有请求时都会发出 request 事件。注意，在 HTTP Keep-Alive 连接的情况下每个连接可能会有多个请求。

8. upgrade事件

每次客户端请求 HTTP 升级时都发出 upgrade 事件。收听此事件是可选的，客户端无法坚持更改协议。

发出此事件后，请求的套接字将没有 data 事件监听器，这意味着它需要绑定才能处理发送到该套接字上的服务器的数据。

12.2 处理HTTP常用操作

处理 HTTP 常用操作包括 GET、POST、PUT、DELETE 等。在 Node.js 中，这些操作方法被定义在 http.request() 方法的请求参数中。

```
const http = require('http');

const req = http.request({
  host: '127.0.0.1',
  port: 8080,
  method: 'POST' // POST 操作
}, (res) => {
  res.resume();
  res.on('end', () => {
      console.log(' 请求完成! ');
  });
});
```

上面的示例中，method 的值是"POST"，意味着 http.request() 方法将发送 POST 请求操作。method 的默认值是"GET"。

12.3　请求对象和响应对象

HTTP 请求对象和响应对象在 Node.js 中是被定义在 http.ClientRequest 和 http.ServerResponse 类中的。

12.3.1　http.ClientRequest类

http.ClientRequest 对象由 http.request() 内部创建并返回。它表示正在进行的请求，且其请求头已进入队列。请求头仍然可以使用 setHeader(name, value)、getHeader(name) 或 removeHeader(name) 改变。实际的请求头将与第一个数据块一起发送，或者当调用 request.end() 时发送。

以下是创建 http.ClientRequest 对象 req 的示例。

```
const http = require('http');

const req = http.request({
  host: '127.0.0.1',
  port: 8080,
  method: 'POST' // POST 操作
}, (res) => {
  res.resume();
  res.on('end', () => {
    console.info('请求完成！');
  });
});
```

要获得响应，则为请求对象添加 response 事件监听器。当接收到响应头时，将会从请求对象触发 response 事件。response 事件执行时有一个参数，该参数是 http.IncomingMessage 的实例。

在 response 事件期间，可以添加监听器到响应对象，如监听 data 事件。

如果没有添加 response 事件处理函数，则响应将被完全丢弃。如果添加了 response 事件处理函数，则必须消费完响应对象中的数据，每当有 readable 事件时，会调用 response.read()，或添加 data 事件处理函数，或调用 .resume() 方法。在消费完数据之前，不会触发 end 事件。此外，在读取数据之前，它将占用内存，最终可能导致进程内存不足的错误。

Node.js 不检查 Content-Length 和已传输的主体的长度是否相等。

http.ClientRequest 继承自 Stream，并另外实现了以下内容。

1. 终止请求

request.abort() 方法用于将请求标记为中止。调用此方法将导致响应中剩余的数据被丢弃并且套接字被销毁。

当请求被客户端中止时，可以触发 abort 事件，此事件仅在第一次调用 abort() 方法时触发。

2. connect事件

每次服务器使用 CONNECT 方法响应请求时将发出 connect 事件。如果未监听此事件，则接收 CONNECT 方法的客户端将关闭其连接。

下面的示例演示了如何监听 connect 事件。

```javascript
const http = require('http');
const net = require('net');
const url = require('url');

// 创建 HTTP 代理服务器
const proxy = http.createServer((req, res) => {
  res.writeHead(200, { 'Content-Type': 'text/plain' });
  res.end('okay');
});
proxy.on('connect', (req, cltSocket, head) => {
  // 连接到原始服务器
  const srvUrl = url.parse('http://${req.url}');
  const srvSocket = net.connect(srvUrl.port, srvUrl.hostname, () => {
    cltSocket.write('HTTP/1.1 200 Connection Established\r\n' +
                    'Proxy-agent: Node.js-Proxy\r\n' +
                    '\r\n');
    srvSocket.write(head);
    srvSocket.pipe(cltSocket);
    cltSocket.pipe(srvSocket);
  });
});

// 代理服务器运行
proxy.listen(1337, '127.0.0.1', () => {

  // 创建一个到代理服务器的请求
  const options = {
    port: 1337,
    host: '127.0.0.1',
    method: 'CONNECT',
    path: 'www.google.com:80'
  };

  const req = http.request(options);
  req.end();

  req.on('connect', (res, socket, head) => {
    console.log('got connected!');

    // 创建请求
    socket.write('GET / HTTP/1.1\r\n' +
                 'Host: www.google.com:80\r\n' +
                 'Connection: close\r\n' +
```

```
               '\r\n');
    socket.on('data', (chunk) => {
      console.log(chunk.toString());
    });
    socket.on('end', () => {
      proxy.close();
    });
  });
});
```

3. information事件

服务器发送 1xx 响应（不包括 101 Upgrade）时发出 information 事件。该事件的监听器将接收包含状态代码的对象。

以下是使用 information 事件的示例。

```
const http = require('http');

const options = {
  host: '127.0.0.1',
  port: 8080,
  path: '/length_request'
};

// 创建请求
const req = http.request(options);
req.end();

req.on('information', (info) => {
  console.log('Got information prior to main response: ${info.status
Code}');
});
```

101 Upgrade 状态不会触发此事件，因为它们与传统的 HTTP 请求 / 响应链断开了，例如，在 WebSocket 中 HTTP 升级为 TLS 或 HTTP 2.0。如果想要接收到 101 Upgrade 的通知，需要额外监听 upgrade 事件。

4. upgrade事件

每次服务器响应升级请求时发出 upgrade 事件。如果未监听此事件且响应状态代码为 101 Switching Protocols，则接收升级标头的客户端将关闭其连接。

以下是使用 upgrade 事件的示例。

```
const http = require('http');

// 创建一个 HTTP 服务器
const srv = http.createServer((req, res) => {
  res.writeHead(200, { 'Content-Type': 'text/plain' });
```

```
  res.end('okay');
});
srv.on('upgrade', (req, socket, head) => {
  socket.write('HTTP/1.1 101 Web Socket Protocol Handshake\r\n' +
               'Upgrade: WebSocket\r\n' +
               'Connection: Upgrade\r\n' +
               '\r\n');

  socket.pipe(socket);
});

// 服务器运行
srv.listen(1337, '127.0.0.1', () => {

  // 请求参数
  const options = {
    port: 1337,
    host: '127.0.0.1',
    headers: {
      'Connection': 'Upgrade',
      'Upgrade': 'websocket'
    }
  };

  const req = http.request(options);
  req.end();

  req.on('upgrade', (res, socket, upgradeHead) => {
    console.log('got upgraded!');
    socket.end();
    process.exit(0);
  });
});
```

5. request.end()

request.end([data[, encoding]][, callback]) 方法用于完成发送请求。如果部分请求主体还未发送，则将它们刷新到流中。如果请求被分块，则发送终止符 "0"。

如果指定了 data，则相当于先调用 request.write(data, encoding) 之后再调用 request.end(callback)。

如果指定了 callback，则当请求流完成时将调用它。

6. request.setHeader()

request.setHeader(name, value) 方法为请求头对象设置单个请求头的值。如果此请求头已存在于待发送的请求头中，则其值将被替换。这里可以使用字符串数组来发送具有相同名称的多个请求头，非字符串值将被原样保存。因此 request.getHeader() 可能会返回非字符串值，但是非字符串值将转换为字符串以进行网络传输。

以下是 request.setHeader() 方法使用的示例。

```
request.setHeader('Content-Type', 'application/json');

request.setHeader('Cookie', ['type=ninja', 'language=javascript']);
```

7. request.write()

request.write(chunk[, encoding][, callback]) 用于发送一个请求主体的数据块。通过多次调用此方法，可以将请求主体发送到服务器，在这种情况下，建议在创建请求时使用 "['Transfer-Encoding'，'chunked']" 请求头行。其中，encoding 参数是可选的，仅当 chunk 是字符串时才适用。默认值为 "utf8"；callback 参数是可选的，当刷新此数据块时调用，但仅当数据块非空时才会调用。

如果将整个数据成功刷新到内核缓冲区，则返回 true。如果全部或部分数据在用户内存中排队，则返回 false。当缓冲区再次空闲时，则触发 drain 事件。

当使用空字符串或 buffer 调用 write 函数时，则什么也不做且等待更多输入。

12.3.2　http.ServerResponse类

http.ServerResponse 对象由 HTTP 服务器在内部创建，而不是由用户创建。它作为第二个参数传给 request 事件。

ServerResponse 继承自 Stream，并额外实现以下内容。

1. close事件

close 事件用于表示底层连接已终止。

2. finish事件

finish 事件在响应发送后触发。更具体地说，当响应头和主体的最后一段已经切换到操作系统以通过网络传输时，触发该事件。但这并不意味着客户端已收到任何信息。

3. response.addTrailers()

response.addTrailers(headers) 方法用于将 HTTP 尾部响应头（一种在消息末尾的响应头）添加到响应中。

只有在使用分块编码进行响应时才会发出尾部响应头；如果不是（例如，如果请求是 HTTP/1.0），它们将被静默丢弃。

需要注意的，HTTP 需要发送 Trailer 响应头才能发出尾部响应头，并在其值中包含响应头字段列表。例如：

```
response.writeHead(200, { 'Content-Type': 'text/plain',
                          'Trailer': 'Content-MD5' });
response.write(fileData);
response.addTrailers({ 'Content-MD5': '7895bf4b8828b55ceaf47747b4b
ca667' });
```

```
response.end();
```

尝试设置包含无效字符的响应头字段名称或值将导致抛出 TypeError。

4. response.end()

response.end([data][, encoding][, callback]) 方法用于向服务器发出信号，表示已发送所有响应标头和正文，该服务器应该考虑此消息已完成。必须在每个响应上调用 response.end() 方法。

如果指定了 data，则它实际上类似于先调用 response.write(data, encoding) 方法，接着调用 response.end() 方法。

如果指定了 callback，则在响应流完成时将调用它。

5. response.getHeader()

response.getHeader(name) 方法用于读出已排队但未发送到客户端的响应头。需要注意的是，该名称不区分大小写。返回值的类型取决于提供给 response.setHeader() 的参数。

以下是使用示例。

```
response.setHeader('Content-Type', 'text/html');
response.setHeader('Content-Length', Buffer.byteLength(body));
response.setHeader('Set-Cookie', ['type=ninja', 'language=javas
cript']);

const contentType = response.getHeader('content-type');// contentType
是 'text/html'

const contentLength = response.getHeader('Content-Length');// conten
tLength 的类型为数值

const setCookie = response.getHeader('set-cookie');// setCookie 的类型
为字符串数组
```

6. response.getHeaderNames()

response.getHeaderNames() 方法返回一个数组，其中包含当前传出的响应头的唯一名称。所有响应头名称都是小写的。

以下是使用示例。

```
response.setHeader('Foo', 'bar');
response.setHeader('Set-Cookie', ['foo=bar', 'bar=baz']);

const headerNames = response.getHeaderNames();// headerNames ===
['foo', 'set-cookie']
```

7. response.getHeaders()

response.getHeaders() 方法用于返回当前传出的响应头的浅拷贝。由于是使用浅拷贝，因此可以更改数组的值而无须额外调用各种与响应头相关的 http 模块方法。返回对象的键是响应头名称，值是各自的响应头值。所有响应头名称都是小写的。

　　response.getHeaders() 方法返回的对象不是从 JavaScript Object 原型继承的。这意味着典型的 Object 方法，如 obj.toString()、obj.hasOwnProperty() 等都没有定义并且不起作用。

　　以下是使用示例。

```
response.setHeader('Foo', 'bar');
response.setHeader('Set-Cookie', ['foo=bar', 'bar=baz']);

const headers = response.getHeaders();
// headers === { foo: 'bar', 'set-cookie': ['foo=bar', 'bar=baz'] }
```

8. response.setTimeout()

　　response.setTimeout(msecs[, callback]) 方法用于将套接字的超时值设置为 msecs。

　　如果提供了 callback，则会将其作为监听器添加到响应对象上的 timeout 事件中。

　　如果没有 timeout 监听器添加到请求、响应或服务器，则套接字在超时时将被销毁。如果有回调处理函数分配给请求、响应或服务器的 timeout 事件，则必须显式处理超时的套接字。

9. response.socket

　　response.socket 方法用于指向底层的套接字。通常用户不需要访问此属性。特别是，由于协议解析器附加到套接字的方式，套接字将不会触发 readable 事件。在调用 response.end() 之后，此属性将为空。也可以通过 response.connection 来访问 socket。

　　以下是使用示例。

```
const http = require('http');

const server = http.createServer((req, res) => {
  const ip = res.socket.remoteAddress;
  const port = res.socket.remotePort;
  res.end(' 你的 IP 地址是 ${ip}，端口是 ${port}');
}).listen(3000);
```

10. response.write()

　　如果调用 response.write(chunk[, encoding][, callback]) 方法并且尚未调用 response.writeHead()，则将切换到隐式响应头模式并刷新隐式响应头。

　　这会发送一块响应主体。可以多次调用该方法以提供连续的响应主体片段。

　　需要注意的是，在 http 模块中，当请求是 HEAD 请求时，则省略响应主体。同样地，204 和 304 响应不得包含消息主体。

　　chunk 可以是字符串或 Buffer。如果 chunk 是一个字符串，则第二个参数指定如何将其编码为字节流。当刷新此数据块时将调用 callback。

　　第一次调用 response.write() 时，它会将缓冲的响应头信息和主体的第一个数据块发送给客户端。

第二次调用 response.write() 时，Node.js 假定数据将被流式传输，并分别发送新数据。也就是说，响应被缓冲到主体的第一个数据块。

如果将整个数据成功刷新到内核缓冲区，则返回 true。如果全部或部分数据在用户内存中排队，则返回 false。当缓冲区再次空闲时，则触发 drain 事件。

12.4 REST概述

以 HTTP 为主的网络通信应用广泛，特别是 REST 风格（RESTful）的 API，具有平台无关性、语言无关性等特点，在互联网应用、Cloud Native 架构中作为主要的通信协议。那么，到底什么样的 HTTP 算是 REST 呢？

12.4.1 REST的定义

一说到 REST，很多人的第一反应就是认为这是前端请求后台的一种通信方式，甚至有人将 REST 和 RPC 混为一谈，认为两者都是基于 HTTP 的。实际上，很少有人能详细讲述 REST 所提出的各个约束、风格特点及如何开始搭建 REST 服务。

REST（Representational State Transfer，表述性状态转移）描述了一个架构样式的网络系统，如 Web 应用程序。它首次出现在 2000 年 Roy Fielding 的博士论文 *Architectural Styles and the Design of Network-based Software Architectures* 中。Roy Fielding 还是 HTTP 规范的主要编写者之一，也是 Apache HTTP 服务器项目的共同创立者。所以这篇文章一经发表，就引起了极大的反响。很多公司或组织都宣称自己的应用服务实现了 REST API。但该论文实际上只是描述了一种架构风格，并未对具体的实现做出规范，所以各大厂商中不免存在浑水摸鱼或"挂羊头卖狗肉"的误用和滥用 REST 者。在这种背景下，Roy Fielding 不得不再次发文澄清，坦言了他的失望，并对 SocialSite REST API 提出了批评。同时他还指出，除非应用状态引擎是超文本驱动的，否则它就不是 REST 或 REST API。据此，他给出了 REST API 应该具备的条件。

（1）REST API 不应该依赖于任何通信协议，尽管要成功映射到某个协议可能会依赖于元数据的可用性、所选的方法等。

（2）REST API 不应该包含对通信协议的任何改动，除非是补充或确定标准协议中未规定的部分。

（3）REST API 应该将大部分的描述工作放在定义表示资源和驱动应用状态的媒体类型上，或定义现有标准媒体类型的扩展关系名和（或）支持超文本的标记。

（4）REST API 绝不应该定义一个固定的资源名或层次结构（客户端和服务器之间的明显耦合）。

（5）REST API 永远不应该有那些会影响客户端的"类型化"资源。

（6）REST API 不应该要求有先验知识（Prior Knowledge），除了初始 URI 和适合目标用户的一组标准化的媒体类型外（即它能被任何潜在使用该 API 的客户端理解）。

12.4.2　REST设计原则

REST 并非标准，而是一种开发 Web 应用的架构风格，可以将其理解为一种设计模式。REST 基于 HTTP、URI 及 XML 这些现有的且广泛流行的协议和标准，伴随着 REST 的应用 HTTP 协议得到了更加正确的使用。

REST 指的是一组架构约束条件和原则，满足这些约束条件和原则的应用程序或设计就是 REST。相较于基于 SOAP 和 WSDL 的 Web 服务，REST 模式提供了更为简洁的实现方案。REST Web 服务（RESTful Web Services）是松耦合的，特别适用于为客户创建在互联网传播的轻量级的 Web 服务 API。REST 应用是以"资源表述的转移"（the Transfer of Representations of Resources）为中心来做请求和响应的。数据和功能均被视为资源，并使用统一的资源标识符（URI）来访问资源。

网页中的链接就是典型的 URI。该资源由文档表述，并通过使用一组简单的、定义明确的操作来执行。例如，一个 REST 资源可能是一个城市当前的天气情况。该资源的表述可能是一个 XML 文档、图像文件或 HTML 页面。客户端可以检索特定表述，通过更新其数据来修改资源，或者完全删除该资源。

目前，越来越多的 Web 服务开始采用 REST 风格来设计和实现，生活中比较知名的 REST 服务包括 Google AJAX 搜索 API、Amazon Simple Storage Service（Amazon S3）等。基于 REST 的 Web 服务遵循以下一些基本的设计原则，使 RESTful 应用更加简单、轻量，开发速度也更快。

（1）通过 URI 来标识资源。系统中的每一个对象或资源都可以通过唯一的 URI 来进行寻址，URI 的结构应该简单、可预测且易于理解，如定义目录结构式的 URI。

（2）统一接口。以遵循 RFC-2616 1 所定义的协议方式显式地使用 HTTP 方法，建立创建、检索、更新和删除（CRUD：Create、Retrieve、Update 及 Delete）操作与 HTTP 方法之间的一对一映射。

（3）若要在服务器上创建资源，应该使用 POST 方法。

（4）若要检索某个资源，应该使用 GET 方法。

（5）若要更新或添加资源，应该使用 PUT 方法。

（6）若要删除某个资源，应该使用 DELETE 方法。

（7）资源多重表述。URI 所访问的每个资源都可以使用不同的形式来表示（如 XML 或 JSON），具体的表现形式取决于访问资源的客户端，客户端与服务提供者使用一种内容协商的机制（请求头与 MIME 类型）来选择合适的数据格式，最小化彼此之间的数据耦合。在 REST 的世界中，资源即状态，而互联网就是一个巨大的状态机，每个网页都是它的一个状态；URI 是状态的表述；REST 风格的应用则是从一个状态迁移到下一个状态的状态转移过程。早期的互联网只有静态页面，通过超链接在静态网页之间浏览跳转的模式就是一种典型的状态转移过程。也就是说，早期的互联网就是天然的 REST。

（8）无状态。对服务器端的请求应该是无状态的，完整、独立的请求不要求服务器在处理请求时检索任何类型的应用程序上下文或状态。无状态约束使服务器的变化对客户端是不可见的，因为在两次连续的请求中，客户端并不依赖于同一台服务器。一个客户端从某台服务器上收到一份包含链接的文档，当它要做一些处理时，这台服务器宕掉了，可能是硬盘坏掉而被拿去修理，也可能是软件需要升级重启——如果这个客户端访问了从这台服务器接收的链接，那么它不会察觉到后台的服务器已经改变了。通过超链接实现有状态交互，即请求消息是自包含的（每次交互都包含完整的信息），有多种技术实现了不同请求间状态信息的传输，如 URI、Cookies 和隐藏表单字段等，状态可以嵌入应答消息中，这样一来，状态在接下来的交互中仍然有效。REST 风格应用可以实现交互，但它却天然地具有服务器无状态的特征。在状态迁移的过程中，服务器不需要记录任何 Session，所有的状态都通过 URI 的形式记录在了客户端。更准确地说，这里的无状态服务器是指服务器不保存会话状态（Session）；而资源本身则是天然的状态，通常是需要被保存的。这里的无状态服务器均指无会话状态服务器。

12.5　成熟度模型

正如前文所述，正确、完整地使用 REST 是困难的，关键在于 Roy Fielding 所定义的 REST 只是一种架构风格，并不是规范，所以也就缺乏可以直接参考的依据。好在 Leonard Richardson 改进了这方面的不足，他提出的关于 REST 的成熟度模型（Richardson Maturity Model），将 REST 的实现划分为不同的等级。图 12-2 展示了不同等级的成熟度模型。

图12-2　成熟度模型

12.5.1　第0级：使用HTTP作为传输方式

在第 0 级中，Web 服务只是使用 HTTP 作为传输方式，实际上只是远程方法调用（RPC）的一种具体形式。SOAP 和 XML-RPC 都属于此类。

例如，在一个医院挂号系统中，医院会通过某个 URI 来暴露出该挂号服务端点（Service Endpoint）。然后患者会向该 URI 发送一个文档作为请求，文档中包含了请求的所有细节。

```
POST /appointmentService HTTP/1.1
```

[省略了其他头的信息 ...]

```
<openSlotRequest date = "2010-01-04" doctor = "mjones"/>
```

然后服务器会传回一个包含了所需信息的文档：

```
HTTP/1.1 200 OK
```

[省略了其他头的信息…]

```
<openSlotList>
  <slot start = "1400" 'end = "1450">
    <doctor id = "mjones"/>
  </slot>
  <slot start = "1600" end = "1650">
    <doctor id = "mjones"/>
  </slot>
</openSlotList>
```

在这个例子中使用了 XML，但是内容实际上可以是任何格式的，如 JSON、YAML、键值对等，或者其他自定义的格式。

有了这些信息，下一步就是创建一个预约。这同样可以通过向某个端点（Endpoint）发送一个文档来完成。

```
POST /appointmentService HTTP/1.1
```

[省略了其他头的信息…]

```
<appointmentRequest>
  <slot doctor = "mjones" start = "1400" end = "1450"/>
  <patient id = "jsmith"/>
</appointmentRequest>
```

如果一切正常的话，那么患者能够收到一个预约成功的响应：

```
HTTP/1.1 200 OK
```

[省略了其他头的信息…]

```
<appointment>
```

```
  <slot doctor = "mjones" start = "1400" end = "1450"/>
  <patient id = "jsmith"/>
</appointment>
```

如果发生了问题，例如，有人在这位患者前面预约上了，那么这位患者会在响应体中收到某种错误信息：

```
HTTP/1.1 200 OK
```

[省略了其他头的信息…]

```
<appointmentRequestFailure>
  <slot doctor = "mjones" start = "1400" end = "1450"/>
  <patient id = "jsmith"/>
  <reason>Slot not available</reason>
</appointmentRequestFailure>
```

到目前为止，这都是非常直观的基于 RPC 风格的系统。它是简单的，因为只有 Plain Old XML（POX）在这个过程中被传输。如果你使用 SOAP 或 XML-RPC，原理上也是基本相同的，唯一的不同是你将 XML 消息包含在了某种特定的格式中。

12.5.2　第1级：引入了资源的概念

在第 1 级中，Web 服务引入了资源的概念，每个资源有对应的标识符和表达。所以相比将所有的请求发送到单个服务端点 (Service Endpoint)，现在将会和单独的资源进行交互。

因此在首个请求中，对指定医生会有一个对应资源：

```
POST /doctors/mjones HTTP/1.1
```

[省略了其他头的信息 ...]

```
<openSlotRequest date = "2010-01-04"/>
```

响应会包含一些基本信息，但是每个时间窗口则作为一个资源，可以被单独处理：

```
HTTP/1.1 200 OK
```

[省略了其他头的信息 ...]

```
<openSlotList>
  <slot id = "1234" doctor = "mjones" start = "1400" end = "1450"/>
  <slot id = "5678" doctor = "mjones" start = "1600" end = "1650"/>
</openSlotList>
```

有了这些资源，创建一个预约就是向某个特定的时间窗口发送请求：

```
POST /slots/1234 HTTP/1.1
```

[省略了其他头的信息 ...]

```
<appointmentRequest>
  <patient id = "jsmith"/>
</appointmentRequest>
```

如果一切顺利，会收到和前面类似的响应：

```
HTTP/1.1 200 OK
```

[省略了其他头的信息 ...]

```
<appointment>
  <slot id = "1234" doctor = "mjones" start = "1400" end = "1450"/>
  <patient id = "jsmith"/>
</appointment>
```

12.5.3　第2级：根据语义使用HTTP动词

在第 2 级中，Web 服务使用不同的 HTTP 方法来进行不同的操作，并且使用 HTTP 状态码来表示不同的结果。如使用 HTTP GET 方法来获取资源，使用 HTTP DELETE 方法来删除资源。

在医院挂号系统中，获取医生的时间窗口信息，意味着需要使用 GET。

```
GET /doctors/mjones/slots?date=20100104&status=open HTTP/1.1
Host: royalhope.nhs.uk
```

响应和之前使用 POST 发送请求时一致：

```
HTTP/1.1 200 OK
```

[省略了其他头的信息 ...]

```
<openSlotList>
  <slot id = "1234" doctor = "mjones" start = "1400" end = "1450"/>
  <slot id = "5678" doctor = "mjones" start = "1600" end = "1650"/>
</openSlotList>
```

像上面那样使用 GET 来发送一个请求是至关重要的。HTTP 将 GET 定义为一个安全的操作，它并不会对任何事物的状态造成影响。这也就允许可以以不同的顺序，若干次调用 GET 请求而每次还能够获取到相同的结果。一个重要的结论就是它能够允许参与到路由中的参与者使用缓存机制，该机制是让目前的 Web 运转得如此良好的关键因素之一。HTTP 包含了许多方法来支持缓存，这些方法可以在通信过程中被所有的参与者使用。通过遵守 HTTP 的规则，可以很好地利用该能力。

为了创建一个预约，需要使用一个能够改变状态的 HTTP 动词 POST 或 PUT。这里使用和前面相同的一个 POST 请求：

```
POST /slots/1234 HTTP/1.1
```

[省略了其他头的信息 ...]

```
<appointmentRequest>
  <patient id = "jsmith"/>
</appointmentRequest>
```

如果一切顺利，服务会返回一个 201 响应来表明新增了一个资源。这是与第 1 级的 POST 响应完全不同的。在第 2 级的操作响应，都有统一的返回状态码。

```
HTTP/1.1 201 Created
Location: slots/1234/appointment
```

[省略了其他头的信息 ...]

```
<appointment>
  <slot id = "1234" doctor = "mjones" start = "1400" end = "1450"/>
  <patient id = "jsmith"/>
</appointment>
```

在 201 响应中包含了一个 Location 属性，它是一个 URI。将来客户端可以通过 GET 请求获取到该资源的状态。以上的响应还包含了该资源的信息从而省去了一个获取该资源的请求。

当出现问题时，还有一个不同之处，如某人预约了该时段：

```
HTTP/1.1 409 Conflict
[various headers]

<openSlotList>
  <slot id = "5678" doctor = "mjones" start = "1600" end = "1650"/>
</openSlotList>
```

在上例中，409 表明了该资源已经被更新了。相比使用 200 作为响应码，用 409 的方式就无须再附带一个错误信息了。

12.5.4 第3级：使用HATEOAS

在第 3 级中，Web 服务使用 HATEOAS。在资源的表达中包含了链接信息，客户端可以根据链接来发现可以执行的动作。

从上述 REST 成熟度模型中可以看到，使用 HATEOAS 的 REST 服务是成熟度最高的，也是 Roy Fielding 所推荐的 "超文本驱动" 的做法。对于不使用 HATEOAS 的 REST 服务，客户端和服务器的实现之间是紧密耦合的。客户端需要根据服务器提供的相关文档来了解所暴露的资源和对应的操作。当服务器发生变化，如修改了资源的 URI，客户端也需要进行相应的修改。而使用 HATE-OAS 的 REST 服务中，客户端可以通过服务器提供的资源的表达来智能地发现可以执行的操作。当服务器发生变化时，客户端并不需要做出修改，因为资源的 URI 和其他信息都是动态发现的。

下面是一个使用 HATEOAS 的例子。

```json
{
  "id": 711,
  "manufacturer": "bmw",
  "model": "X5",
  "seats": 5,
  "drivers": [
    {
     "id": "23",
     "name": "Way Lau",
     "links": [
       {
       "rel": "self",
       "href": "/api/v1/drivers/23"
       }
     ]
    }
  ]
}
```

回到医院挂号系统案例中，还是使用在第 2 级中使用过的 GET 作为首个请求。

```
GET /doctors/mjones/slots?date=20100104&status=open HTTP/1.1
Host: royalhope.nhs.uk
```

但是响应中添加了一个新元素：

```
HTTP/1.1 200 OK
```

[省略了其他头的信息 ...]

```xml
<openSlotList>
  <slot id = "1234" doctor = "mjones" start = "1400" end = "1450">
    <link rel = "/linkrels/slot/book"
          uri = "/slots/1234"/>
  </slot>
  <slot id = "5678" doctor = "mjones" start = "1600" end = "1650">
    <link rel = "/linkrels/slot/book"
          uri = "/slots/5678"/>
  </slot>
</openSlotList>
```

每个时间窗口信息现在都包含了一个 URI 用来告诉我们如何创建一个预约。

超媒体控制（Hypermedia Control）的关键在于它告诉我们下一步能够做什么，以及相应资源的 URI。相比事先就知道了如何去哪个地址发送预约请求，响应中的超媒体控制直接在响应体中告诉了我们如何做。

预约的 POST 请求和第 2 级中类似：

```
POST /slots/1234 HTTP/1.1
```

[省略了其他头的信息 ...]

```
<appointmentRequest>
  <patient id = "jsmith"/>
</appointmentRequest>
```

然后在响应中包含了一系列的超媒体控制，用来告诉我们后面可以进行什么操作。

```
HTTP/1.1 201 Created
Location: http://royalhope.nhs.uk/slots/1234/appointment
```

[省略了其他头的信息 ...]

```
<appointment>
  <slot id = "1234" doctor = "mjones" start = "1400" end = "1450"/>
  <patient id = "jsmith"/>
  <link rel = "/linkrels/appointment/cancel"
       uri = "/slots/1234/appointment"/>
  <link rel = "/linkrels/appointment/addTest"
       uri = "/slots/1234/appointment/tests"/>
  <link rel = "self"
       uri = "/slots/1234/appointment"/>
  <link rel = "/linkrels/appointment/changeTime"
       uri = "/doctors/mjones/slots?date=20100104@status=open"/>
  <link rel = "/linkrels/appointment/updateContactInfo"
       uri = "/patients/jsmith/contactInfo"/>
  <link rel = "/linkrels/help"
       uri = "/help/appointment"/>
</appointment>
```

超媒体控制的一个显著优点在于它能够在保证客户端不受影响的条件下，改变服务器返回的 URI 方案。只要客户端查询"addTest"这一 URI，后台开发团队可以根据需要随意修改与之对应的 URI（除了最初的入口 URI 不能被修改）。

另一个优点是它能够帮助客户端开发人员进行探索。其中的链接告诉了客户端开发人员下面可能需要执行的操作。它并不会告诉所有的信息，但是至少它提供了一个思考的起点，当有需要时让开发人员去在协议文档中查看相应的 URI。

同样的，它也让服务器端的团队可以通过向响应中添加新的链接来增加功能。如果客户端开发人员留意到了以前未知的链接，那么就能够激起他们的探索欲望。

实战 ▶ 12.6 实战：构建REST服务的例子

本节将基于 Node.js 来实现一个简单的"用户管理"应用。该应用能够通过 REST API，来实现用户的新增、修改、删除。

正如在前面所介绍的，REST API 与 HTTP 操作之间有一定的映射关系。在本例中，将使用 POST 来新增用户，用 PUT 来修改用户，用 DELETE 来删除用户。

应用的主流程结构如下。

```
const http = require('http');

const hostname = '127.0.0.1';
const port = 8080;

const server = http.createServer((req, res) => {

  req.setEncoding('utf8');
  req.on('data', function (chunk) {
    console.log(req.method + user);

    // 判断不同的方法类型
    switch (req.method) {
      case 'POST':
        // ...
        break;
      case 'PUT':
        // ...
        break;
      case 'DELETE':
        // ...
        break;
    }

  });

});

server.listen(port, hostname, () => {
  console.log(' 服务器运行在 http://${hostname}:${port}/');
});
```

12.6.1　新增用户

为了保存新增的用户，在程序中使用 Array 来存储用户在内存中。

```
let users = new Array();
```

当用户发送 POST 请求时，则在 users 数组中新增一个元素。代码如下。

```
let users = new Array();
let user;
```

```
const server = http.createServer((req, res) => {

  req.setEncoding('utf8');
  req.on('data', function (chunk) {
    user = chunk;
    console.log(req.method + user);

    // 判断不同的方法类型
    switch (req.method) {
      case 'POST':
        users.push(user);
        console.log(users);
        break;
      case 'PUT':
        // ...
        break;
      case 'DELETE':
        // ...
        break;
    }

  });

});
```

在本例中，为求简单，用户的信息只有用户名称。

12.6.2 修改用户

修改用户是指将 users 中的用户替换为指定的用户。由于本例中，只有用户名称一个信息，因此只是简单地将 users 的用户名称替换为传入的用户名称。代码如下：

```
let users = new Array();
let user;

const server = http.createServer((req, res) => {

  req.setEncoding('utf8');
  req.on('data', function (chunk) {
    user = chunk;
    console.log(req.method + user);

    // 判断不同的方法类型
    switch (req.method) {
      case 'POST':
        users.push(user);
        console.log(users);
```

```
          break;
        case 'PUT':
          for (let i = 0; i < users.length; i++) {
            if (user == users[i]) {
              users.splice(i, 1, user);
              break;
            }
          }
          console.log(users);
          break;
        case 'DELETE':
          // ...
          break;
      }

    });

});
```

正如上面的代码所示，当用户发起 PUT 请求时，会将传入 user 替换掉 users 中相同用户名称的元素。

12.6.3　删除用户

删除用户是指将 users 中指定的用户从 users 中删除掉。代码如下：

```
let users = new Array();
let user;

const server = http.createServer((req, res) => {

  req.setEncoding('utf8');
  req.on('data', function (chunk) {
    user = chunk;
    console.log(req.method + user);

    // 判断不同的方法类型
    switch (req.method) {
      case 'POST':
        users.push(user);
        console.log(users);
        break;
      case 'PUT':
        for (let i = 0; i < users.length; i++) {
          if (user == users[i]) {
            users.splice(i, 1, user);
            break;
          }
        }
        console.log(users);
```

```
          break;
      case 'DELETE':
        or (let i = 0; i < users.length; i++) {
          if (user == users[i]) {
            users.splice(i, 1);
            break;
          }
        }
        break;
    }

  });

});
```

12.6.4　响应请求

响应请求是指服务器处理完成用户的请求之后，将信息返回给用户的过程。

在本例中，将内存中所有的用户信息作为响应请求的内容。代码如下：

```
let users = new Array();
let user;

const server = http.createServer((req, res) => {

  req.setEncoding('utf8');
  req.on('data', function (chunk) {
    user = chunk;
    console.log(req.method + user);

    // 判断不同的方法类型
    switch (req.method) {
      case 'POST':
        users.push(user);
        console.log(users);
        break;
      case 'PUT':
        for (let i = 0; i < users.length; i++) {
          if (user == users[i]) {
            users.splice(i, 1, user);
            break;
          }
        }
        console.log(users);
        break;
      case 'DELETE':
        or (let i = 0; i < users.length; i++) {
          if (user == users[i]) {
```

```
        users.splice(i, 1);
        break;
      }
    }
    break;
  }

  // 响应请求
  res.statusCode = 200;
  res.setHeader('Content-Type', 'text/plain');
  res.end(JSON.stringify(users));
  });

});
```

12.6.5　运行应用

通过下面的命令来启动服务器。

```
$ node rest-service
```

启动成功之后，就可以通过 REST 客户端来进行 REST API 的测试。在本例中，使用的是
RESTClient，一款 Firefox 插件。

1. 测试创建用户API

在 RESTClient 中，选择 POST 请求方法，输入"waylau"作为用户的请求内容，然后单击
"发送"按钮。发送成功后，可以看到如图 12-3 中所示的响应内容。

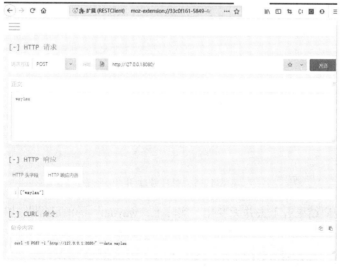

图12-3　POST创建用户

可以看到，已经将所添加的用户信息给返回了。可以添加多个用户以便测试，如图 12-4 所示。

图12-4　POST创建多个用户

2. 测试修改用户API

在 RESTClient 中，选择 PUT 请求方法，输入"waylau"作为用户的请求内容，然后单击"发送"按钮。发送成功后，可以看到如图 12-5 中所示的响应内容。

图12-5　PUT修改用户

虽然，最终的响应结果看上去并无变化，实际上"waylau"的值已经做过替换了。

3. 测试删除用户API

在 RESTClient 中，选择 DELETE 请求方法，填入"waylau"作为用户的请求内容，然后单击"发送"按钮。发送成功后，可以看到如图 12-6 中所示的响应内容。

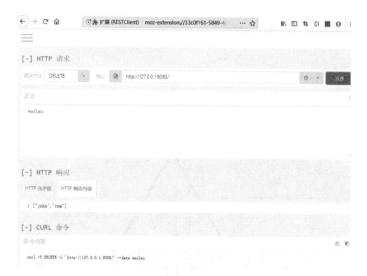

图12-6　DELETE删除用户

最终的响应结果可以看到"waylau"的信息被删除了。

本节例子可以在"http-demo/rest-service.js"文件中找到。

第13章

WebSocket

虽然主流的互联网应用都是采用 HTTP 协议来发布 REST API，但 HTTP 的一个不足之处是每次请求响应完成之后，服务器与客户端之间的连接就断开了，如果客户端想要继续获取服务器的消息，必须要再次向服务器发起请求。这显然无法适应对实时通信有高要求的场景。

为了改善 HTTP 的不足，Web 通信领域也出现了一些其他的解决方案，如轮询、长轮询、服务器推送事件、WebSocket 等。本章着重介绍在 Node.js 中实现 WebSocket。

13.1　创建WebSocket服务器

随着 Web 的发展，用户对于 Web 的实时的要求也越来越高，如工业运行监控、Web 在线通信、即时报价系统、在线游戏等，都需要将后台发生的变化主动地、实时地传送到浏览器端，而不需要用户手动地刷新页面。

在标准的 HTTP 请求 / 响应的模式下，客户端打开一个连接，发送一个 HTTP 请求到服务器，然后接收到 HTTP 返回来的响应，一旦这个响应完全被发送或接收，服务端就关闭连接。当客户端需要请求所有数据时，往往需要发起多次请求才能完成获取数据的总集。

相反，服务器推送就能让服务端异步地将数据从服务端推送到客户端。当连接由客户端建立完成，服务端就提供数据，并决定新数据"块"可用时将其发送到客户端。下面是支持服务端到客户端推送的技术总览。

13.1.1　Web推送技术的总结

目前，市面上常见的 Web 推送技术总结如下。

1. 以插件方式提供socket

实现这类技术的有 Flash XMLSocket、Java Applet 套接口、Activex 包装的 socket 等。

优点是这些都是原生 socket 的支持，与 PC 端的实现方式相似。其缺点是浏览器端需要装相应的插件，并且与 js 进行交互时相对复杂。

相关的例子包括 AS3 页游、Flash 聊天室等。

2. 轮询

轮询是重复发送新的请求到服务端。如果服务端没有新的数据，就发送适当的指示并关闭连接。然后客户端等待一段时间后（如间隔一秒），发送另一个请求。

这种实现方式相对比较简单，无须做过多的更改。但缺点是轮询的间隔过长，会导致用户不能及时接收到更新的数据；轮询的间隔过短，会导致查询请求过多，增加服务器端的负担。

3. 长轮询

客户端发送一个请求到服务端，如果服务端没有新的数据，就保持这个连接直到有数据。一旦服务端有了数据（消息）给客户端，它就使用这个连接发送数据给客户端，接着连接关闭。

这种实现方式相对轮询来说有了进一步的优化，其优点是有较好的时效性。其缺点是需第三方库支持，实现较为复杂，而且每次连接只能发送一个数据，多个数据发送时耗费服务器性能。

相关的例子包括 commet4j 等。

4. 服务器推送事件

服务器推送事件（Server-Sent Events，SSE）与长轮询机制类似，区别是每个连接不只发送一个消息。客户端发送一个请求，服务端就保持这个连接直到有一个新的消息已经准备好了，那么它将消息发送回客户端，同时仍然保持这个连接是打开的，这样这个连接就可以用于另一个可用消息的发送。一旦准备好了一个新消息，通过初始连接发送回客户端。客户端单独处理来自服务端传回的消息后不关闭连接。

所以，SSE 通常重用一个连接处理多个消息（称为事件）。SSE 还定义了一个专门的媒体类型（text/event-stream），用于描述一个从服务端发送到客户端的简单格式。SSE 还提供在大多数现代浏览器中的标准 JavaScript 客户端 API 实现。

该方案的优点是属于 HTML5 标准，实现较为简单，同时一个连接可以发送多个数据。其缺点是某些浏览器（如 IE）不支持 EventSource（可以使用第三方的 js 库来解决）；服务器只能单向推送数据到客户端。

5. WebSocket

WebSocket 与上述技术都不同，因为它提供了一个真正的全双工连接。发起者是一个客户端，发送一个带特殊 HTTP 头的请求到服务端，通知服务器，HTTP 连接可能"升级"到一个全双工的 WebSocket 连接。如果服务端支持 WebSocket，它可能会选择升级到 WebSocket。一旦建立 WebSocket 连接，它可用于客户机和服务器之间的双向通信。客户端和服务器可以随意向对方发送数据。此时，新的 WebSocket 连接上的交互不再是基于 HTTP 协议了。WebSocket 可以用于需要快速在两个方向上交换小块数据的在线游戏或任何其他应用程序。

该方案的优点是属于 HTML5 标准，已经被大多数浏览器支持，而且是真正的全双工，性能比较好。其缺点是实现起来相对比较复杂，需要对 ws 协议专门处理。

13.1.2 使用ws创建WebSokcet服务器

Node.js 原生 API 并未提供 WebSocket 的支持，因此，需要安装第三方包才能使用 WebSocket 功能。对于 WebSocket 的支持，在开源社区有非常多的选择，本例采用的是"ws"框架（项目主页为 https://github.com/websockets/ws）。

"ws"顾名思义是一个用于支持 WebSocket 客户端和服务器的框架。它易于使用，功能强大，且不依赖于其他环境。

像其他 Node.js 应用一样，使用 ws 的首选方式是使用 npm 来管理。以下命令行用于在应用中安装 ws。

```
$ npm install ws
```

具备了 ws 包之后，就可以创建 WebSocket 服务器了。以下是创建服务器的简单示例。

```
const WebSocket = require('ws');
```

```
const server = new WebSocket.Server({ port: 8080 });
```

上述例子中，服务器在 8080 端口启动。

WebSocket.Server(options[, callback]) 方法中的 options 对象支持如下参数。

- host <String>：绑定服务器的主机名。
- port <Number>：绑定服务器的端口。
- backlog <Number>：挂起连接队列的最大长度。
- server：预先创建的 Node.js HTTP/S 服务器。
- verifyClient <Function>：可用于验证传入连接的函数。
- handleProtocols <Function>：可用于处理 WebSocket 子协议的函数。
- path <String>：仅接受与此路径匹配的连接。
- noServer <Boolean>：不启用服务器模式。
- clientTracking <Boolean>：指定是否跟踪客户端。
- perMessageDeflate：启用 / 禁用消息压缩。
- maxPayload <Number>：允许的最大消息大小（以字节为单位）。

13.2　监听连接

ws 通过 connection 事件来监听连接。以下是一个使用示例。

```
const WebSocket = require('ws');

const server = new WebSocket.Server({ port: 8080 });

server.on('connection', function connection(ws, req) {
  const ip = req.connection.remoteAddress;
  const port = req.connection.remotePort;
  const clientName = ip + port;

  console.log('%s is connected', clientName)

});
```

在上述例子中，只要有 WebSocket 连接到该服务器，就能触发 connection 事件。ws 代表了服务器的 WebSocket 对象，可以通过该对象来向远端的 WebSocket 客户端发送消息。req 对象可以用来获取客户端的信息，如 IP 和端口号等。

如果想获知所有的已连接的客户端信息，则可以使用 server.clients 数据集。该数据集存储了所有已连接的客户端。以下是遍历所有客户端的示例。

```
server.clients.forEach(function each(ws) {
    //...
});
```

13.3 发送和接收数据

ws 通过 websocket.send() 方法来发送数据，通过 message 事件来接收数据。

13.3.1 发送数据

websocket.send(data[, options][, callback]) 方法可以用来发送数据。

在上述方法中，data 参数就是用来发送的数据。options 对象的属性可以有以下几种。

- compress：用于指定数据是否需要压缩。默认是 true。
- binary：用于指定数据是否通过二进制传送。默认是自动检测。
- mask：用于指定是否应遮罩数据。当 WebSocket 不是服务器客户端时，默认为 true。
- fin：用于指定数据是否为消息的最后一个片段，默认为 true。

以下为一个发送数据的示例。

```
const WebSocket = require('ws');

const server = new WebSocket.Server({ port: 8080 });

server.on('connection', function connection(ws, req) {
  const ip = req.connection.remoteAddress;
  const port = req.connection.remotePort;
  const clientName = ip + port;

  console.log('%s is connected', clientName)

  // 发送欢迎信息给客户端
  ws.send("Welcome " + clientName);

});
```

13.3.2 发送ping和pong

在消息通信中，"ping-pong"是一种验证客户端和服务器是否正常连接的简单机制。当客户端给服务器发送"ping"消息时，如果服务器能够正常响应"pong"消息，则说明客户端和服务器之间的通信是正常的。反之亦然，如果服务器想验证客户端的连接是否正常，也可以给客户端发送"ping"消息。

　　ws 提供了一种快捷的方式来发送"ping"消息和"pong"消息，方法如下。

- websocket.ping([data[, mask]][, callback])
- websocket.pong([data[, mask]][, callback])

13.3.3　接收数据

　　ws 通过 message 事件来接收数据。当客户端有消息发送给服务器时，服务器就能够触发该消息。以下是示例。

```
const WebSocket = require('ws');

const server = new WebSocket.Server({ port: 8080 });

server.on('open', function open() {
  console.log('connected');
});

server.on('close', function close() {
  console.log('disconnected');
});

server.on('connection', function connection(ws, req) {
  const ip = req.connection.remoteAddress;
  const port = req.connection.remotePort;
  const clientName = ip + port;

  console.log('%s is connected', clientName)

  // 发送欢迎信息给客户端
  ws.send("Welcome " + clientName);

  ws.on('message', function incoming(message) {
    console.log('received: %s from %s', message, clientName);
  });

});
```

13.4 准备的状态

ws 中的 WebSocket 类具有以下 4 种准备状态。

- CONNECTING：值为 0，表示连接还没有打开。
- OPEN：值为 1，表示连接已打开，可以通信了。
- CLOSING：值为 2，表示连接正在关闭。
- CLOSED：值为 2，表示连接已关闭。

需要注意的是，当通过 WebSocket 对象进行通信时，状态必须是 OPEN。以下是示例。

```
ws.on('message', function incoming(message) {
console.log('received: %s from %s', message, clientName);

// 广播消息给所有客户端
server.clients.forEach(function each(client) {
    if (client.readyState === WebSocket.OPEN) {
    client.send( clientName + " -> " + message);
    }
});

});
```

上述例子中，是通过广播的方式给所有客户端发送消息。因此，需要判断客户端的 readyState 是否为 OPEN。

13.5 关闭WebSocket服务器

可以通过 server.close() 来关闭服务器，并通过 close 事件监听服务器的关闭。

以下是一个监听 close 并关闭服务器的示例。

```
ws.on('close', function close() {
  console.log('disconnected');
});
```

实战▶ 13.6 实战：WebSocket聊天服务器的例子

本节将演示如何通过 ws 来实现一个 WebSocket 聊天服务器的例子。

13.6.1　聊天服务器的需求

聊天服务器的业务需求比较简单，是一个群聊聊天室。换言之，所有人发送的消息大家都可以见到。当有新用户连接到服务器时，会以该用户的"IP+端口"作为用户的名称。

13.6.2　服务器的实现

根据前面学习的知识，实现一个聊天服务器比较简单，完整代码如下。

```
const WebSocket = require('ws');

const server = new WebSocket.Server({ port: 8080 });

server.on('open', function open() {
  console.log('connected');
});

server.on('close', function close() {
  console.log('disconnected');
});

server.on('connection', function connection(ws, req) {
  const ip = req.connection.remoteAddress;
  const port = req.connection.remotePort;
  const clientName = ip + port;

  console.log('%s is connected', clientName)

  // 发送欢迎信息给客户端
  ws.send("Welcome " + clientName);

  ws.on('message', function incoming(message) {
    console.log('received: %s from %s', message, clientName);

    // 广播消息给所有客户端
    server.clients.forEach(function each(client) {
      if (client.readyState === WebSocket.OPEN) {
        client.send( clientName + " -> " + message);
      }
    });

  });

});
```

当客户端给服务器发送消息时，服务器会将该客户端的消息转发给所有客户端。

13.6.3 客户端的实现

客户端是通过 HTML+JavaScript 的方式实现的。由于浏览器原生提供了 WebSocket 的 API，因因此并不需要 ws 框架的支持。

客户端 client.html 文件的代码如下。

```html
<!DOCTYPE html>
<html>

<head>
    <meta charset="UTF-8">
    <title>WebSocket Chat</title>
</head>

<body>
    <script type="text/javascript">
        var socket;
        if (!window.WebSocket) {
            window.WebSocket = window.MozWebSocket;
        }
        if (window.WebSocket) {
            socket = new WebSocket("ws://localhost:8080/ws");
            socket.onmessage = function (event) {
                var ta = document.getElementById('responseText');
                ta.value = ta.value + '\n' + event.data
            };
            socket.onopen = function (event) {
                var ta = document.getElementById('responseText');
                ta.value = "连接开启！";
            };
            socket.onclose = function (event) {
                var ta = document.getElementById('responseText');
                ta.value = ta.value + "连接被关闭";
            };
        } else {
            alert("你的浏览器不支持 WebSocket！");
        }

        function send(message) {
            if (!window.WebSocket) {
                return;
            }
            if (socket.readyState == WebSocket.OPEN) {
                socket.send(message);
            } else {
                alert("连接没有开启.");
            }
        }
```

```
    </script>
    <form onsubmit="return false;">
        <h3>WebSocket 聊天室：</h3>
        <textarea id="responseText" style="width: 500px; height:
300px;"></textarea>
        <br>
        <input type="text" name="message" style="width: 300px" val-
ue="Welcome to waylau.com">
        <input type="button" value=" 发送消息 " onclick="send(this.form.
message.value)">
        <input type="button" onclick="javascript:document.getElementBy-
Id('responseText').value=''"
            value=" 清空聊天记录 ">
    </form>
    <br>
    <br>
    <a href="https://waylau.com/"> 更多例子请访问 waylau.com</a>
</body>

</html>
```

13.6.4　运行应用

首先启动服务器。执行下面的命令。

```
$ node index.js
```

接着用浏览器直接打开 client.html 文件，可以看到如图 13-1 所示的聊天界面。

图13-1　聊天界面

打开多个聊天窗口，就能模拟多个用户之间的群聊了，如图 13-2 所示。

图13-2   群聊界面

本节例子可以在"ws-demo"文件中找到。

第14章
TLS/SSL

最初所设计的互联网上使用的 HTTP 协议是明文的，存在很多缺点，如传输内容会被偷窥（嗅探）和篡改。为了加强网络安全，发明了 TLS/SSL 协议。

本章介绍在 Node.js 中如何来启用 TLS/SSL 协议。

14.1　了解TLS/SSL

为了更好地了解 TLS/SSL，首先对计算机的安全性做一下简单的介绍。

计算机的安全性通常包括两个部分：认证和访问控制。认证包括对有效用户身份的确认和识别；而访问控制则致力于避免对数据文件和系统资源的有害篡改。举例来说，在一个孤立、集中、单用户系统中（如一台计算机），通过锁上存放该计算机的房间并将磁盘锁起来就能够实现其安全性。因此只有拥有房间和磁盘钥匙的用户才能访问系统资源和文件，这就同时实现了认证和访问控制。

下面介绍计算机中常用的加密算法类型。

14.1.1　加密算法

评估一种加密算法安全性最常用的方法是判断该算法是否是计算安全的。如果利用可用资源进行系统分析后无法攻破系统，那么这种加密算法就是计算安全的。目前有两种常用的加密类型：私钥加密和公钥加密。除了加密整条消息外，两种加密类型都可以用来对一个文档进行数字签名。当使用一个足够长的密钥时，密码被破解的难度就会越大，系统也就越安全。当然，密钥越长，本身加解密的成本也就越高。

1. 对称加密

对称加密是指加密和解密算法都使用相同密钥的加密算法。具体如下：

```
E(p,k)=C;
D(C,k)=p
```

其中，E 为加密算法；D 为解密算法；p 为明文（原始数据）；k 为加密密钥；C 为密文。

由于在加密和解密数据时使用了同一个密钥，因此这个密钥必须保密。这样的加密也称为秘密密钥算法或单密钥算法或常规加密。很显然，对称算法的安全性依赖于密钥，泄露密钥就意味着任何人都可以对他们发送或接收的消息解密，所以密钥的保密性对通信的安全性至关重要。

对称加密算法的特点是算法公开、计算量小、加密速度快、加密效率高。

不足之处是，交易双方都使用同样的钥匙，安全性得不到保证。此外，每对用户每次使用对称加密算法时，都需要使用其他人不知道的唯一钥匙，这会使得发收信双方所拥有的钥匙数量呈几何级数增长，密钥管理成为用户的负担。对称加密算法在分布式网络系统上使用较为困难，主要是因为密钥管理困难，使用成本较高。而与公开密钥加密算法比起来，对称加密算法能够提供加密和认证却缺乏了签名功能，使得使用范围有所缩小。

常见的对称加密算法有 DES、3DES、TDEA、Blowfish、RC2、RC4、RC5、IDEA、SKIPJACK、AES 等。

2. 使用对称密钥加密的数字签名

在通过网络发送数据的过程中，有两种对文档进行数字签名的基本方法。这里讨论第一种方法，利用私钥加密法。数字签名也称为消息摘要（Message Digest）或数字摘要（Digital Digest），它是一个唯一对应一个消息或文本的固定长度的值，它由一个单向 Hash 加密函数对消息进行作用而产生。如果消息在途中改变了，则接收者通过对收到的消息新产生的摘要与原摘要进行比较，就可以知道消息是否被改变了。因此消息摘要保证了消息的完整性。消息摘要采用单向 Hash 函数将需加密的明文"摘要"转换成一串 128bit 的密文，这一串密文也称为数字指纹（Finger Print），它有固定的长度，且不同的明文摘要转换成密文，其结果总是不同的，而同样的明文其摘要必定一致。这样这串摘要便可成为验证明文是否是"真身"的"指纹"了。有两种方法可以利用共享的私钥来计算摘要。最简单、最快捷的方法是计算消息的哈希值，然后通过私钥对这个数值进行加密。再将消息和已加密的摘要一起发送。接收者可以再次计算消息摘要，对摘要进行加密，并与接收到的加密摘要进行比较。如果这两个加密摘要相同，那就说明该文档没有被改动。第二种方法将私钥应用到消息上，然后计算哈希值，这种方法的过程如下。

计算公式为：

```
D(M,K)
```

其中，D 为摘要函数；M 为消息；K 为共享的私钥。

然后可以发布或分发这个文档。由于第三方并不知道私钥，而计算正确的摘要值恰恰需要它，因此消息摘要能够避免对摘要值自身的伪造。在这两种情况下，只有那些了解秘密密钥的用户才能验证其完整性，所有欺骗性的文档都可以很容易地检验出来。

消息摘要算法有 MD2、MD4、MD5、SHA-1、SHA-256、RIPEMD128、RIPEMD160 等。

3. 非对称加密

非对称加密（也称为公钥加密）由两个密钥组成，包括公开密钥（public key，简称公钥）和私有密钥（private key，简称私钥）。如果信息使用公钥进行加密，那么通过使用相对应的私钥可以解密这些信息，过程如下。

```
E(p,ku)=C;
D(C,kr)=p
```

其中，E 为加密算法；D 为解密算法；p 为明文（原始数据）；ku 为公钥；kr 为私钥；C 为密文。

如果信息使用私钥进行加密，那么通过使用其相对应的公钥可以解密这些信息，过程如下。

```
E(p,kr)=C;
D(C,ku)=p
```

其中，私钥中的参数含义与公钥中的参数相同，这里不再赘述。不能使用加密所用的密钥来解密一个消息，而且，由一个密钥计算出另一个密钥从数学上来说是很困难的。私钥只有用户本人知道，公钥并不保密，可以通过公共列表服务获得，通常公钥是使用 X.509 实现的。公钥加密的想法最早是由 Diffie 和 Hellman 于 1976 年提出的。

非对称加密与对称加密相比，其安全性更好。对称加密的通信双方使用相同的密钥，如果一方的密钥遭泄露，那么整个通信就会被破解。而非对称加密使用一对密钥，一个用来加密，一个用来解密，而且公钥是公开的，私钥是自己保存的，不需要像对称加密那样在通信之前要先同步密钥。

非对称加密的缺点是加密和解密花费时间长、速度慢，只适合对少量数据进行加密。

在非对称加密中使用的主要算法有 RSA、Elgamal、背包算法、Rabin、D-H、ECC（椭圆曲线加密算法）等。

4. 使用公钥加密的数字签名

用于数字签名的公钥加密使用 RSA 算法。在这种方法中，发送者利用私钥通过摘要函数对整个数据文件（代价昂贵）或文件的签名进行加密。私钥匹配最主要的优点就是不存在密钥分发问题。这种方法假定用户信任发布公钥的来源，然后接收者可以利用公钥来解密签名或文件，并验证它的来源和（或）内容。由于公钥密码学的复杂性，因此只有正确的公钥才能够解密信息或摘要。最后，如果要将消息发送给拥有已知公钥的用户，那么就可以使用接收者的公钥来加密消息或摘要，这样只有接收者才能够通过他们自己的私钥来验证其中的内容。

14.1.2　安全通道

SSL（Secure Sockets Layer，安全套接字层）是在网络上应用最广泛的加密协议实现。SSL 使用结合加密过程来提供网络的安全通信。

SSL 提供了一个安全的增强标准 TCP/IP 套接字用于网络通信协议。在标准 TCP/IP 协议栈的传输层和应用层之间添加了完全套接字层。SSL 的应用程序中最常用的是 HTTP 协议。其他应用程序，如 Net News Transfer Protocol（NNTP，网络新闻传输协议）、Telnet、Lightweight Directory Access Protocol（LDAP，轻量级目录访问协议）、Interactive Message Access Protocol（IMAP，互动信息访问协议）和 File Transfer Protocol（FTP，文件传输协议），也可以使用 SSL。

SSL 最初是由网景公司于 1994 年创立的，现在已经演变成为一个标准。由国际标准组织 Internet Engineering Task Force（IETF）进行管理。之后 IETF 将 SSL 更名为 Transport Layer Security（TLS，传输层安全），并在 1999 年 1 月发布了第一个规范，版本为 TLS1.0。TLS 1.0 对于 SSL 最新的 3.0 版本是一个小的升级，两者差异非常微小。TLS 1.1 是在 2006 年 4 月发布的，TLS 1.2 是在 2008 年 8 月发布的。

注意：为了方便表述，在没有刻意提及版本号的前提下，TLS 等同于 SSL。

14.1.3　TLS/SSL握手过程

TLS/SSL 通过握手过程在客户端和服务器之间协商会话参数，并建立会话。会话包括的主要参数有会话 ID、对方的证书、加密套件（密钥交换算法、数据加密算法和 MAC 算法等）及主密钥（master secret）。通过 SSL 会话传输的数据，都将采用该会话的主密钥和加密套件进行加密、计算 MAC 等处理。

不同情况下，SSL 的握手过程存在着差异。下面将分别描述 3 种情况下的握手过程。

（1）只验证服务器的 SSL 握手过程如图 14-1 所示。只需要验证 SSL 服务器身份，不需要验证 SSL 客户端身份时，SSL 的握手过程如下。

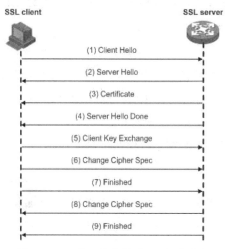

图14-1　只验证服务器的SSL握手过程

① SSL 客户端通过 Client Hello 消息将它支持的 SSL 版本、加密算法、密钥交换算法、MAC 算法等信息发送给 SSL 服务器。

② SSL 服务器确定本次通信采用的 SSL 版本和加密套件，并通过 Server Hello 消息通知给 SSL 客户端。如果 SSL 服务器允许 SSL 客户端在以后的通信中重用本次会话，则 SSL 服务器会为本次会话分配会话 ID，并通过 Server Hello 消息发送给 SSL 客户端。

③ SSL 服务器将携带自己公钥信息的数字证书通过 Certificate 消息发送给 SSL 客户端。

④ SSL 服务器发送 Server Hello Done 消息，通知 SSL 客户端版本和加密套件协商结束，开始进行密钥交换。

⑤ SSL 客户端验证 SSL 服务器的证书合法后，利用证书中的公钥加密 SSL 客户端随机生成的 premaster secret，并通过 Client Key Exchange 消息发送给 SSL 服务器。

⑥ SSL 客户端发送 Change Cipher Spec 消息，通知 SSL 服务器后续报文将采用协商好的密钥和加密套件进行加密和 MAC 计算。

⑦ SSL 客户端计算已交互的握手消息（除 Change Cipher Spec 消息外所有已交互的消息）的 Hash 值，利用协商好的密钥和加密套件处理 Hash 值（计算并添加 MAC 值、加密等），并通过 Finished 消息发送给 SSL 服务器。SSL 服务器利用同样的方法计算已交互的握手消息的 Hash 值，

并与 Finished 消息的解密结果比较，如果二者相同，且 MAC 值验证成功，则证明密钥和加密套件协商成功。

⑧ SSL 服务器发送 Change Cipher Spec 消息，通知 SSL 客户端后续报文将采用协商好的密钥和加密套件进行加密和 MAC 计算。

⑨ SSL 服务器计算已交互的握手消息的 Hash 值，利用协商好的密钥和加密套件处理 Hash 值（计算并添加 MAC 值、加密等），并通过 Finished 消息发送给 SSL 客户端。SSL 客户端利用同样的方法计算已交互的握手消息的 Hash 值，并与 Finished 消息的解密结果比较，如果二者相同，且 MAC 值验证成功，则证明密钥和加密套件协商成功。

SSL 客户端接收到 SSL 服务器发送的 Finished 消息后，如果解密成功，则可以判断 SSL 服务器是数字证书的拥有者，即 SSL 服务器身份验证成功，因为只有拥有私钥的 SSL 服务器才能从 Client Key Exchange 消息中解密得到 premaster secret，从而间接地实现了 SSL 客户端对 SSL 服务器的身份验证。

（2）验证服务器和客户端的 SSL 握手过程如图 14-2 所示。

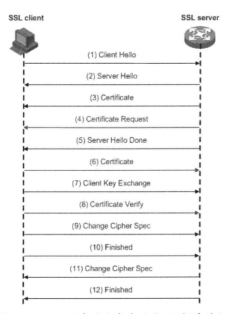

图14-2　验证服务器和客户端的SSL握手过程

SSL 客户端的身份验证是可选的，由 SSL 服务器决定是否验证 SSL 客户端的身份。如图 14-2 所示中的（4）、（6）、（8）部分，如果 SSL 服务器验证 SSL 客户端身份，则 SSL 服务器和 SSL 客户端除了交互"只验证服务器的 SSL 握手过程"中的消息协商密钥和加密套件外，还需要进行以下操作。

① SSL 服务器发送 Certificate Request 消息，请求 SSL 客户端将其证书发送给 SSL 服务器。

② SSL 客户端通过 Certificate 消息将携带自己公钥的证书发送给 SSL 服务器。SSL 服务器验证

该证书的合法性。

③ SSL 客户端计算已交互的握手消息、主密钥的 Hash 值，利用自己的私钥对其进行加密，并通过 Certificate Verify 消息发送给 SSL 服务器。

④ SSL 服务器计算已交互的握手消息、主密钥的 Hash 值，利用 SSL 客户端证书中的公钥解密 Certificate Verify 消息，并将解密结果与计算出的 Hash 值进行比较。如果二者相同，则 SSL 客户端身份验证成功。

（3）恢复原有会话的 SSL 握手过程如图 14-3 所示。

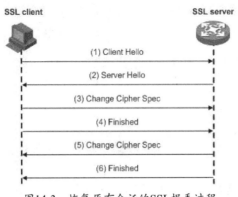

图14-3　恢复原有会话的SSL握手过程

协商会话参数、建立会话的过程中，需要使用非对称密钥算法来加密密钥、验证通信端的身份，计算量较大，占用了大量的系统资源。为了简化 SSL 握手过程，SSL 允许重用已经协商过的会话，具体过程如下。

① SSL 客户端发送 Client Hello 消息，消息中的会话 ID 设置为计划重用的会话 ID。

② SSL 服务器如果允许重用该会话，则通过在 Server Hello 消息中设置相同的会话 ID 来应答。这样，SSL 客户端和 SSL 服务器就可以利用原有会话的密钥和加密套件，不必重新协商。

③ SSL 客户端发送 Change Cipher Spec 消息，通知 SSL 服务器后续报文将采用原有会话的密钥和加密套件进行加密和 MAC 计算。

④ SSL 客户端计算已交互的握手消息的 Hash 值，利用原有会话的密钥和加密套件处理 Hash 值，并通过 Finished 消息发送给 SSL 服务器，以便 SSL 服务器判断密钥和加密套件是否正确。

⑤同样的，SSL 服务器发送 Change Cipher Spec 消息，通知 SSL 客户端后续报文将采用原有会话的密钥和加密套件进行加密和 MAC 计算。

⑥ SSL 服务器计算已交互的握手消息的 Hash 值，利用原有会话的密钥和加密套件处理 Hash 值，并通过 Finished 消息发送给 SSL 客户端，以便 SSL 客户端判断密钥和加密套件是否正确。

14.1.4　HTTPS

HTTPS（Hyper Text Transfer Protocol over Secure Socket Layer）是基于 SSL 安全连接的 HTTP 协议。HTTPS 通过 SSL 提供的数据加密、身份验证和消息完整性验证等安全机制，为 Web 访问提供了安全性保证，广泛应用于网上银行、电子商务等领域。近年来，在主要互联网公司和浏览器开发商的推动下，HTTPS 在加速普及，HTTP 正在被加速淘汰。不加密的 HTTP 连接是不安全的，用户与目标服务器之间的任何中间人都能读取和操纵传输的数据，如 ISP 可以在单击的网页上插入广告，用户很可能不知道看到的广告是否是网站发布的。中间人能够注入的代码不仅仅是看起来无害的广告，他们还可能注入具有恶意目的的代码。2015 年，百度联盟广告的脚本被中间人修改，加入的代码对两个网站发动了 DDoS 攻击。这次攻击被称为"网络大炮"，"网络大炮"让普通的网民在不知情下变成了 DDoS 攻击者，而唯一能阻止"大炮"的方法是加密流量。

14.2　Node.js中的TLS/SSL

Node.js 对于 TLS/SSL 的支持是在 tls 模块中。该模块建立在 OpenSSL 的基础上，为了能够使用 OpenSSL，就要下载安装它。

要使用 TLS/SSL 功能，就要按如下方式引用 tls 模块。

```
const tls = require('tls');
```

14.3　产生私钥

TLS/SSL 是非对称加密，大部分情况下，每个服务器和客户端都应有一个私钥。

私钥有多种生成方式，下面是一个例子，用 OpenSSL 的命令行来生成一个 2048 位的 RSA 私钥。

```
$ openssl genrsa -out ryans-key.pem 2048


Generating RSA private key, 2048 bit long modulus (2 primes)
.....................................................+++++
...........................+++++
e is 65537 (0x010001)
```

通过 TLS/SSL，所有的服务器（和一些客户端）必须要一个证书。证书是相似于私钥的公钥，它由 CA 或私钥拥有者数字签名，并且私钥拥有者所签名的称为自签名。获取证书的第一步是生成一个证书申请文件（CSR）。

用 OpenSSL 能生成一个私钥的 CSR 文件。

```
$ openssl req -new -sha256 -key ryans-key.pem -out ryans-csr.pem


You are about to be asked to enter information that will be incorporated
into your certificate request.
What you are about to enter is what is called a Distinguished Name or a
DN.
There are quite a few fields but you can leave some blank
For some fields there will be a default value,
If you enter '.', the field will be left blank.
-----
Country Name (2 letter code) [AU]:CH
State or Province Name (full name) [Some-State]:GUANGDONG
Locality Name (eg, city) []:SHENZHEN
Organization Name (eg, company) [Internet Widgits Pty Ltd]:HUAWEI
Organizational Unit Name (eg, section) []:HW
Common Name (e.g. server FQDN or YOUR name) []:WAYLAU
Email Address []:778907484@QQ.COM

Please enter the following 'extra' attributes
to be sent with your certificate request
A challenge password []:123456
An optional company name []:HUAWEI
```

CSR 文件被生成以后，它既能被 CA 签名也能被用户自签名。用 OpenSSL 生成一个自签名证书的命令如下。

```
$ openssl x509 -req -in ryans-csr.pem -signkey ryans-key.pem -out ry
ans-cert.pem

Signature ok
subject=C = CH, ST = GUANGDONG, L = SHENZHEN, O = HUAWEI, OU = HW, CN =
WAYLAU, emailAddress = 778907484@QQ.COM
Getting Private key
```

证书被生成以后，它又能用来生成一个 .pfx 或 .p12 文件。

```
$ openssl pkcs12 -export -in ryans-cert.pem -inkey ryans-key.pem -certfile
ca-cert.pem -out ryans.pfx
```

上述命令行参数含义如下。

- in：被签名的证书。
- inkey：有关的私钥。
- certfile：签入文件的证书串，如 "cat ca1-cert.pem ca2-cert.pem > ca-cert.pem"。

14.4　实战：构建TLS服务器和客户端

下面示例演示了构建 TLS 服务器和客户端的过程。

14.4.1　构建TLS服务器

用 OpenSSL 的命令行来生成一个 2048 位的 RSA 私钥。

```
& openssl genrsa -out server-key.pem 2048
```

用 OpenSSL 生成一个私钥的 CSR 文件。

```
& openssl req -new -sha256 -key server-key.pem -out server-csr.pem
```

用 OpenSSL 生成一个自签名证书的命令如下。

```
& openssl x509 -req -in server-csr.pem -signkey server-key.pem -out
server-cert.pem
```

构建 TLS 服务器代码如下。

```
const tls = require('tls');
const fs = require('fs');

const options = {
    key: fs.readFileSync('server-key.pem'),
    cert: fs.readFileSync('server-cert.pem'),

    // 仅在使用客户端证书身份验证时才需要这样做
    requestCert: true,

    // 仅当客户端使用自签名证书时才需要这样做
    ca: [fs.readFileSync('client-cert.pem')]
};

const server = tls.createServer(options, (socket) => {
    console.log('server connected',
        socket.authorized ? 'authorized' : 'unauthorized');
    socket.write('welcome!\n');
    socket.setEncoding('utf8');
    socket.pipe(socket);
});


server.listen(8000, () => {
    console.log('server bound');
});
```

当客户端成功连接到服务器时，会发送"welcome!"字样内容给客户端。

14.4.2　构建TLS客户端

用 OpenSSL 的命令行来生成一个 2048 位的 RSA 私钥。

```
$ openssl genrsa -out client-key.pem 2048
```

用 OpenSSL 生成一个私钥的 CSR 文件。

```
$ openssl req -new -sha256 -key client-key.pem -out client-csr.pem
```

用 OpenSSL 生成一个自签名证书的命令如下。

```
$ openssl x509 -req -in client-csr.pem -signkey client-key.pem -out
client-cert.pem
```

构建 TLS 客户端代码如下。

```
// Assumes an echo server that is listening on port 8000.
const tls = require('tls');
const fs = require('fs');

const options = {
    // 仅在服务器需要客户端证书身份验证时才需要
    key: fs.readFileSync('client-key.pem'),
    cert: fs.readFileSync('client-cert.pem'),

    // 仅在服务器使用自签名证书时才需要
    ca: [fs.readFileSync('server-cert.pem')],

    // 仅当服务器的证书不是 "localhost" 时才需要
    checkServerIdentity: () => { return null; },
};

const socket = tls.connect(8000, options, () => {
    console.log('client connected',
        socket.authorized ? 'authorized' : 'unauthorized');
    process.stdin.pipe(socket);
    process.stdin.resume();
});

socket.setEncoding('utf8');
socket.on('data', (data) => {
    console.log(data);
});
socket.on('end', () => {
    console.log('server ends connection');
});
```

当客户端连接成功之后，会将服务器发送过来的消息打印到控制台。

14.4.3　运行应用

首先启动服务器，命令如下。

```
$ node tls-server.js
```

然后启动客户端，命令如下。

```
$ node tls-client.js
```

上述程序启动后，如果客户端连接认证通过，则会在服务器控制台显示如下内容。

```
$ node tls-server

server bound
server connected authorized
```

同时，会在客户端控制台显示如下内容。

```
$ node tls-client

client connected authorized
welcome!
```

本节例子可以在"tls-demo/tls-server.js"和"tls-demo/tls-client.js"文件中找到。

第15章

常用Web中间件

通过前面几章内容的学习，相信读者已经基本会使用 Node.js 来构建一些简单的 Web 应用示例。但实际上，这些示例离真实的项目差距还很大，归根结底是由于这些都是基于原生的 Node.js 的 API。这些 API 都太偏向底层，要实现真实的项目，还需要很多的工作要做。

中间件则是为了简化真实项目的开发而准备的。中间件的应用非常广泛，如 Web 服务器中间件、消息中间件、ESB 中间件、日志中间件、数据库中间件等。借助中间件，可以快速实现项目中的业务功能，而无须关心中间件底层的技术细节。

本章介绍 Node.js 项目中常用 Web 中间件。

15.1　Express

Express 是一个简洁而灵活的 Node.js Web 应用框架，提供了一系列强大特性帮助用户创建各种 Web 应用。同时，Express 也是一款功能非常强大的 HTTP 工具。

使用 Express 可以快速地搭建一个完整功能的网站。其核心特性包括如下内容。

- 可以设置中间件来响应 HTTP 请求。
- 定义了路由表用于执行不同的 HTTP 请求动作。
- 可以通过向模板传递参数来动态渲染 HTML 页面。

下面介绍如何基于 Express 来开发 Node.js 应用。

15.1.1　安装Express

首先，初始化一个名为"express-demo"的应用。

```
$ mkdir express-demo
$ cd express-demo
```

其次，通过"npm init"来初始化该应用。

```
$ npm init

This utility will walk you through creating a package.json file.
It only covers the most common items, and tries to guess sensible de
faults.

See 'npm help json' for definitive documentation on these fields
and exactly what they do.

Use 'npm install <pkg>' afterwards to install a package and
save it as a dependency in the package.json file.

Press ^C at any time to quit.
package name: (express-demo) express-demo
version: (1.0.0) 1.0.0
description: Express Demo.
entry point: (index.js) index.js
test command:
git repository:
keywords:
author: waylau.com
license: (ISC)
About to write to D:\workspaceGithub\nodejs-book-samples\samples\ex
press-demo\package.json:

{
```

```
  "name": "express-demo",
  "version": "1.0.0",
  "description": "Express Demo.",
  "main": "index.js",
  "scripts": {
    "test": "echo \"Error: no test specified\" && exit 1"
  },
  "author": "waylau.com",
  "license": "ISC"
}


Is this OK? (yes) yes
```

最后，通过"npm install"命令来安装 Express。

```
$ npm install express --save

npm notice created a lockfile as package-lock.json. You should commit
this file.
npm WARN express-demo@1.0.0 No repository field.

+ express@4.17.1
added 50 packages from 37 contributors and audited 126 packages in
6.059s
found 0 vulnerabilities
```

实战 ▶ 15.1.2　实战：编写"Hello World"应用

在安装完成 Express 之后，就可以通过 Express 来编写 Web 应用了。以下是一个简单版本的
"Hello World"应用代码。

```
const express = require('express');
const app = express();
const port = 8080;

app.get('/', (req, res) => res.send('Hello World!'));

app.listen(port, () => console.log('Server listening on port
${port}!'));
```

该示例非常简单，当服务器启动之后会占用 8080 端口。当用户访问应用的"/"路径时，会响
应"Hello World!"字样的内容给客户端。

15.1.3 运行"Hello World"应用

执行下面的命令，以启动服务器。

```
$ node index.js

Server listening on port 8080!
```

服务器启动之后，通过浏览器访问 http://localhost:8080/，可以看到如图 15-1 所示界面的内容。

图15-1   Hello World!

本节例子可以在"express-demo"目录下找到。

实战▶ 15.1.4   实战：Express构建REST API

在 12.6 节中，通过 Node.js 的 http 模块，实现了一个简单的"用户管理"应用。本节将演示如何基于 Express 来更加简洁地实现 REST API。

为了能顺利解析 JSON 格式的数据，需要引入下面的模块。

```
const express = require('express');
const app = express();
const port = 8080;
const bodyParser = require('body-parser');// 用于 req.body 获取值的
app.use(bodyParser.json());
```

同时，在内存中定义了一个 Array 来模拟用户信息的存储。

```
// 存储用户信息
let users = new Array();
```

通过不同的 HTTP 操作，来识别不同的对于用户的操作。下面将使用 POST 来新增用户，用 PUT 来修改用户，用 DELETE 删除用户，用 GET 获取所有用户的信息。代码如下。

```
// 存储用户信息
let users = new Array();

app.get('/', (req, res) => res.json(users).end());

app.post('/', (req, res) => {
    let user = req.body.name;
```

```
    users.push(user);

    res.json(users).end();
});

app.put('/', (req, res) => {
    let user = req.body.name;

    for (let i = 0; i < users.length; i++) {
        if (user == users[i]) {
            users.splice(i, 1, user);
            break;
        }
    }

    res.json(users).end();
});

app.delete('/', (req, res) => {
    let user = req.body.name;

    for (let i = 0; i < users.length; i++) {
        if (user == users[i]) {
            users.splice(i, 1);
            break;
        }
    }

    res.json(users).end();
});
```

本应用的完整代码如下。

```
const express = require('express');
const app = express();
const port = 8080;
const bodyParser = require('body-parser');// 用于 req.body 获取值的
app.use(bodyParser.json());


// 存储用户信息
let users = new Array();

app.get('/', (req, res) => res.json(users).end());

app.post('/', (req, res) => {
    let user = req.body.name;

    users.push(user);
```

```
        res.json(users).end();
});

app.put('/', (req, res) => {
    let user = req.body.name;

    for (let i = 0; i < users.length; i++) {
        if (user == users[i]) {
            users.splice(i, 1, user);
            break;
        }
    }

    res.json(users).end();
});

app.delete('/', (req, res) => {
    let user = req.body.name;

    for (let i = 0; i < users.length; i++) {
        if (user == users[i]) {
            users.splice(i, 1);
            break;
        }
    }

    res.json(users).end();
});

app.listen(port, () => console.log('Server listening on port
${port}!'));
```

15.1.5 测试Express的REST API

运行上述示例，并在 REST 客户端进行 REST API 的调试。

1. 测试创建用户API

在 RESTClient 中，选择 POST 请求方法，并填入 "{"name":"tom"}" 作为用户的请求内容，并单击 "发送" 按钮。发送成功后，可以看到已经将所添加的用户信息给返回来了，也可以添加多个用户进行测试，如图 15-2 所示。

图15-2　POST创建用户

2. 测试删除用户API

在 RESTClient 中，选择 DELETE 请求方法，并填入"{"name":"tom"}"作为用户的请求内容，并单击"发送"按钮。发送成功后，可以看到如图 15-3 所示响应内容。

图15-3　DELETE删除用户

最终的响应结果可以看到"tom"的信息被删除了。

3. 测试修改用户API

在 RESTClient 中，选择 PUT 请求方法，并填入"{"name":"john"}"作为用户的请求内容，并单击"发送"按钮。发送成功后，可以看到如图 15-4 所示的响应内容。

图15-4　PUT修改用户

虽然，最终的响应结果看上去并无变化，实际上"john"的值已经做过替换了。

4. 测试查询用户API

在 RESTClient 中，选择 GET 请求方法，并单击"发送"按钮。发送成功后，可以看到如图 15-5 所示的响应内容。

图15-5　查询用户

最后，将内存中的所有用户信息都返回给了客户端。

本节例子可以在"express-demo"目录下找到。

15.2　Socket.IO

Socket.IO 是另一款流行的 Node.js 领域的 Web 中间件，用于支持实时双向基于事件的通信。Socket.IO 提供的功能主要分为以下两部分。

- Node.js 服务器。项目主页见 https://github.com/socketio/socket.io。
- 浏览器端的 JavaScript 客户端。项目主页见 https://github.com/socketio/socket.io-client。

15.2.1　Socket.IO主要特点

Socket.IO 主要包括以下特点。

1. 可靠性

即使存在以下情况，也能建立连接。

（1）代理和负载均衡器。

（2）个人防火墙和防病毒软件。

为了实现连接，首先，它依赖于 Engine.IO（另一个实时引擎，项目主页见 https://github.com/socketio/engine.io）以便建立起一个长轮询连接，然后尝试升级到更好的传输，如 WebSocket。

2. 支持自动重连

除非另有说明，否则断开连接的客户端将尝试永久重新连接，直到服务器再次可用。

3. 断线检测

在 Engine.IO 级别实现心跳机制，允许服务器和客户端知道另一个机制何时不响应。

通过在服务器和客户端上设置定时器来实现该功能，在连接握手期间共享超时值（pingInterval 和 pingTimeout 参数）。这些计时器需要将任何后续客户端调用定向到同一服务器，因此在使用多个节点时会出现粘性会话要求。

4. 支持二进制

可以发出任何可序列化的数据结构，包括：浏览器中的 ArrayBuffer 和 Blob；Node.js 中的 ArrayBuffer 和 Buffer。

5. 简单易用的API

关于 Socket.IO API 的使用，会在后续继续介绍。

6. 跨浏览器

Socket.IO 支持所有的主流浏览器。具体支持情况如图 15-6 所示。

图15-6　浏览器支持情况

7. 支持多路复用

为了在应用程序中创建关注点分离，Socket.IO 允许创建多个命名空间（Namespace），这些命名空间将充当单独的通信通道，但将共享相同的底层连接。

8. 支持房间

在每个命名空间中，可以定义套接字可以加入和离开的任意通道，称为房间（Room）。然后，可以广播到任何给定的房间，到达已加入它的每个套接字。

这是一个非常有用的功能，可以将通知发送给一组用户，或者发送给连接在多个设备上的给定用户。

注意：Socket.IO 不是 WebSocket 的实现。尽管 Socket.IO 确实在可能的情况下使用 WebSocket 作为传输，但它会为每个数据包添加一些元数据，包括数据包类型、命名空间和需要消息确认时的确认 ID。这就是为什么 WebSocket 客户端无法成功连接到 Socket.IO 服务器，而 Socket.IO 客户端也无法连接到 WebSocket 服务器。有关 Socket.IO 协议规范可见 https://github.com/socketio/socket.io-protocol。

15.2.2 安装Socket.IO

首先，初始化一个名为"socket-io-demo"的应用。

```
$ mkdir socket-io-demo
$ cd socket-io-demo
```

接着，通过"npm init"来初始化该应用。

```
$ npm init

This utility will walk you through creating a package.json file.
It only covers the most common items, and tries to guess sensible defaults.

See 'npm help json' for definitive documentation on these fields
and exactly what they do.

Use 'npm install <pkg>' afterwards to install a package and
save it as a dependency in the package.json file.

Press ^C at any time to quit.
package name: (socket-io-demo)
version: (1.0.0)
description:
entry point: (index.js)
test command:
git repository:
keywords:
author: waylau.com
license: (ISC)
About to write to D:\workspaceGithub\nodejs-book-samples\samples\sock
et-io-demo\package.json:
```

```
{
  "name": "socket-io-demo",
  "version": "1.0.0",
  "description": "",
  "main": "index.js",
  "scripts": {
    "test": "echo \"Error: no test specified\" && exit 1"
  },
  "author": "waylau.com",
  "license": "ISC"
}


Is this OK? (yes)
```

最后，通过"npm install"命令来安装 Socket.IO。

```
$ npm install socket.io

npm notice created a lockfile as package-lock.json. You should commit
this file.
npm WARN socket-io-demo@1.0.0 No description
npm WARN socket-io-demo@1.0.0 No repository field.

+ socket.io@2.2.0
added 45 packages from 33 contributors and audited 77 packages in 5.092s

found 0 vulnerabilities
```

实战 15.2.3　实战：编写Socket.IO服务器

在安装完成 Socket.IO 之后，就可以通过 Socket.IO 来编写服务器了。此时，需要引入 Express。

```
$ npm install express --save
```

以下是一个简单版本的 Socket.IO 服务器代码。

```
const app = require('express')();
const http = require('http').Server(app);
const io = require('socket.io')(http);

app.get('/', function (req, res) {
    res.sendFile(__dirname + '/client.html');
});

io.on('connection', socket => {
```

```
// 监听断开连接状态
socket.on('disconnect', () => {
    console.log('connect disconnect');
});

// 与客户端对应的接收指定的消息
socket.on('client message', (data) => {
    console.log('receive client message: ' + data);

    // io.emit() 方法用于向客户端发送消息
    io.emit('server message', 'Welcome!');

});

});

http.listen(8080, function () {
    console.log('listening on 8080');
});
```

该示例非常简单，当服务器启动后会占用 8080 端口。当用户访问应用的 "/" 路径时，会响应 client.html 的内容给客户端。 client.html 就是下面要定义的客户端代码。

服务器会监听来自 "client message" 事件的数据，并会通过 "server message" 事件将数据发送给客户端。

实战 ▶ **15.2.4 实战：编写Socket.IO客户端**

要使用 Socket.IO 客户端的功能，需要引入 socket.io.js 文件，代码如下。

```
<script src="https://cdnjs.cloudflare.com/ajax/libs/socket.io/2.2.0/
socket.io.js"></script>
```

然后就可以创建客户端的 socket 了，代码如下。

```
// 创建 socket
var socket = io('http://localhost:8080');

// 接收服务端 'server message' 事件发出的数据
socket.on('server message', function (data) {

    // 输出服务端响应了数据
    console.log('receive server message: ' + data);
});

// 向服务端的自定义事件 'client message' 发出数据
socket.emit('client message', 'Hi!');
```

Socket 可以通过 "server message" 事件接收来自服务器的数据，同时，可以通过 emit 来发送

"client message"事件及数据。服务器可以通过"client message"事件来接收客户端的数据。

客户端 client.html 完整的代码如下。

```html
<!DOCTYPE html>
<html>

<head>
    <meta charset="UTF-8">
    <title>Socket.IO demo</title>
</head>

<body>
    <script src="https://cdnjs.cloudflare.com/ajax/libs/socket.io/2.2.0/
socket.io.js"></script>

    <script>

        // 创建 socket
        var socket = io('http://localhost:8080');

        // 接收服务端 'server message' 事件发出的数据
        socket.on('server message', function (data) {

            // 输出服务端响应了数据
            console.log('receive server message: ' + data);
        });

        // 向服务端的自定义事件 'client message' 发出数据
        socket.emit('client message', 'Hi!');
    </script>
</body>
</html>
```

15.2.5　运行应用

首先，启动服务器，代码如下。

```
$ node index.js
listening on 8080
```

接着，通过浏览器来访问 http://localhost:8080/，此时，可以看到服务器控制台输出内容如下。

```
receive client message: Hi!
```

同时，可以看到浏览器控制台输出内容如下。

```
receive server message: Welcome!
```

本节例子可以在"socket-io-demo"目录下找到。

第16章
UI 编程

　　企业级应用中少不了 UI 编程，UI 就是一个应用的"脸面"。用户大众都是"看脸"的，很大程度上，一款应用能否被用户所接受，首先就是看这个应用的 UI 做得是否美观。

　　本章着重讲解在 Node.js 中常用的 UI 编程框架——Angular。

16.1　常见UI框架

前端组件化开发是目前主流的开发方式，不管是 Angular、React 还是 Vue.js 都如此。相比较而言，Angular 不管是其开发功能，还是编程思想，在所有前端框架中都是首屈一指的，特别适合企业级应用的开发。

Angular 的产生与当前的前端开发方式的巨变有着必然联系。

16.1.1　Angular与jQuery的不同

传统的 Web 前端开发主要以 jQuery 为核心技术栈。jQuery 主要用来操作 DOM（Document Object Model，文档对象模型），其最大的作用就是消除各浏览器之间的差异，简化和丰富 DOM 的 API。例如，DOM 文档的转换、事件处理、动画和 AJAX 交互等。

1. Angular的优势

Angular 是一个完整的框架，试图解决现代 Web 应用开发各个方面的问题。Angular 有着诸多特性，核心功能包括 MVC 模式、模块化、自动化双向数据绑定、语义化标签、服务、依赖注入等。而这些概念即便对于后端开发人员来说也不陌生，例如，Java 开发人员肯定知道 MVC 模式、模块化、服务、依赖注入等。

最重要的是，使用 Angular 可通过一种完全不同的方法来构建用户界面，其中以声明方式指定视图的模型驱动的变化；而 jQuery 常常需要编写以 DOM 为中心的代码，随着项目的增长（无论是在规模还是在交互性方面），将会变得越来越难控制。所以，Angular 更加适合现代的大型企业级应用的开发。

2. 举例说明

下面通过一个简单的例子来比较 Angular 与 jQuery 的不同。

假设需要实现如下的菜单列表。

```
<ul class="menus" >
 <li><a href="#/sm1">Submenu 1</a></li>
 <li><a href="#/sm2">Submenu 2</a></li>
 <li><a href="#/sm3">Submenu 3</a></li>
</ul>
```

使用 jQuery，会这样实现：

```
<ul class="menus" >
</ul>
$(".menus").each(function (menu) {
 $(".menus").append('<li><a href="'+ menu.url+'">'+ menu.name +'</a></
li>');
 })
```

可以看到，在上述遍历过程中需要操作 DOM 元素。其实，在 JavaScript 中写 HTML 代码是一件困难的事，因为 HTML 中包括尖括号、属性、双引号、单引号、方法等，在 JavaScript 中需要对这些特殊符号进行转义，代码将会变得冗长、易出错，且难以识别。

下面是一个极端的例子，代码极难阅读和理解。

```
var str = "<a href=# name=link5 class="menu1 id=link1" + "onmouseo
ver=MM_showMenu
(window.mm_menu_0604091621_0,-10,20,null,\'link5\');"+ "sel1.style.
display=\'none
\';sel2.style.display=\'none\';sel3.style.display='none\';"+"
onmouseout=MM_startTimeout();>Free Services</a> ";
document.write(str);
```

如果使用 Angular，则整段代码将会变得非常简洁，且利于理解。

```
<ul class="menus">
 <li *ngFor="let menu of menus">
 <a href="{{menu.url}}">{{menu.name}}</a>
 </li>
</ul>
```

16.1.2　Angular与React、Vue.js优势对比

在当前的主流 Web 框架中，Angular、React、Vue.js 是备受瞩目的 3 个框架。

1. 从市场占有率来看

Angular 与 React 的历史更长，而 Vue.js 是后起之秀，所以 Angular 与 React 都比 Vue.js 的市场占有率更高。但需要注意的是，Vue.js 的用户增长速度很快，有迎头赶上之势。

2. 从支持度来看

Angular 与 React 的背后是大名鼎鼎的 Google 公司和 Facebook 公司，而 Vue.js 属于个人项目。所以，无论是开发团队还是技术社区，Angular 与 React 都更有优势。使用 Vue.js 的风险相对较高，毕竟这类项目在很大程度上依赖于维护者是否能够继续维护下去。好在目前大型互联网公司都与 Vue.js 展开合作，在一定程度上会让 Vue.js 走得更远。

3. 从开发体验来看

Vue.js 应用由 JavaScript 语言编写，主要用于开发渐进式的 Web 应用程序，用户使用起来会比较简单，易于入门。以下是一个 Vue.js 应用示例。

```
<div id="app">
 {{ message }}
</div>
var app = new Vue({
 el: '#app',
```

```
data: {
message: 'Hello Vue!'
 }
})
```

React 应用同样由 JavaScript 语言编写，采用组件化的方式来开发可重用的用户 UI。React 的 HTML 元素是嵌在 JavaScript 代码中的，在一定程度上有助于聚焦关注点，但不是所有的开发者都能接受这种 JavaScript 与 HTML "混杂" 的方式。以下是一个 React 应用示例。

```
class HelloMessage extends React.Component {
render() {
return (
<div>
Hello {this.props.name}
</div>
);
 }
}

ReactDOM.render(
 <HelloMessage name="Taylor" />,
 mountNode
);
```

Angular 有着良好的模板与脚本相分离的代码组织方式，以便大型系统可以方便地管理和维护。Angular 完全基于新的 TypeScript 语言来开发，拥有更强的类型体系，使得代码更加健壮，也有利于后端开发人员掌握。前面已经带领读者学习了 TypeScript。

16.1.3　Angular、React、Vue.js三者怎么选

综上所知，Angular、React、Vue.js 都是非常优秀的框架，有着不同的受众，选择什么样的框架要根据实际项目来选择。 总体来说：入门难度顺序为 Vue.js < React < Angular；功能强大程度为 Vue.js < React < Angular。

建议如下。

- 如果只是想快速实现一个小型项目，那么选择 Vue.js 无疑是最为经济的。
- 如果想要建设大型的应用，或者考虑长期进行维护，那么建议选择 Angular。Angular 可以让用户从一开始就采用规范的方式来开发，并且降低了出错的可能性。

有关 Angular 在大型项目的应用，可以参见笔者所著的《Angular 企业级应用开发实战》。

16.2 Angular的下载安装

开发 Angular 应用，需要准备必要的环境。如果已经具备了 Node.js 和 npm，还需要再安装 Angular CLI。

Angular CLI 是一个命令行界面工具，它可以创建项目、添加文件及执行一大堆开发任务，如测试、打包和发布 Angular 应用。

可通过 npm 采用全局安装的方式来安装 Angular CLI，具体命令如下。

```
$ npm install -g @angular/cli
```

如果看到控制台上输出如下内容，则说明 Angular CLI 已经安装成功。

```
D:\workspaceGithub\angular-tutorial>npm install -g @angular/cli
C:\Users\Administrator\AppData\Roaming\npm\ng -> C:\Users\Administra
tor\AppData\
Roaming\npm\node_modules\@angular\cli\bin\ng
npm WARN optional SKIPPING OPTIONAL DEPENDENCY: fsevents@1.2.4 (node_
modules\@angular\
cli\node_modules\fsevents):
npm WARN notsup SKIPPING OPTIONAL DEPENDENCY: Unsupported platform for
fsevents@1.2.4:
wanted {"os":"darwin","arch":"any"} (current:
{"os":"win32","arch":"x64"})
+ @angular/cli@7.0.2
added 248 packages in 81.427s
```

16.3 Angular CLI的常用操作

下面总结了在实际项目中经常会用到的 Angular CLI 命令。

1. 获取帮助（ng -h）

"ng -h" 命令等同于 "ng -help"，与所有的其他命令行一样，用于查看所有命令的一个帮助命令。执行该命令可以看到 Angular CLI 所有的命令。

```
$ ng -h
Available Commands:
  add Adds support for an external library to your project.
  build (b) Compiles an Angular app into an output directory named dist/
at the given output path. Must be executed from within a workspace
directory.
  config Retrieves or sets Angular configuration values.
  doc (d) Opens the official Angular documentation (angular.io) in a
```

```
browser, and searches for a given keyword.
  e2e (e) Builds and serves an Angular app, then runs end-to-end tests
using Protractor.
  generate (g) Generates and/or modifies files based on a schematic.
  help Lists available commands and their short descriptions.
  lint (l) Runs linting tools on Angular app code in a given project
folder.
  new (n) Creates a new workspace and an initial Angular app.
  run Runs a custom target defined in your project.
  serve (s) Builds and serves your app, rebuilding on file changes.
  test (t) Runs unit tests in a project.
  update Updates your application and its dependencies. See https://
update.angular.io/
  version (v) Outputs Angular CLI version.
  xi18n Extracts i18n messages from source code.

For more detailed help run "ng [command name] --help"
```

2. 创建应用

以下示例，创建一个名为"user-management"的 Angular 应用。

```
$ ng new user-management
```

3. 创建组件

以下示例，创建一个名为"UsersComponent"的组件。

```
$ ng generate component users
```

4. 创建服务

以下示例，创建一个名为 UserService 的服务。

```
$ ng generate service user
```

5. 启动应用

启动应用执行下面的命令。

```
$ ng serve --open
```

此时，应用就会自动在浏览器中打开。访问地址为 http://localhost:4200/。

6. 添加依赖

如果应用中需要依赖，执行下面的命令。

```
$ ng add @ngx-translate/core
$ ng add @ngx-translate/http-loader
```

7. 升级依赖

目前，Angular 社区非常活跃，版本会经常更新。对 Angular 的版本做升级，只需执行如下命令。

```
$ ng update
```

如果想把整个应用的依赖都升级，则执行如下命令。

```
$ ng update --all
```

8. 自动化测试

Angular 支持自动化测试。Angular 的测试，主要是基于 Jasmine 和 Karma 库来实现的，只需执行如下命令。

```
$ ng test
```

要生成覆盖率报告，运行下列命令。

```
$ ng test --code-coverage
```

9.下载依赖

只有 Angular 源码是不足以将 Angular 启动起来的，需要先安装 Angular 应用所需要的依赖到本地。在应用目录下执行如下命令。

```
$ npm install
```

10. 编译

Angular 应用将会编译为可以执行的文件（HTML、JS）到 dist 目录。

```
$ ng build
```

实战 ▶ 16.4 实战：Angular应用的例子

下面将创建第一个 Angular 应用 "angular-demo"。借助 Angular CLI 工具，甚至不需要编写一行代码，就能实现一个完整可用的 Angular 应用。

16.4.1 使用Angular CLI初始化应用

打开终端窗口，执行下列命令来生成一个新项目及默认的应用代码。

```
$ ng new angular-demo
```

其中，angular-demo 是指定的应用的名称。详细的生成过程如下。

```
D:\workspaceGithub\nodejs-book-samples\samples>ng new angular-demo
? Would you like to add Angular routing? Yes
? Which stylesheet format would you like to use? CSS
```

```
CREATE angular-demo/angular.json (3861 bytes)
CREATE angular-demo/package.json (1311 bytes)
CREATE angular-demo/README.md (1028 bytes)
CREATE angular-demo/tsconfig.json (435 bytes)
CREATE angular-demo/tslint.json (1621 bytes)
CREATE angular-demo/.editorconfig (246 bytes)
CREATE angular-demo/.gitignore (629 bytes)
CREATE angular-demo/src/favicon.ico (5430 bytes)
CREATE angular-demo/src/index.html (298 bytes)
CREATE angular-demo/src/main.ts (372 bytes)
CREATE angular-demo/src/polyfills.ts (2841 bytes)
CREATE angular-demo/src/styles.css (80 bytes)
CREATE angular-demo/src/test.ts (642 bytes)
CREATE angular-demo/src/browserslist (388 bytes)
CREATE angular-demo/src/karma.conf.js (1025 bytes)
CREATE angular-demo/src/tsconfig.app.json (166 bytes)
CREATE angular-demo/src/tsconfig.spec.json (256 bytes)
CREATE angular-demo/src/tslint.json (314 bytes)
CREATE angular-demo/src/assets/.gitkeep (0 bytes)
CREATE angular-demo/src/environments/environment.prod.ts (51 bytes)
CREATE angular-demo/src/environments/environment.ts (662 bytes)
CREATE angular-demo/src/app/app-routing.module.ts (245 bytes)
CREATE angular-demo/src/app/app.module.ts (393 bytes)
CREATE angular-demo/src/app/app.component.html (1152 bytes)
CREATE angular-demo/src/app/app.component.spec.ts (1113 bytes)
CREATE angular-demo/src/app/app.component.ts (216 bytes)
CREATE angular-demo/src/app/app.component.css (0 bytes)
CREATE angular-demo/e2e/protractor.conf.js (752 bytes)
CREATE angular-demo/e2e/tsconfig.e2e.json (213 bytes)
CREATE angular-demo/e2e/src/app.e2e-spec.ts (641 bytes)
CREATE angular-demo/e2e/src/app.po.ts (251 bytes)
npm WARN deprecated circular-json@0.5.9: CircularJSON is in maintenance
only, flatted is its successor.

> node-sass@4.12.0 install D:\workspaceGithub\nodejs-book-samples\
samples\angular-demo\node_modules\node-sass
> node scripts/install.js

Cached binary found at C:\Users\User\AppData\Roaming\npm-cache\node-
sass\4.12.0\win32-x64-72_binding.node

> core-js@2.6.9 postinstall D:\workspaceGithub\nodejs-book-samples\
samples\angular-demo\node_modules\core-js
> node scripts/postinstall || echo "ignore"

> node-sass@4.12.0 postinstall D:\workspaceGithub\nodejs-book-samples\
samples\angular-demo\node_modules\node-sass
> node scripts/build.js
```

```
Binary found at D:\workspaceGithub\nodejs-book-samples\samples\angu
lar-demo\node_modules\node-sass\vendor\win32-x64-72\binding.node
Testing binary
Binary is fine
npm WARN optional SKIPPING OPTIONAL DEPENDENCY: fsevents@1.2.9 (node_
modules\fsevents):
npm WARN notsup SKIPPING OPTIONAL DEPENDENCY: Unsupported platform for
fsevents@1.2.9: wanted {"os":"darwin","arch":"any"} (current:
{"os":"win32","arch":"x64"})

added 1095 packages from 1020 contributors and audited 42440 packages
in 115.71s
found 1 low severity vulnerability
  run 'npm audit fix' to fix them, or 'npm audit' for details
    Directory is already under version control. Skipping initialization
of git.
```

最后，在指定的目录下会生成一个名为"angular-demo"的工程目录。

16.4.2　运行Angular应用

执行以下命令，来运行应用。

```
$ cd angular-demo
$ ng serve --open
```

其中，"ng serve"命令会启动开发服务器，监听文件变化，并在修改这些文件时重新构建此应用；使用"-open"（或"-o"）参数可以自动打开浏览器并访问 http://localhost:4200。运行效果如图 16-1 所示。

图16-1　运行效果

16.4.3　了解src文件夹

应用的代码都位于 src 文件夹中。所有的 Angular 组件、模板、样式、图片，以及用户应用所需的任何东西都在这里。除这个文件夹外的文件都是为构建应用提供支持用的。

src 目录结构如下。

```
src
| browserslist
| favicon.ico
| index.html
| karma.conf.js
| main.ts
| polyfills.ts
| styles.css
| test.ts
| tsconfig.app.json
| tsconfig.spec.json
| tslint.json
|
├── app
| app.component.css
| app.component.html
| app.component.spec.ts
| app.component.ts
| app.module.ts
|
├── assets
| .gitkeep
|
└── environments
environment.prod.ts
environment.ts
```

其中，各文件的用途如表 16-1 所示。

表16-1　src目录中各文件的用途

文件	用途
app/app.component.{ts,html,css,spec.ts}	使用HTML模板、CSS样式和单元测试定义AppComponent组件。它是根组件，随着应用的成长，它会成为一棵组件树的根节点
app/app.module.ts	定义AppModule模块。该模块是根模块，描述了如何组装Angular应用
assets/*	在这个文件夹下可以存放图片等文件。在构建应用时，这里的文件都会被复制到发布包中

文件	用途
environments/*	这个文件夹中包括为各个目标环境准备的文件，它们导出了一些应用中要用到的配置变量。这些文件会在构建应用时被替换。例如，可能在生产环境下使用不同的API端点地址，或者使用不同的统计Token参数，甚至使用一些模拟服务。所有这些，Angular CLI都替用户考虑到了
browserslist	一个配置文件，用来在不同的前端工具之间共享目标浏览器
favicon.ico	每个网站都希望自己在书签栏中能好看一些。建议把它换成自己的图标
index.html	这是别人访问自己的网站时看到的主页面的HTML文件。在大多数情况下，都不用编辑它。在构建应用时，Angular CLI会自动把所有.js和.css文件添加进去，所以用户不必在这里手动添加任何<script>标签
karma.conf.js	给Karma的单元测试配置，当运行"ng test"时会用到它
main.ts	这是应用的主要入口点。使用JIT编译器编译本应用，并启动应用的根模块AppModule，使其运行在浏览器中。还可以使用AOT编译器，而不用修改任何代码——只要给"ng build"或"ng serve"传入"-aot"参数就可以了
polyfills.ts	不同的浏览器对Web标准的支持程度也不同。腻子脚本（polyfill）能把这些不同点进行标准化。通常，只要使用core-js和zone.js就可以了
styles.css	这里是用户的全局样式。在大多数情况下，用户会希望在组件中使用局部样式，以利于维护。不过，那些会影响整个应用的样式还是需要集中存放在这里的
test.ts	这是单元测试的主要入口点。它有一些用户不熟悉的自定义配置，不过，并不需要编辑这里的任何东西
tsconfig.{app|spec}.json	TypeScript编译器的配置文件。tsconfig.app.json是为Angular应用准备的，而tsconfig.spec.json是为单元测试准备的
tslint.json	额外的Linting配置。当运行"ng lint"时，它会提供带有Codelyzer的TSLint使用。Linting可以帮助用户保持代码风格的统一

16.4.4　根目录

　　src 文件夹是项目的根文件夹之一，其他文件是用来帮助用户构建、测试、维护、文档化和发布应用的。它们存在于根目录下，与 src 文件夹平级，具体结构如下。

```
D:.
|  .editorconfig
|  .gitignore
|  angular.json
|  package.json
|  README.md
|  tsconfig.json
|  tslint.json
|
```

```
├──e2e
│  │  protractor.conf.js
│  │  tsconfig.e2e.json
│  │
│  └──src
│  app.e2e-spec.ts
│  app.po.ts
│
├──node_modules
│  ├── ...
├──src
│  ├── ...
```

其中，各文件的用途如表 16-2 所示。

表16-2　根目录中各文件的用途

文件	用途
e2e/	在e2e/下是端到端（end-to-end）测试。它们之所以不在src/下，是因为端到端测试实际上与应用是相互独立的，它只适用于测试用户的应用。这也就是为什么它会拥有自己的tsconfig.json
node_modules/	Node.js创建了这个文件夹，并且把package.json中列举的所有第三方模块都放在其中。.editorconfig给用户的编辑器一个简单配置文件，它用来确保参与项目的每个人都具有基本的编辑器配置。大多数编辑器都支持.editorconfig文件，详情参见http://editorconfig.org
.gitignore	Git的配置文件，用来确保某些自动生成的文件不会被提交到源码控制系统中
angular.json	Angular CLI的配置文件。在这个文件中，可以设置一系列默认值，还可以配置项目编译时要包含的那些文件
package.json	npm的配置文件，其中列出了项目用到的第三方依赖包。还可以在这里添加自己的自定义脚本
protractor.conf.js	给Protractor使用的端到端测试配置文件，当运行"ng e2e"时会用到它
README.md	项目的基础文档，预先写入了Angular CLI命令的信息。注意要用项目文档改进它，以便每个查看此仓库的人都能据此构建出应用
tsconfig.json	TypeScript编译器的配置，用户的IDE会借助它来提供更好的帮助
tslint.json	给TSLint和Codelyzer使用的配置信息，当运行"ng lint"时会用到它。Lint功能可以帮助用户保持代码风格的统一

本节例子可以在"angular-demo"目录下找到。

第17章

响应式编程

　　响应式编程是一种面向数据流和变化传播的编程范式。这意味着可以在编程语言中很方便地表达静态或动态的数据流，而相关的计算模型会自动将变化的值通过数据流进行传播。

　　在 Node.js 中，主要是基于 Observable 与 RxJS 来实现响应式编程的。本章将详细介绍这两种技术的用法。

17.1　　了解Observable机制

响应式编程往往是基于事件、异步的，因此，基于响应式编程开发的应用有着良好的并发性。响应式编程采用"订阅—发布"模式，只要订阅了感兴趣的主题，一旦有消息发布，订阅者就能收到。常用的消息中间件一般都支持该模式。

Observable 机制与上述模式类似。Observable 对象支持在应用中的发布者和订阅者之间传递消息。Observable 对象是声明式的，也就是说，虽然定义了一个用于发布值的函数，但是，除非有消费者订阅它，否则这个函数并不会实际执行。在订阅之后，当这个函数执行完成或取消订阅时，订阅者就会收到通知。

Observable 对象可以发送多个任意类型的值，包括字面量、消息、事件等。无论这些值是同步的还是异步发送的，接收这些值的 API 都是一样的。无论数据流是 HTTP 响应流还是定时器，对这些值进行监听和停止监听的接口都是一样的。

17.1.1　了解Observable基本概念

当发布者创建一个 Observable 对象的实例时，就会定义一个订阅者（Subscriber）函数。当有消费者调用 subscribe() 方法时，这个函数就会被执行。订阅者函数用于定义"如何获取或生成那些要发布的值或消息"。

要执行所创建的 Observable 对象，并开始从中接收消息通知，就需要调用它的 subscribe() 方法来执行订阅，并传入一个观察者（Observer）。这是一个 JavaScript 对象，它定义了所收到的这些消息的处理器（Handler）。subscribe() 方法调用会返回一个 Subscription 对象，该对象拥有一个 unsubscribe() 方法。当调用 unsubscribe() 方法时，就会停止订阅，不再接收消息通知。

在下面这个例子中示范了这种基本用法，它展示了如何使用 Observable 对象来对当前的地理位置进行更新。

```
// 当有消费者订阅时，就创建一个 Observable 对象，来监听地理位置的更新
const locations = new Observable((observer) => {
 // 获取 next 和 error 的回调
 const {next, error} = observer;
 let watchId;
 // 检查要发布的值
 if ('geolocation' in navigator) {
 watchId = navigator.geolocation.watchPosition(next, error);
 } else {
 error('Geolocation not available');
 }
 // 当消费者取消订阅时，清除数据，为下次订阅做准备
 return {unsubscribe() { navigator.geolocation.clearWatch(watchId); }};
```

```
});
// 调用 subscribe() 方法来监听变化
const locationsSubscription = locations.subscribe({
 next(position) { console.log('Current Position: ', position); },
 error(msg) { console.log('Error Getting Location: ', msg); }
});
// 10s 之后，停止监听位置信息
setTimeout(() => { locationsSubscription.unsubscribe(); }, 10000);
```

17.1.2　定义观察者

　　观察者用于接收 Observable 对象的处理器，这些处理器都实现了 Observer 接口。这个对象定义了一些回调函数，用来处理 Observable 对象可能会发来的 3 种通知。

- next：必需的。用来处理每个送达值。在开始执行后，可能执行 0 次或多次。
- error：可选的。用来处理错误的通知。错误会中断这个 Observable 对象实例的执行过程。
- complete：可选的。用来处理执行完成的通知。当执行完毕后，这些值就会继续传给下一个处理器。

　　如果没有为通知类型提供处理器，这个观察者就会忽略相应类型的通知。

17.1.3　执行订阅

　　当消费者订阅了 Observable 对象的实例时，就会开始发布值。订阅时要先调用该实例的 subscribe() 方法，并把一个观察者对象传给它，以便用来接收通知。

　　在 Observable 上定义的一些静态方法用来创建一些常用的简单 Observable 对象。

- Observable.of(...items)：用于返回一个 Observable 对象实例，它用同步的方式把参数中提供的这些值发送出来。
- Observable.from(iterable)：把它的参数转换成一个 Observable 对象实例。该方法通常用于把一个数组转换成一个（发送多个值的）Observable 对象。

　　下面的例子会创建并订阅一个简单的 Observable 对象，它的观察者会把接收到的消息记录到控制台中。

```
// 创建发出 3 个值的 Observable 对象
const myObservable = Observable.of(1, 2, 3);
// 创建观察者对象
const myObserver = {
 next: x => console.log('Observer got a next value: ' + x),
 error: err => console.error('Observer got an error: ' + err),
 complete: () => console.log('Observer got a complete notification'),
};
// 执行订阅
```

```
myObservable.subscribe(myObserver);
```

可以看到控制台上输出如下内容：

```
Observer got a next value: 1
Observer got a next value: 2
Observer got a next value: 3
Observer got a complete notification
```

subscribe() 方法还可以接收定义在同一行中的回调函数。在上述例子中，创建观察者对象的代码等同于下面的代码。

```
myObservable.subscribe(
 x => console.log('Observer got a next value: ' + x),
 err => console.error('Observer got an error: ' + err),
 () => console.log('Observer got a complete notification')
);
```

注意：next 处理器是必需的，而 error 和 complete 处理器是可选的。

17.1.4　创建Observable对象

使用 Observable 构造函数可以创建任何类型的 Observable 流。当执行 Observable 对象的 subscribe() 方法时，这个构造函数就会把它接收到的参数作为订阅函数来执行。订阅函数会接收一个 Observer 对象，并把值发布给观察者的 next() 方法。

例如，要创建一个与前面的 Observable.of(1, 2, 3) 等价的可观察对象，可以像下面这样做。

```
// 当调用 subscribe() 方法时，执行下面的函数
function sequenceSubscriber(observer) {
 // 同步传递 1、2 和 3，然后完成
 observer.next(1);
 observer.next(2);
 observer.next(3);
 observer.complete();
 // 由于是同步的，因此 unsubscribe() 函数不需要执行具体内容
 return {unsubscribe() {}};
}
// 创建一个新的 Observable 对象来执行上面定义的顺序
const sequence = new Observable(sequenceSubscriber);
// 执行订阅
sequence.subscribe({
 next(num) { console.log(num); },
 complete() { console.log('Finished sequence'); }
});
```

可以看到控制台上输出如下内容。

```
1
2
3
Finished sequence
```

还可以创建一个用来发布事件的 Observable 对象。在下面这个例子中，订阅函数是用内联方式定义的。

```
function fromEvent(target, eventName) {
    return new Observable((observer) => {
const handler = (e) => observer.next(e);
// 在目标中添加事件处理器
target.addEventListener(eventName, handler);
return () => {
// 从目标中移除事件处理器
target.removeEventListener(eventName, handler);
};
});
}
```

现在就可以使用 fromEvent() 函数来创建和发布带有 keydown 事件的 Observable 对象了。代码如下。

```
const ESC_KEY = 27;
const nameInput = document.getElementById('name') as HTMLInputElement;
const subscription = fromEvent(nameInput, 'keydown')
 .subscribe((e: KeyboardEvent) => {
if (e.keyCode === ESC_KEY) {
nameInput.value = '';
}
});
```

17.1.5　实现多播

多播是指让 Observable 对象在一次执行中同时广播给多个订阅者。借助支持多播的 Observable 对象，可以不必注册多个监听器，而是复用第一个（next）监听器，并且把值发送给各个订阅者。

观察下面这个从 1 到 3 进行计数的例子，它每发出一个数字就会等待 1s。

```
function sequenceSubscriber(observer) {
const seq = [1, 2, 3];
let timeoutId;
// 每发出一个数字就会等待 1s
function doSequence(arr, idx) {
timeoutId = setTimeout(() => {
observer.next(arr[idx]);
if (idx === arr.length - 1) {
observer.complete();
```

```
} else {
doSequence(arr, ++idx);
}
}, 1000);
}
doSequence(seq, 0);
// 当取消订阅时，会清理定时器，暂停执行
return {unsubscribe() {
clearTimeout(timeoutId);
}};
}
// 创建一个新的 Observable 对象来支持上面定义的顺序
const sequence = new Observable(sequenceSubscriber);
sequence.subscribe({
next(num) { console.log(num); },
complete() { console.log('Finished sequence'); }
});
```

可以看到控制台上输出如下内容。

```
(at 1 second): 1
(at 2 seconds): 2
(at 3 seconds): 3
(at 3 seconds): Finished sequence
```

如果订阅了两次，就会有两个独立的流，每个流每秒都会发出一个数字，代码如下。

```
sequence.subscribe({
next(num) { console.log('1st subscribe: ' + num); },
complete() { console.log('1st sequence finished.'); }
});
// 0.5s 后再次订阅
setTimeout(() => {
sequence.subscribe({
next(num) { console.log('2nd subscribe: ' + num); },
complete() { console.log('2nd sequence finished.'); }
});
}, 500);
```

可以看到控制台上输出如下内容。

```
(at 1 second): 1st subscribe: 1
(at 1.5 seconds): 2nd subscribe: 1
(at 2 seconds): 1st subscribe: 2
(at 2.5 seconds): 2nd subscribe: 2
(at 3 seconds): 1st subscribe: 3
(at 3 seconds): 1st sequence finished
(at 3.5 seconds): 2nd subscribe: 3
(at 3.5 seconds): 2nd sequence finished
```

修改这个 Observable 对象以支持多播，代码如下。

```
function multicastSequenceSubscriber() {
 const seq = [1, 2, 3];
 const observers = [];
 let timeoutId;
 return (observer) => {
 observers.push(observer);
 // 如果是第一次订阅， 则启动定义好的顺序
 if (observers.length === 1) {
 timeoutId = doSequence({
 next(val) {
 // 遍历观察者， 通知所有的订阅者
 observers.forEach(obs => obs.next(val));
 },
 complete() {
 // 通知所有的 complete 回调
 observers.slice(0).forEach(obs => obs.complete());
 }
 }, seq, 0);
 }
 return {
 unsubscribe() {
 // 移除观察者
 observers.splice(observers.indexOf(observer), 1);
 // 如果没有监听者， 则清理定时器
 if (observers.length === 0) {
 clearTimeout(timeoutId);
 }
 }
 };
 };
}
function doSequence(observer, arr, idx) {
 return setTimeout(() => {
 observer.next(arr[idx]);
 if (idx === arr.length - 1) {
 observer.complete();
 } else {
 doSequence(observer, arr, ++idx);
 }
 }, 1000);
}
const multicastSequence = new Observable(multicastSequenceSubscriber());

multicastSequence.subscribe({
 next(num) { console.log('1st subscribe: ' + num); },
 complete() { console.log('1st sequence finished.'); }
});
setTimeout(() => {
```

```
multicastSequence.subscribe({
next(num) { console.log('2nd subscribe: ' + num); },
complete() { console.log('2nd sequence finished.'); }
});
}, 1500);
```

可以看到控制台上输出如下内容。

```
(at 1 second): 1st subscribe: 1
(at 2 seconds): 1st subscribe: 2
(at 2 seconds): 2nd subscribe: 2
(at 3 seconds): 1st subscribe: 3
(at 3 seconds): 1st sequence finished
(at 3 seconds): 2nd subscribe: 3
(at 3 seconds): 2nd sequence finished
```

17.1.6　处理错误

由于 Observable 对象会异步生成值，因此用 try-catch 是无法捕获错误的，应该在观察者中指定一个 error 回调来处理错误。当发生错误时，还会让 Observable 对象清理现有的订阅，并且停止生成值。Observable 对象可以生成值（调用 next 回调），也可以调用 complete 或 error 回调来主动结束。

错误处理的示例代码如下。

```
myObservable.subscribe({
 next(num) { console.log('Next num: ' + num)},
 error(err) { console.log('Received an error: ' + err)}
});
```

在 17.2.3 节中，还会对错误处理做更详细的讲解。

17.2　了解RxJS技术

响应式编程是一种面向数据流和变更传播的异步编程范式，在现代应用中非常流行，Java、JavaScript 等编程语言都支持响应式编程。其中，RxJS 是一个流行的响应式编程的 JavaScript 库，它让编写异步代码和基于回调的代码变得更简单。

RxJS 提供了一种对 Observable 类型的实现。RxJS 还提供了一些工具函数，用于创建和使用 Observable 对象。这些工具函数可用于：

把现有的异步代码转换成 Observable 对象；迭代流中的各个值；把这些值映射成其他类型；对流进行过滤；组合多个流。

17.2.1 创建Observable对象的函数

RxJS 提供了一些用来创建 Observable 对象的函数，这些函数可以简化根据事件、定时器、承诺、AJAX 等来创建 Observable 对象的过程。以下是各种创建方式的示例。

1. 根据事件创建Observable对象

```
import { fromEvent } from 'rxjs';
const el = document.getElementById('my-element');
// 根据鼠标指针移动事件创建 Observable 对象
const mouseMoves = fromEvent(el, 'mousemove');
// 订阅监听鼠标指针移动事件
const subscription = mouseMoves.subscribe((evt: MouseEvent) => {
 // 记录鼠标指针移动
 console.log('Coords: ${evt.clientX} X ${evt.clientY}');
  // 当鼠标指针位于屏幕的左上方时，取消订阅以监听鼠标指针移动
 if (evt.clientX < 40 && evt.clientY < 40) {
subscription.unsubscribe();
 }
});
```

2. 根据定时器创建Observable对象

```
import { interval } from 'rxjs';
// 根据定时器创建 Observable 对象
const secondsCounter = interval(1000);
// 订阅开始发布值
secondsCounter.subscribe(n =>
 console.log('It's been ${n} seconds since subscribing!'));
```

3. 根据承诺（Promise）创建Observable对象

```
import { fromPromise } from 'rxjs';
// 根据承诺创建 Observable 对象
const data = fromPromise(fetch('/api/endpoint'));
// 订阅监听异步返回
data.subscribe({
next(response) { console.log(response); },
error(err) { console.error('Error: ' + err); },
complete() { console.log('Completed'); }
});
```

4. 根据AJAX创建Observable对象

```
import { ajax } from 'rxjs/ajax';
// 根据 AJAX 创建 Observable 对象
const apiData = ajax('/api/data');
// 订阅创建请求
apiData.subscribe(res => console.log(res.status, res.response));
```

17.2.2　了解操作符

操作符是基于 Observable 对象构建的一些对集合进行复杂操作的函数。RxJS 常用操作符如表 17-1 所示。

表17-1　RxJS常用操作符

类别	操作符
创建	from、fromPromise、fromEvent、of
组合	combineLatest、concat、merge、startWith、withLatestFrom、zip
过滤	debounceTime、distinctUntilChanged、filter、take、takeUntil
转换	bufferTime、concatMap、map、mergeMap、scan、switchMap
工具	tap
多播	share

操作符接收一些配置项，然后返回一个以来源 Observable 对象为参数的函数。当执行这个返回的函数时，这个操作符会观察来源于 Observable 对象中发出的值，转换它们，并返回由转换后的值组成的新的 Observable 对象。下面是一个使用 map 操作符的例子。

```
import { map } from 'rxjs/operators';
const nums = of(1, 2, 3);
const squareValues = map((val: number) => val * val); // 进行转换
const squaredNums = squareValues(nums);
squaredNums.subscribe(x => console.log(x));
```

可以看到控制台上输出如下内容。

```
// 1
// 4
// 9
```

还可以使用管道来把这些操作符连接起来，管道可以把多个由操作符返回的函数组合成一个。pipe() 函数以要组合的这些函数作为参数，并且返回一个新的函数。当执行这个新的函数时，就会顺序执行那些被组合进去的函数。示例代码如下。

```
import { filter, map } from 'rxjs/operators';
const nums = of(1, 2, 3, 4, 5);
// 创建一个函数，用于接收 Observable 对象
const squareOddVals = pipe(
 filter((n: number) => n % 2 !== 0),
 map(n => n * n)
);
// 创建 Observable 对象来执行 filter 和 map 函数
const squareOdd = squareOddVals(nums);
// 订阅执行合并函数
squareOdd.subscribe(x => console.log(x));
```

pipe() 函数同时是 RxJS 的 Observable 对象上的一个方法，所以，可以用下面的简写形式来实现与上面例子中同样的效果。

```
import { filter, map } from 'rxjs/operators';
const squareOdd = of(1, 2, 3, 4, 5)
 .pipe(
 filter(n => n % 2 !== 0),
 map(n => n * n)
 );
// 订阅获取值
squareOdd.subscribe(x => console.log(x));
```

17.2.3　处理错误

在订阅时，除 error() 处理器外，RxJS 还提供了 catchError 操作符，它允许在管道中处理已知错误。

假设有一个 Observable 对象，它发起 API 请求，然后对服务器返回的响应进行映射。如果服务器返回了错误或值不存在，就会生成一个错误。如果捕获了这个错误并提供了一个默认值，流就会继续处理这些值，而不会报错。

下面是一个使用 catchError 操作符的例子。

```
import { ajax } from 'rxjs/ajax';
import { map, catchError } from 'rxjs/operators';
// 如果捕获到错误就返回空数组
const apiData = ajax('/api/data').pipe(
 map(res => {
 if (!res.response) {
 throw new Error('Value expected!');
 }
 return res.response;
 }),
 catchError(err => of([]))
);
apiData.subscribe({
 next(x) { console.log('data: ', x); },
 error(err) { console.log('errors already caught... will not run'); }
});
```

在遇到错误时，还可以使用 retry 操作符来尝试失败的请求。

可以在 catchError 之前使用 retry 操作符。它会订阅到原始的来源 Observable 对象，可以重新运行导致结果出错的动作序列。如果其中包含 HTTP 请求，它就会重新发起 HTTP 请求。

下面的代码演示了 retry 操作符的使用。

```
import { ajax } from 'rxjs/ajax';
```

```
import { map, retry, catchError } from 'rxjs/operators';

const apiData = ajax('/api/data').pipe(
 retry(3), // 遇到错误尝试 3 次
 map(res => {
 if (!res.response) {
 throw new Error('Value expected!');
 }
 return res.response;
 }),
 catchError(err => of([]))
);

apiData.subscribe({
 next(x) { console.log('data: ', x); },
 error(err) { console.log('errors already caught... will not run'); }
});
```

注意：不要在登录认证请求中进行重试。用户不会希望自动重复发送登录请求，从而导致用户的账号被锁定。

17.3　了解Angular中的Observable

Angular 使用 Observable 对象作为处理各种常用异步操作的接口，例如：

- 使用 EventEmitter 类发送事件。
- HTTP 模块使用 Observable 对象来处理 AJAX 请求和响应。
- 路由器和表单模块使用 Observable 对象来监听对用户输入事件的响应。

由于 Angular 应用都是用 TypeScript 写的，因此通常会希望知道哪些变量是 Observable 对象。虽然 Angular 框架并没有针对 Observable 对象的强制性命名约定，不过经常会看到 Observable 对象的名称以 "$" 符号结尾。这在快速浏览代码并查找 Observable 对象的值时非常有用。

17.3.1　EventEmitter

Angular 提供了一个 EventEmitter 类，用来从组件的 @Output() 属性中发送一些值。

EventEmitter 扩展了 Observable，并添加了一个 emit() 方法，这样它就可以发送任意值了。当调用 emit() 方法时，就会把所发送的值传给订阅的观察者的 next() 方法。示例代码如下。

```
@Component({
 selector: 'zippy',
 template: '
```

```
<div class=" zippy" >
<div (click)=" toggle()" >Toggle</div>
<div [hidden]=" !visible" >
<ng-content></ng-content>
</div>
</div>'})
export class ZippyComponent {
visible = true;
@Output() open = new EventEmitter<any>();
@Output() close = new EventEmitter<any>();
toggle() {
this.visible = !this.visible;
if (this.visible) {
this.open.emit(null);
} else {
this.close.emit(null);
}
}
}
```

17.3.2 HTTP

Angular 的 HttpClient 从 HTTP 方法调用中返回了可观察对象。例如，http.get('/api') 就会返回 Observable 对象。相对于基于承诺（Promise）的 HTTP API，它有一系列优点。

* Observable 对象不会修改服务器的响应（与在承诺上串联起来的 .then() 调用一样）。反之，可以使用一系列操作符来按需转换这些值。

* HTTP 请求是可以通过 unsubscribe() 方法来取消的。

* 请求可以进行配置，以获取进度事件的变化。

* 失败的请求很容易重试。

17.3.3 AsyncPipe

AsyncPipe 管道会订阅一个 Observable 对象或承诺，并返回其发送的最后一个值。当发送新值时，该管道就会把这个组件标记为需要进行变更检查的组件。

下面的例子把 time 这个可观察对象绑定到了组件的视图中。Observable 对象会不断使用当前时间更新组件的视图。

```
@Component({
selector: 'async-observable-pipe',
template: '<div><code>observable|async</code>:
Time: {{ time | async }}</div>'
})
```

```
export class AsyncObservablePipeComponent {
 time = new Observable(observer =>
 setInterval(() => observer.next(new Date().toString()), 1000)
 );
}
```

17.3.4　Router

　　Router.events 以 Observable 对象的形式提供了其事件。可以使用 RxJS 中的 filter() 操作符来找到感兴趣的事件，并且订阅它们。示例代码如下。

```
import { Router, NavigationStart } from '@angular/router';
import { filter } from 'rxjs/operators';

@Component({
 selector: 'app-routable',
 templateUrl: './routable.component.html',
 styleUrls: ['./routable.component.css']
})
export class Routable1Component implements OnInit {

 navStart: Observable<NavigationStart>;

 constructor(private router: Router) {
 // 创建一个新的 Observable 对象，只发布 NavigationStart 事件
 this.navStart = router.events.pipe(
 filter(evt => evt instanceof NavigationStart)
 ) as Observable<NavigationStart>;
 }

 ngOnInit() {
 this.navStart.subscribe(evt => console.log('Navigation Started!'));
 }
}
```

　　ActivatedRoute 是一个可注入的路由器服务，使用 Observable 对象来获取关于路由路径和路由参数的信息。例如，ActivatedRoute.url 包括一个用于汇报路由路径的 Observable 对象。示例代码如下。

```
import { ActivatedRoute } from '@angular/router';

@Component({
 selector: 'app-routable',
 templateUrl: './routable.component.html',
 styleUrls: ['./routable.component.css']
})
export class Routable2Component implements OnInit {
```

```
constructor(private activatedRoute: ActivatedRoute) {}

ngOnInit() {
this.activatedRoute.url
.subscribe(url => console.log('The URL changed to: ' + url));
}
}
```

17.3.5 响应式表单

响应式表单具有一些属性，可以使用 Observable 对象来监听表单控件的值。FormControl 组件的 valueChanges 和 statusChanges 属性包含了会发出变更事件的 Observable 对象。订阅 Observable 的表单控件属性是在组件类中触发应用逻辑的途径之一。示例代码如下。

```
import { FormGroup } from '@angular/forms';

@Component({
 selector: 'my-component',
 template: 'MyComponent Template'
})
export class MyComponent implements OnInit {
nameChangeLog: string[] = [];
userForm: FormGroup;

ngOnInit() {
this.logNameChange();
}
logNameChange() {
const nameControl = this.userForm.get('name');
nameControl.valueChanges.forEach(
(value: string) => this.nameChangeLog.push(value)
);
}
}
```

注意：本章只对响应式编程概念做介绍。在后续的章节中，还会对响应式编程做实战的演练。

第18章

操作MySQL

MySQL 是最流行的开源的关系型数据库。本章
讲解如何通过 Node.js 来操作 MySQL。

18.1　下载安装MySQL

MySQL 毫无疑问是最流行的开源关系型数据库。如图 18-1 所示是来自 DB-Engines 的关于数据库的市场排名情况，从图中可以看到 Oracle、MySQL、Microsoft SQL Server 一直在数据库前三名，而 MySQL 是三者中唯一的开源数据库。

	Rank			DBMS	Database Model		Score	
Mar 2020	Feb 2020	Mar 2019				Mar 2020	Feb 2020	Mar 2019
1.	1.	1.	Oracle ➕	Relational, Multi-model ℹ️	1340.64	-4.11	+61.50
2.	2.	2.	MySQL ➕	Relational, Multi-model ℹ️	1259.73	-7.92	+61.48
3.	3.	3.	Microsoft SQL Server ➕	Relational, Multi-model ℹ️	1097.86	+4.11	+50.01
4.	4.	4.	PostgreSQL ➕	Relational, Multi-model ℹ️	513.92	+6.98	+44.11
5.	5.	5.	MongoDB ➕	Document, Multi-model ℹ️	437.61	+4.28	+36.27
6.	6.	6.	IBM Db2 ➕	Relational, Multi-model ℹ️	162.56	-2.99	-14.64
7.	7.	⬆9.	Elasticsearch ➕	Search engine, Multi-model ℹ️	149.17	-2.98	+6.38
8.	8.	8.	Redis ➕	Key-value, Multi-model ℹ️	147.58	-3.84	+1.46
9.	9.	⬇7.	Microsoft Access	Relational	125.14	-2.92	-21.07
10.	10.	10.	SQLite ➕	Relational	121.95	-1.41	-2.92

图18-1　2020年3月的数据库排名

本节将简单介绍 MySQL 在 Windows 下的安装及基本使用方法。其他环境的安装，如 Linux、Mac 等系统都类似，也可以参照本节的安装步骤。

1. 下载安装包

可以从 https://dev.mysql.com/downloads/mysql/8.0.html 免费下载最新的 MySQL 8 版本的安装包。MySQL 8 带来了全新的体验，如支持 NoSQL、JSON 等，拥有比 MySQL 5.7 性能两倍以上的提升。

本例下载的安装包为 mysql-8.0.15-winx64.zip。

2. 解压安装包

解压至安装目录，如 D 盘根目录下。

本例为：D:\mysql-8.0.15-winx64。

3. 创建my.ini

my.ini 是 MySQL 安装的配置文件。配置内容如下。

```
[mysqld]
# 安装目录
basedir=D:\\mysql-8.0.15-winx64
# 数据存放目录
datadir=D:\\mysqlData\\data
```

其中，basedir 指定了 MySQL 的安装目录；datadir 指定了数据目录。

将 my.ini 放置在 MySQL 安装目录的根目录下。需要注意的是，要先创建 D:\mysqlData 目录，data 目录是由 MySQL 来创建的。

4. 初始化安装

执行以下命令行进行安装。

```
$ mysqld --defaults-file=D:\mysql-8.0.15-winx64\my.ini --initialize
--console
```

可以看到控制台输出如下内容，则说明安装成功。

```
D:\mysql-8.0.15-winx64\bin>mysqld --defaults-file=D:\mysql-8.0.15-winx64\
my.ini --initialize --console
2019-06-11T14:08:05.142195Z 0 [System] [MY-013169] [Server] D:\mysql-
8.0.15-winx64\bin\mysqld.exe (mysqld 8.0.15) initializing of server in
progress as process 16008
2019-06-11T14:08:34.940957Z 5 [Note] [MY-010454] [Server] A temporary
password is generated for root@localhost: tjrBRqul&3dR
2019-06-11T14:08:49.729651Z 0 [System] [MY-013170] [Server] D:\mysql-
8.0.15-winx64\bin\mysqld.exe (mysqld 8.0.15) initializing of server has
completed
```

其中，"tjrBRqul&3dR"就是 root 用户的初始化密码。这里先记住该密码，稍后将会对该密码做更改。

5. 启动、关闭MySQL server

执行"mysqld"就能启动 MySQL server，或者执行"mysqld –console"来查看完整的启动信息。

```
D:\mysql-8.0.15-winx64\bin>mysqld --console
2019-06-11T14:11:03.556608Z 0 [System] [MY-010116] [Server] D:\mysql-
8.0.15-winx64\bin\mysqld.exe (mysqld 8.0.15) starting as process 10656
2019-06-11T14:11:07.362267Z 0 [Warning] [MY-010068] [Server] CA certifi
cate ca.pem is self signed.
2019-06-11T14:11:07.500248Z 0 [System] [MY-010931] [Server] D:\mysql-
8.0.15-winx64\bin\mysqld.exe: ready for connections. Version: '8.0.15'
socket: ''  port: 3306  MySQL Community Server - GPL.
2019-06-11T14:11:07.674632Z 0 [System] [MY-011323] [Server] X Plugin
ready for connections. Bind-address: '::' port: 33060
```

可以通过执行 mysqladmin -u root shutdown 来关闭 MySQL server。

6. 使用MySQL客户端

使用"mysql"来登录，账号为 root，密码为"tjrBRqul&3dR"。

```
D:\mysql-8.0.15-winx64\bin>mysql -u root -p
Enter password: ************
Welcome to the MySQL monitor.  Commands end with ; or \g.
Your MySQL connection id is 8
Server version: 8.0.15

Copyright (c) 2000, 2019, Oracle and/or its affiliates. All rights re
served.
```

```
Oracle is a registered trademark of Oracle Corporation and/or its
affiliates. Other names may be trademarks of their respective
owners.

Type 'help;' or '\h' for help. Type '\c' to clear the current input
statement.

mysql>
```

执行下面的语句来修改密码。其中"123456"即为新密码。

```
mysql> ALTER USER 'root'@'localhost' IDENTIFIED BY '123456';
Query OK, 0 rows affected (0.12 sec)
```

18.2 MySQL的基本操作

以下总结了 MySQL 常用的基本操作指令。

1. 显示已有的数据库

如果要显示已有的数据库，就执行下面指令。

```
mysql> show databases;
+--------------------+
| Database           |
+--------------------+
| information_schema |
| mysql              |
| performance_schema |
| sys                |
+--------------------+
4 rows in set (0.03 sec)
```

2. 创建新的数据库

如果要创建新的数据库，就执行下面指令。

```
mysql> CREATE DATABASE nodejs_book;
Query OK, 1 row affected (0.10 sec)
```

其中，"nodejs_book"就是要新建的数据库的名称。

3. 使用数据库

如果使用数据库，就执行下面指令。

```
mysql> USE nodejs_book;
```

```
Database changed
```

4. 建表

建表执行下面指令。

```
mysql> CREATE TABLE t_user (user_id BIGINT NOT NULL, username VAR
CHAR(20));
Query OK, 0 rows affected (0.35 sec)
```

5. 查看表

查看数据库中的所有表，执行下面指令。

```
mysql> SHOW TABLES;
+----------------------+
| Tables_in_nodejs_book |
+----------------------+
| t_user               |
+----------------------+
1 row in set (0.03 sec)
```

如果想要查看表的详情，执行下面指令。

```
mysql> DESCRIBE t_user;
+----------+-------------+------+-----+---------+-------+
| Field    | Type        | Null | Key | Default | Extra |
+----------+-------------+------+-----+---------+-------+
| user_id  | bigint(20)  | NO   |     | NULL    |       |
| username | varchar(20) | YES  |     | NULL    |       |
+----------+-------------+------+-----+---------+-------+
2 rows in set (0.00 sec)
```

6. 插入数据

如果要插入数据，则执行下面指令。

```
mysql> INSERT INTO t_user(user_id, username) VALUES(1, '老卫');
Query OK, 1 row affected (0.08 sec)
```

实战 18.3　实战：使用Node.js操作MySQL

操作 MySQL 需要安装 MySQL 数据库的驱动。其中，在 Node.js 领域，比较流行的是使用 mysql 模块（项目地址为 https://github.com/mysqljs/mysql）。本节专注于介绍如何通过 mysql 模块来操作 MySQL。

18.3.1　安装mysql模块

为了演示如何使用 Node.js 操作 MySQL，首先初始化一个名为"mysql-demo"的应用。命令如下。

```
$ mkdir mysql-demo
$ cd mysql-demo
```

其次，通过"npm init" 来初始化该应用。

```
$ npm init

This utility will walk you through creating a package.json file.
It only covers the most common items, and tries to guess sensible de
faults.

See 'npm help json' for definitive documentation on these fields
and exactly what they do.

Use 'npm install <pkg>' afterwards to install a package and
save it as a dependency in the package.json file.

Press ^C at any time to quit.
package name: (mysql-demo)
version: (1.0.0)
description:
entry point: (index.js)
test command:
git repository:
keywords:
author: waylau.com
license: (ISC)
About to write to D:\workspaceGithub\nodejs-book-samples\samples\mys
ql-demo\package.json:

{
  "name": "mysql-demo",
  "version": "1.0.0",
  "description": "",
  "main": "index.js",
  "scripts": {
    "test": "echo \"Error: no test specified\" && exit 1"
  },
  "author": "waylau.com",
  "license": "ISC"
}


Is this OK? (yes) yes
```

最后，通过"npm install"命令来安装 mysql 模块。

mysql 模块是一个开源的、JavaScript 编写的 MySQL 驱动，用来操作 MySQL。可以像安装其他模块一样来安装 mysql 模块，命令如下。

```
$ npm install mysql

npm notice created a lockfile as package-lock.json. You should commit
this file.
npm WARN mysql-demo@1.0.0 No description
npm WARN mysql-demo@1.0.0 No repository field.

+ mysql@2.17.1
added 11 packages from 15 contributors and audited 13 packages in 2.425s

found 0 vulnerabilities
```

18.3.2　实现简单的查询

安装 mysql 模块完成后，就可以通过 mysql 模块来访问 MySQL 数据库了。

以下是一个简单的操作 MySQL 数据库的示例，用来访问数据库 t_user 表的数据。

```
const mysql = require('mysql');

// 连接信息
const connection = mysql.createConnection({
  host     : 'localhost',
  user     : 'root',
  password : '123456',
  database : 'nodejs_book'
});

// 建立连接
connection.connect();

// 执行查询
connection.query('SELECT * FROM t_user', function (error, results,
fields) {
  if (error) {
      throw error;
  }

  // 打印查询结果
  console.log('The result is: ', results[0]);
});

// 关闭连接
connection.end();
```

其中，mysql.createConnection() 用于创建一个连接；connection.connect() 方法用于建立连接；connection.query() 方法用于执行查询，第一个参数就是待执行的 SQL 语句；connection.end() 用于关闭连接。

18.3.3　运行应用

执行下面的命令来运行应用。在运行应用之前，要确保已经将 MySQL 服务器启动起来了。

```
$ node index.js
```

应用启动后，会看到如下错误信息。

```
D:\workspaceGithub\nodejs-book-samples\samples\mysql-demo\index.js:17
    throw error;
    ^

Error: ER_NOT_SUPPORTED_AUTH_MODE: Client does not support authentica
tion protocol requested by server; consider upgrading MySQL client
    at Handshake.Sequence._packetToError (D:\workspaceGithub\node
js-book-samples\samples\mysql-demo\node_modules\mysql\lib\protocol\
sequences\Sequence.js:47:14)
    at Handshake.ErrorPacket (D:\workspaceGithub\nodejs-book-samples\
samples\mysql-demo\node_modules\mysql\lib\protocol\sequences\Handshake.
js:123:18)
    at Protocol._parsePacket (D:\workspaceGithub\nodejs-book-samples\
samples\mysql-demo\node_modules\mysql\lib\protocol\Protocol.js:291:23)
    at Parser._parsePacket (D:\workspaceGithub\nodejs-book-samples\
samples\mysql-demo\node_modules\mysql\lib\protocol\Parser.js:433:10)
    at Parser.write (D:\workspaceGithub\nodejs-book-samples\samples\
mysql-demo\node_modules\mysql\lib\protocol\Parser.js:43:10)
    at Protocol.write (D:\workspaceGithub\nodejs-book-samples\samples\
mysql-demo\node_modules\mysql\lib\protocol\Protocol.js:38:16)
    at Socket.<anonymous> (D:\workspaceGithub\nodejs-book-samples\
samples\mysql-demo\node_modules\mysql\lib\Connection.js:91:28)
    at Socket.<anonymous> (D:\workspaceGithub\nodejs-book-samples\
samples\mysql-demo\node_modules\mysql\lib\Connection.js:525:10)
    at Socket.emit (events.js:196:13)
    at addChunk (_stream_readable.js:290:12)
    --------------------
    at Protocol._enqueue (D:\workspaceGithub\nodejs-book-samples\sam
ples\mysql-demo\node_modules\mysql\lib\protocol\Protocol.js:144:48)
    at Protocol.handshake (D:\workspaceGithub\nodejs-book-samples\
samples\mysql-demo\node_modules\mysql\lib\protocol\Protocol.js:51:23)
    at Connection.connect (D:\workspaceGithub\nodejs-book-samples\
samples\mysql-demo\node_modules\mysql\lib\Connection.js:119:18)
    at Object.<anonymous> (D:\workspaceGithub\nodejs-book-samples\
samples\mysql-demo\index.js:12:12)
    at Module._compile (internal/modules/cjs/loader.js:759:30)
```

```
    at Object.Module._extensions..js (internal/modules/cjs/loader.
js:770:10)
    at Module.load (internal/modules/cjs/loader.js:628:32)
    at Function.Module._load (internal/modules/cjs/loader.js:555:12)
    at Function.Module.runMain (internal/modules/cjs/loader.js:826:10)
    at internal/main/run_main_module.js:17:11
```

导致这个错误的原因是，目前最新的 mysql 模块并未完全支持 MySQL 8 的 "caching_sha2_password" 加密方式，而 "caching_sha2_password" 在 MySQL 8 中是默认的加密方式[①]。因此，下面的方式命令是默认已经使用了 "caching_sha2_password" 加密方式，该账号、密码无法在 mysql 模块中使用。

```
mysql> ALTER USER 'root'@'localhost' IDENTIFIED BY '123456';
Query OK, 0 rows affected (0.12 sec)
```

解决方法是重新修改用户 root 的密码，并指定 mysql 模块能够支持的加密方式。

```
mysql> ALTER USER 'root'@'localhost' IDENTIFIED WITH mysql_native_pass word
BY '123456';
Query OK, 0 rows affected (0.12 sec)
```

上述语句，显示指定了使用 "mysql_native_password" 的加密方式。这种方式是在 mysql 模块能够支持的。

再次运行应用，可以看到如下的控制台输出信息。

```
$ node index.js

The result is:  RowDataPacket { user_id: 1, username: '老卫' }
```

其中，"RowDataPacket { user_id: 1, username: ' 老卫 ' }" 就是数据库查询的结果。

18.4　深入理解mysql模块

本节介绍 mysql 模块的常用操作。

18.4.1　建立连接

在前面已经初步了解了创建数据库连接的方式。

```
const mysql = require('mysql');
```

[①] 有关 MySQL 8 的 "caching_sha2_password" 加密方式，可见 https://dev.mysql.com/doc/refman/8.0/en/upgrading-from-previous-series.html#upgrade-caching-sha2-password。

```
// 连接信息
const connection = mysql.createConnection({
  host      : 'localhost',
  user      : 'root',
  password  : '123456',
  database  : 'nodejs_book'
});

// 建立连接
connection.connect();
```

其中，connection.connect() 方法用来建立连接。

推荐的方式是在执行 connection.connect() 方法时监听状态。

```
connection.connect(function(err) {
  if (err) {
    console.error('error connecting: ' + err.stack);
    return;
  }

  console.log('connected as id ' + connection.threadId);
});
```

上述方法，在连接过程中如果有异常，则会将错误信息打印出来。如果连接一切正常，则会将连接线程 ID 打印出来。

还有一种连接方式，是通过调用查询来隐式建立连接。观察下面的示例。

```
const mysql = require('mysql');

// 连接信息
const connection = mysql.createConnection({
    host: 'localhost',
    user: 'root',
    password: '123456',
    database: 'nodejs_book'
});

// 执行查询
connection.query('SELECT * FROM t_user', function (error, results,
fields) {
    if (error) {
        throw error;
    }

    // 打印查询结果
    console.log('The result is: ', results[0]);
});
```

18.4.2　连接选项

在 mysql.createConnection() 方法中，可以指定众多的连接选项。常用的连接选项如表 18-1 所示。

表18-1　常用的连接选项

参数	描述
host	主机地址，默认是localhost
user	用户名
password	密码
port	端口号，默认是3306
database	数据库名
charset	连接字符集（默认：'UTF8_GENERAL_CI'，注意字符集的字母都要大写）
localAddress	此IP用于TCP连接（可选）
socketPath	连接到unix域路径，当使用host和port时会被忽略
timezone	时区，默认是'local'
connectTimeout	连接超时，单位为毫秒。默认为不限制
stringifyObjects	是否序列化对象
typeCast	是否将列值转换为本地JavaScript类型值。默认为true
queryFormat	自定义query语句格式化方法
supportBigNumbers	数据库支持bigint或decimal类型列时，需要设此option为true。默认为false
bigNumberStrings	supportBigNumbers和bigNumberStrings启用，强制bigint或decimal列以JavaScript字符串类型返回。默认为false
dateStrings	强制timestamp、datetime、data类型以字符串类型返回，而不是JavaScript Date类型。默认为false
debug	开启调试。默认为false
multipleStatements	是否允许一个query中有多个MySQL语句。默认为false
flags	用于修改连接标志
ssl	使用ssl参数或一个包含ssl配置文件名称的字符串

除了将这些选项作为对象传递之外，还可以使用 url 字符串。例如：

```
const connection = mysql.createConnection('mysql://user:pass@host/
db?debug=true&charset=BIG5_CHINESE_CI&timezone=-0700');
```

注意：在 mysql 模块中，首先会尝试将查询值解析为 JSON，如果失败则假定为纯文本字符串。

18.4.3　关闭连接

为了释放连接资源，在使用完数据库后，要及时关闭连接。

有两种方法可以结束连接。一种是在前面提到过的通过调用 end() 方法来正常终止连接，代码示例如下。

```
connection.end(function (err) {
    if (err) {
        console.error('error end: ' + err.stack);
        return;
    }

    console.log('end connection');
});
```

这将确保在 COM_QUIT 数据包发送到 MySQL 服务器之前，所有先前排队的查询仍然存在。如果在发送 COM_QUIT 数据包之前发生致命错误，则会回调提供错误参数，但无论如何都将终止连接。

结束连接的另一种方法是调用 destroy() 方法，这将导致立即终止底层套接字。另外，destroy() 方法可以保证不会为连接触发更多事件或回调。代码示例如下。

```
connection.destroy();
```

与 end() 不同，destroy() 方法不接受回调参数。

18.4.4　执行CURD

connection.query() 方法除了支持查询数据外，还支持其他常见的数据操作，如 UPDATE、DELETE、INSERT 等 CURD 操作。

1. 插入数据

以下示例，展示了插入数据的操作。

```
// 插入数据
var data = { user_id: 2, username: 'waylau' };
connection.query('INSERT INTO t_user SET ?', data,
    function (error, results, fields) {
        if (error) {
            throw error;
        }

        // 打印查询结果
        console.log('INSERT result is: ', results);
    });
```

其中，在 SQL 语句中，通过 "?" 占位符的方式将参数对象 data 进行传入。执行成功后，可以看到控制台输出内容如下。

```
INSERT result is:  OkPacket {
  fieldCount: 0,
  affectedRows: 1,
  insertId: 0,
  serverStatus: 2,
  warningCount: 0,
  message: '',
  protocol41: true,
  changedRows: 0
}
```

2. 更新数据

以下示例，展示了更新数据的操作。

```
// 更新数据
connection.query('UPDATE t_user SET username = ? WHERE user_id = ?',
['Way Lau', 2],
    function (error, results, fields) {
        if (error) {
            throw error;
        }

        // 打印查询结果
        console.log('UPDATE result is: ', results);
    });
```

在上述 SQL 中，同样也是通过"?"占位符的方式将参数对象进行传入。所不同的是，参数对象是一个数组。执行成功后，可以看到控制台输出内容如下。

```
UPDATE result is:  OkPacket {
  fieldCount: 0,
  affectedRows: 1,
  insertId: 0,
  serverStatus: 34,
  warningCount: 0,
  message: '(Rows matched: 1  Changed: 1  Warnings: 0',
  protocol41: true,
  changedRows: 1
}
```

3. 删除数据

以下示例，展示了删除数据的操作。

```
// 删除数据
connection.query('DELETE FROM t_user WHERE user_id = ?', 2,
    function (error, results, fields) {
        if (error) {
            throw error;
        }
```

```
    // 打印查询结果
    console.log('DELETE result is: ', results);
});
```

在上述 SQL 中，同样也是通过"?"占位符的方式将参数对象进行传入。所不同的是，参数对象是一个数值（用户 ID）。执行成功后，可以看到控制台输出内容如下。

```
DELETE result is:  OkPacket {
  fieldCount: 0,
  affectedRows: 1,
  insertId: 0,
  serverStatus: 34,
  warningCount: 0,
  message: '',
  protocol41: true,
  changedRows: 0
}
```

本节例子可以在"mysql-demo"目录下找到。

第19章

操作MongoDB

MongoDB 是强大的非关系型数据库（NoSQL）。
本章讲解如何通过 Node.js 来操作 MongoDB。

19.1　下载安装MongoDB

与 Redis 或 HBase 等不同，MongoDB 是一个介于关系数据库和非关系数据库之间的产品，是非关系数据库中功能最丰富、最像关系数据库的，旨在为 Web 应用提供可扩展的高性能数据存储解决方案。它支持的数据结构非常松散，是类似 JSON 的 BSON 格式，因此可以存储比较复杂的数据类型。MongoDB 最大的特点是它支持的查询语言非常强大，语法类似于面向对象的查询语言，几乎可以实现类似关系数据库单表查询的绝大部分功能，而且还支持对数据建立索引。

自 MongoDB 4.0 开始，MongoDB 开始支持事务管理。

19.1.1　MongoDB简介

MongoDB Server 是用 C++ 编写的、开源的、面向文档的数据库（Document Database），它的特点是高性能、高可用性，以及可以实现自动化扩展，存储数据非常方便。其主要功能特性如下。

- MongoDB 将数据存储为一个文档，数据结构由 field-value（字段—值）对组成。
- MongoDB 文档类似于 JSON 对象，字段的值可以包含其他文档、数组及文档数组。

MongoDB 的文档结构如图 19-1 所示。

```
{
  name: "sue",          ←──  field: value
  age: 26,              ←──  field: value
  status: "A",          ←──  field: value
  groups: [ "news", "sports" ]  ←──  field: value
}
```

图19-1　MongoDB的文档结构

使用文档的优点如下。

- 文档（即对象）在许多编程语言中，可以对应于原生数据类型。
- 嵌入式文档和数组可以减少昂贵的连接操作。
- 动态模式支持流畅的多态性。

MongoDB 的特点是高性能、易部署、易使用，存储数据非常方便。主要功能特性如下。

1. 高性能

MongoDB 中提供了高性能的数据持久化。尤其是对于嵌入式数据模型的支持，减少了数据库系统的 I/O 活动。支持索引，用于快速查询，其索引对象可以是嵌入文档或数组的 key。

2. 丰富的查询语言

MongoDB 支持丰富的查询语言，包括读取和写入操作（CRUD），以及数据聚合、文本搜索和地理空间查询。

3. 高可用

MongoDB 的复制设备称为 replica set，提供了自动故障转移和数据冗余功能。

replica set 是一组保存相同数据集合的 MongoDB 服务器，提供了数据冗余功能并提高了数据的可用性。

4. 横向扩展

MongoDB 提供水平横向扩展并作为其核心功能部分：将数据分片到一组计算机集群上；tag aware sharding（标签意识分片）允许将数据传到特定的碎片，如在分片时考虑碎片的地理分布。

5. 支持多个存储引擎

MongoDB 支持多种存储引擎。例如，WiredTiger Storage Engine 和 MMAPv1 Storage Engine。

此外，MongoDB 中提供插件式存储引擎的 API，允许第三方来开发 MongoDB 的存储引擎。

19.1.2　下载MongoDB

在 MongoDB 官网可以免费下载到 MongoDB 服务器，地址为 https://www.mongodb.com/download-center/community。

本书演示的是在 Windows 中下载和安装 MongoDB。

首先，根据系统下载 32 位或 64 位的 .msi 文件，下载后双击该文件，按操作提示安装即可。在安装过程中，可以指定任意安装目录，通过单击"Custom"按钮来设置。本例安装在"D:"目录。

其次是配置服务，配置情况如图 19-2 所示。

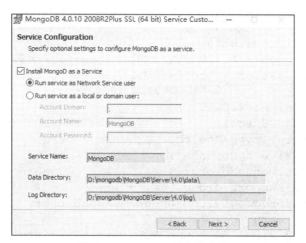

图19-2　MongoDB的安装配置

19.1.3　启动MongoDB服务

安装 MongoDB 成功之后，MongoDB 服务就会被安装到 Windows 中，可以通过 Windows 服务管理对 MongoDB 服务进行管理。例如，可以启动、关闭、重启 MongoDB 服务，也可以设置跟随 Windows 操作系统自动启动。

图 19-3 所示为 MongoDB 服务的管理界面。

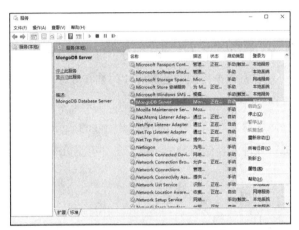

图19-3　MongoDB服务的管理界面

19.1.4　连接到MongoDB服务器

MongoDB 服务成功启动之后，就可以通过 MongoDB 客户端来连接到 MongoDB 服务器了。

切换到 MongoDB 的安装目录的 bin 目录下，执行 mongo.exe 文件。

```
$ mongo.exe

MongoDB shell version v4.0.10
connecting to: mongodb://127.0.0.1:27017/?gssapiServiceName=mongodb
Implicit session: session { "id" : UUID("50fec0cc-3825-4b83-9b66-
d1665d44c285") }
MongoDB server version: 4.0.10
Welcome to the MongoDB shell.
For interactive help, type "help".
For more comprehensive documentation, see
        http://docs.mongodb.org/
Questions? Try the support group
        http://groups.google.com/group/mongodb-user
Server has startup warnings:
2019-06-13T06:32:12.213-0700 I CONTROL  [initandlisten]
2019-06-13T06:32:12.213-0700 I CONTROL  [initandlisten] ** WARNING:
Access control is not enabled for the database.
2019-06-13T06:32:12.213-0700 I CONTROL  [initandlisten] **          Read
and write access to data and configuration is unrestricted.
2019-06-13T06:32:12.213-0700 I CONTROL  [initandlisten]
---
Enable MongoDB's free cloud-based monitoring service, which will then
```

```
receive and display
metrics about your deployment (disk utilization, CPU, operation statis
tics, etc).

The monitoring data will be available on a MongoDB website with a unique
URL accessible to you
and anyone you share the URL with. MongoDB may use this information to
make product
improvements and to suggest MongoDB products and deployment options to
you.

To enable free monitoring, run the following command: db.enableFreeMon
itoring()
To permanently disable this reminder, run the following command: db.
disableFreeMonitoring()
---

>
```

mongo.exe 文件就是 MongoDB 自带的客户端工具，可以用来对 MongoDB 进行 CURD 操作。

19.2　MongoDB的基本操作

本节演示如何通过 mongo.exe 来进行 MongoDB 基本的操作。

19.2.1　显示已有的数据库

使用 "db" 命令，可以显示已有的数据库。

```
> db
test
```

在 MongoDB 新建时，默认会有一个 test 数据库。

19.2.2　创建、使用数据库

"use" 命令有两个作用：切换到指定的数据库；在数据库不存在时，创建数据库。

因此，可以通过下面的命令来创建并使用数据库。

```
> use nodejsBook
switched to db nodejsBook
```

19.2.3　插入文档

插入文档（Document）可以分为两种：一种是插入单个文档，另一种是插入多个文档。在 MongoDB 的概念中，文档类似于 MySQL 中表的数据。

1. 插入单个文档

db.collection.insertOne() 方法用于插入单个文档到集合（Collection）中。"集合"在 MongoDB 中的概念，类似于 MySQL 中表的概念。

以下是插入一本书的信息的例子。

```
db.book.insertOne(
    { title: "分布式系统常用技术及案例分析 ", price: 99, press: " 电子工业出版社 ",
author: { age: 32, name: " 柳伟卫 " } }
)
```

在上述例子中，"book"就是一个集合。在该集合不存在的情况下，会自动创建名为"book"的集合。

执行插入命令后，控制台的输出内容如下。

```
> db.book.insertOne(
...      { title: "分布式系统常用技术及案例分析 ", price: 99, press: " 电子工业出版
社 ", author: { age: 32, name: " 柳伟卫 " } }
... )
{
        "acknowledged" : true,
        "insertedId" : ObjectId("5d0788c1da0dce67ba3b279d")
}
```

其中，文档中的"_id"字段如果没有指定，MongoDB 会自动给该字段赋值，其类型是 ObjectId。

为了查询上述插入的文档信息，可以使用 db.collection.find() 方法。命令如下。

```
> db.book.find( { title: "分布式系统常用技术及案例分析 " } )

{ "_id" : ObjectId("5d0788c1da0dce67ba3b279d"), "title" : " 分布式系统常用
技术及案例分析 ", "price" : 99, "press" : " 电子工业出版社 ", "author" : {
"age" : 32, "name" : " 柳伟卫 " } }
>
```

2. 插入多个文档

db.collection.insertMany() 方法用于插入多个文档到集合中。

以下是插入多本书的信息的例子。

```
db.book.insertMany([
    { title: "Spring Boot 企业级应用开发实战 ", price: 98, press: " 北京大学
出版社 ", author: { age: 32, name: " 柳伟卫 " } },
    { title: "Spring Cloud 微服务架构开发实战 ", price: 79, press: " 北京大学
```

出版社 ", author: { age: 32, name: " 柳伟卫 " } },
　　{ title: "Spring 5 案例大全 ", price: 119, press: " 北京大学出版社 ",
author: { age: 32, name: " 柳伟卫 " } }]
)

执行插入命令后，控制台的输出内容如下。

```
> db.book.insertMany([
...        { title: "Spring Boot 企业级应用开发实战 ", price: 98, press: " 北京
大学出版社 ", author: { age: 32, name: " 柳伟卫 " } },
...        { title: "Spring Cloud 微服务架构开发实战 ", price: 79, press: " 北
京大学出版社 ", author: { age: 32, name: " 柳伟卫 " } },
...        { title: "Spring 5 案例大全 ", price: 119, press: " 北京大学出版社 ",
author: { age: 32, name: " 柳伟卫 " } }]
... )
{
        "acknowledged" : true,
        "insertedIds" : [
                ObjectId("5d078bd1da0dce67ba3b279e"),
                ObjectId("5d078bd1da0dce67ba3b279f"),
                ObjectId("5d078bd1da0dce67ba3b27a0")
        ]
}
```

其中，文档中的 "_id" 字段如果没有指定，MongoDB 会自动给该字段赋值，其类型是 ObjectId。

为了查询上述插入的文档信息，可以使用 db.collection.find() 方法。命令如下。

```
> db.book.find( {} )

{ "_id" : ObjectId("5d0788c1da0dce67ba3b279d"), "title" : " 分布式系统常用
技术及案例分析 ", "price" : 99, "press" : " 电子工业出版社 ", "author" : {
"age" : 32, "name" : " 柳伟卫 " } }
{ "_id" : ObjectId("5d078bd1da0dce67ba3b279e"), "title" : "Spring Boot
企业级应用开发实战 ", "price" : 98, "press" : " 北京大学出版社 ", "author" : {
"age" : 32, "name" : " 柳伟卫 " } }
{ "_id" : ObjectId("5d078bd1da0dce67ba3b279f"), "title" : "Spring Cloud
微服务架构开发实战 ", "price" : 79, "press" : " 北京大学出版社 ", "author" : {
"age" : 32, "name" : " 柳伟卫 " } }
{ "_id" : ObjectId("5d078bd1da0dce67ba3b27a0"), "title" : "Spring 5 案例
大全 ", "price" : 119, "press" : " 北京大学出版社 ", "author" : { "age" :
32, "name" : " 柳伟卫 " } }
```

19.2.4　查询文档

前面已经演示了使用 db.collection.find() 方法来查询文档。除此之外，还有更多查询方式。

1. 嵌套文档查询

以下是一个嵌套文档的查询示例，用于查询指定作者的书籍。

```
> db.book.find( {author: { age: 32, name: " 柳伟卫 " }} )

{ "_id" : ObjectId("5d0788c1da0dce67ba3b279d"), "title" : " 分布式系统常用
技术及案例分析 ", "price" : 99, "press" : " 电子工业出版社 ", "author" : {
"age" : 32, "name" : " 柳伟卫 " } }
{ "_id" : ObjectId("5d078bd1da0dce67ba3b279e"), "title" : "Spring Boot
企业级应用开发实战 ", "price" : 98, "press" : " 北京大学出版社 ", "author" : {
"age" : 32, "name" : " 柳伟卫 " } }
{ "_id" : ObjectId("5d078bd1da0dce67ba3b279f"), "title" : "Spring Cloud
微服务架构开发实战 ", "price" : 79, "press" : " 北京大学出版社 ", "author" : {
"age" : 32, "name" : " 柳伟卫 " } }
{ "_id" : ObjectId("5d078bd1da0dce67ba3b27a0"), "title" : "Spring 5 案例
大全 ", "price" : 119, "press" : " 北京大学出版社 ", "author" : { "age" :
32, "name" : " 柳伟卫 " } }
```

上述查询，从所有的文档中，查询出 author 字段等于 "{ age: 32, name:" 柳伟卫 " }" 的文档。

需要注意的是，整个嵌入式文档的等式匹配需要指定文档的完全匹配，包括字段顺序。例如，以下查询将与集合中的任何文档都不匹配。

```
> db.book.find( {author: {name: " 柳伟卫 ", age: 32}} )
```

2. 嵌套字段查询

要在嵌入 / 嵌套文档中的字段上指定查询条件，需使用点表示法。以下示例选择作者姓名为 "柳伟卫" 的所有文档。

```
> db.book.find( {"author.name": " 柳伟卫 "} )

{ "_id" : ObjectId("5d0788c1da0dce67ba3b279d"), "title" : " 分布式系统常用
技术及案例分析 ", "price" : 99, "press" : " 电子工业出版社 ", "author" : {
"age" : 32, "name" : " 柳伟卫 " } }
{ "_id" : ObjectId("5d078bd1da0dce67ba3b279e"), "title" : "Spring Boot
企业级应用开发实战 ", "price" : 98, "press" : " 北京大学出版社 ", "author" : {
"age" : 32, "name" : " 柳伟卫 " } }
{ "_id" : ObjectId("5d078bd1da0dce67ba3b279f"), "title" : "Spring Cloud
微服务架构开发实战 ", "price" : 79, "press" : " 北京大学出版社 ", "author" : {
"age" : 32, "name" : " 柳伟卫 " } }
{ "_id" : ObjectId("5d078bd1da0dce67ba3b27a0"), "title" : "Spring 5 案例
大全 ", "price" : 119, "press" : " 北京大学出版社 ", "author" : { "age" :
32, "name" : " 柳伟卫 " } }
```

3. 使用查询运算符

查询过滤器文档可以使用查询运算符。以下查询在 price 字段中使用小于运算符（$lt）。

```
> db.book.find( {"price": {$lt: 100} })

{ "_id" : ObjectId("5d0788c1da0dce67ba3b279d"), "title" : " 分布式系统常用
技术及案例分析 ", "price" : 99, "press" : " 电子工业出版社 ", "author" : {
"age" : 32, "name" : " 柳伟卫 " } }
```

```
{ "_id" : ObjectId("5d078bd1da0dce67ba3b279e"), "title" : "Spring Boot
企业级应用开发实战 ", "price" : 98, "press" : " 北京大学出版社 ", "author" :
{
"age" : 32, "name" : " 柳伟卫 " } }
{ "_id" : ObjectId("5d078bd1da0dce67ba3b279f"), "title" : "Spring Cloud
微服务架构开发实战 ", "price" : 79, "press" : " 北京大学出版社 ", "author" :
{
"age" : 32, "name" : " 柳伟卫 " } }
>
```

上述示例查询出来了单价小于 100 元的所有书籍。

4. 多条件查询

多个查询条件可以结合使用，如以下示例。

```
> db.book.find( {"price": {$lt: 100}, "author.name": " 柳伟卫"} )

{ "_id" : ObjectId("5d0788c1da0dce67ba3b279d"), "title" : " 分布式系统常用
技术及案例分析 ", "price" : 99, "press" : " 电子工业出版社 ", "author" : {
"age" : 32, "name" : " 柳伟卫 " } }
{ "_id" : ObjectId("5d078bd1da0dce67ba3b279e"), "title" : "Spring Boot
企业级应用开发实战 ", "price" : 98, "press" : " 北京大学出版社 ", "author" : {
"age" : 32, "name" : " 柳伟卫 " } }
{ "_id" : ObjectId("5d078bd1da0dce67ba3b279f"), "title" : "Spring Cloud
微服务架构开发实战 ", "price" : 79, "press" : " 北京大学出版社 ", "author" : {
"age" : 32, "name" : " 柳伟卫 " } }
```

上述示例查询出来了单价小于 100 元且作者是"柳伟卫"的所有的书籍。

19.2.5　修改文档

修改文档主要有 3 种方式：db.collection.updateOne()；db.collection.updateMany()；db.collection.replaceOne()。

下面演示各种修改文档的方式。

1. 修改单个文档

db.collection.updateOne() 可以用来修改单个文档。同时，提供了"$set"操作符来修改字段值，例如：

```
> db.book.updateOne(
...       {"author.name": " 柳伟卫 "},
...       {$set: {"author.name": "Way Lau" } } )

{ "acknowledged" : true, "matchedCount" : 1, "modifiedCount" : 1 }
```

上述命令会将作者从"柳伟卫"改为"Way Lau"。由于是修改单个文档，因此即便作者为"柳伟卫"的书籍可能有多本，但只会修改查询到的第一本。

通过下面命令来验证修改的内容。

```
> db.book.find( {} )

{ "_id" : ObjectId("5d0788c1da0dce67ba3b279d"), "title" : " 分布式系统常用
技术及案例分析 ", "price" : 99, "press" : " 电子工业出版社 ", "author" : {
"age" : 32, "name" : "Way Lau" } }
{ "_id" : ObjectId("5d078bd1da0dce67ba3b279e"), "title" : "Spring Boot
企业级应用开发实战 ", "price" : 98, "press" : " 北京大学出版社 ", "author" : {
"age" : 32, "name" : " 柳伟卫 " } }
{ "_id" : ObjectId("5d078bd1da0dce67ba3b279f"), "title" : "Spring Cloud
微服务架构开发实战 ", "price" : 79, "press" : " 北京大学出版社 ", "author" : {
"age" : 32, "name" : " 柳伟卫 " } }

{ "_id" : ObjectId("5d078bd1da0dce67ba3b27a0"), "title" : "Spring 5 案例
大全 ", "price" : 119, "press" : " 北京大学出版社 ", "author" : { "age" :
32, "name" : " 柳伟卫 " } }
```

2. 修改多个文档

db.collection.updateMany() 可以用来修改多个文档，例如：

```
> db.book.updateMany(
... {"author.name": " 柳伟卫 "},
... {$set: {"author.name": "Way Lau" } } )

{ "acknowledged" : true, "matchedCount" : 3, "modifiedCount" : 3 }
```

上述命令会将所有作者为"柳伟卫"的改为"Way Lau"。

通过下面命令来验证修改的内容。

```
> db.book.find( {} )} )

{ "_id" : ObjectId("5d0788c1da0dce67ba3b279d"), "title" : " 分布式系统常用
技术及案例分析 ", "price" : 99, "press" : " 电子工业出版社 ", "author" : {
"age" : 32, "name" : "Way Lau" } }
{ "_id" : ObjectId("5d078bd1da0dce67ba3b279e"), "title" : "Spring Boot
企业级应用开发实战 ", "price" : 98, "press" : " 北京大学出版社 ", "author" : {
"age" : 32, "name" : "Way Lau" } }
{ "_id" : ObjectId("5d078bd1da0dce67ba3b279f"), "title" : "Spring Cloud
微服务架构开发实战 ", "price" : 79, "press" : " 北京大学出版社 ", "author" : {
"age" : 32, "name" : "Way Lau" } }
{ "_id" : ObjectId("5d078bd1da0dce67ba3b27a0"), "title" : "Spring 5 案例
大全 ", "price" : 119, "press" : " 北京大学出版社 ", "author" : { "age" :
32, "name" : "Way Lau" } }
```

3. 替换单个文档

db.collection.replaceOne() 方法可以用来替换除了"_id"字段之外的整个文档。

```
> db.book.replaceOne(
```

```
... {"author.name": "Way Lau"},
... { title: "Cloud Native 分布式架构原理与实践 ", price: 79, press: " 北京大
学出版社 ", author: { age: 32, name: " 柳伟卫 " } }
... )

{ "acknowledged" : true, "matchedCount" : 1, "modifiedCount" : 1 }
```

上述命令会将作者为"Way Lau"的文档替换成 title 为"Cloud Native 分布式架构原理与实践"的新文档。由于替换操作是针对单个文档的，因此即便作者为"Way Lau"的书籍可能有多本，但只会替换查询到的第一本。

通过下面命令来验证修改的内容。

```
> db.book.find( {} )

{ "_id" : ObjectId("5d0788c1da0dce67ba3b279d"), "title" : "Cloud Native
分布式架构原理与实践 ", "price" : 79, "press" : " 北京大学出版社 ", "author" :
{ "age" : 32, "name" : " 柳伟卫 " } }
{ "_id" : ObjectId("5d078bd1da0dce67ba3b279e"), "title" : "Spring Boot
企业级应用开发实战 ", "price" : 98, "press" : " 北 京大学出版社 ", "author" :
{ "age" : 32, "name" : "Way Lau" } }
{ "_id" : ObjectId("5d078bd1da0dce67ba3b279f"), "title" : "Spring Cloud
微服务架构开发实战 ", "price" : 79, "press" : " 北京大学出版社 ", "author" : {
"age" : 32, "name" : "Way Lau" } }
{ "_id" : ObjectId("5d078bd1da0dce67ba3b27a0"), "title" : "Spring 5 案例
大全 ", "price" : 119, "press" : " 北京大学出版社 ", "author" : { "age" :
32, "name" : "Way Lau" } }
>
```

19.2.6　删除文档

删除文档主要有两种方式：

db.collection.deleteOne() 和 db.collection.deleteMany()。

下面演示各种删除文档的方式。

1. 删除单个文档

db.collection.deleteOne() 可以用来删除单个文档。例如：

```
> db.book.deleteOne( {"author.name": " 柳伟卫 "} )

{ "acknowledged" : true, "deletedCount" : 1 }
```

上述命令会将作者为"柳伟卫"的文档删除掉。由于是删除单个文档，因此即便作者为"柳伟卫"的书籍可能有多本，但只会删除查询到的第一本。

通过下面命令来验证删除的内容。

```
> db.book.find( {} )

{ "_id" : ObjectId("5d078bd1da0dce67ba3b279e"), "title" : "Spring Boot
企业级应用开发实战 ", "price" : 98, "press" : " 北京大学出版社 ", "author" :
{ "age" : 32, "name" : "Way Lau" } }
{ "_id" : ObjectId("5d078bd1da0dce67ba3b279f"), "title" : "Spring Cloud
微服务架构开发实战 ", "price" : 79, "press" : " 北京大学出版社 ", "author" : {
"age" : 32, "name" : "Way Lau" } }
{ "_id" : ObjectId("5d078bd1da0dce67ba3b27a0"), "title" : "Spring 5 案例
大全 ", "price" : 119, "press" : " 北京大学出版社 ", "author" : { "age" :
32, "name" : "Way Lau" } }
>
```

2. 删除多个文档

db.collection.deleteMany() 可以用来删除多个文档，例如：

```
> db.book.deleteMany( {"author.name": "Way Lau"} )

{ "acknowledged" : true, "deletedCount" : 3 }
```

上述命令会将所有作者为 "Way Lau" 的文档删除。

通过下面命令来验证修改的内容。

```
> db.book.find( {} )
```

实战 19.3 实战：使用Node.js操作MongoDB

操作 MongoDB 需要安装 MongoDB 的驱动。其中，在 Node.js 领域，MongoDB 官方提供了 mongodb 模块用来操作 MongoDB。本节专注于介绍如何通过 mongodb 模块来操作 MongoDB。

19.3.1 安装mongodb模块

为了演示如何使用 Node.js 操作 MongoDB，首先，初始化一个名为 "mongodb-demo" 的应用。命令如下。

```
$ mkdir mongodb-demo
$ cd mongodb-demo
```

其次，通过 "npm init" 来初始化该应用。

```
$ npm init

This utility will walk you through creating a package.json file.
```

```
It only covers the most common items, and tries to guess sensible de
faults.

See 'npm help json' for definitive documentation on these fields
and exactly what they do.

Use 'npm install <pkg>' afterwards to install a package and
save it as a dependency in the package.json file.

Press ^C at any time to quit.
package name: (mongodb-demo)
version: (1.0.0)
description:
entry point: (index.js)
test command:
git repository:
keywords:
author: waylau.com
license: (ISC)
About to write to D:\workspaceGithub\nodejs-book-samples\samples\mon
godb-demo\package.json:

{
  "name": "mongodb-demo",
  "version": "1.0.0",
  "description": "",
  "main": "index.js",
  "scripts": {
    "test": "echo \"Error: no test specified\" && exit 1"
  },
  "author": "waylau.com",
  "license": "ISC"
}

Is this OK? (yes) yes
```

mongodb 模块是一个开源的、JavaScript 编写的 MongoDB 驱动，用来操作 MongoDB。可以像安装其他模块一样来安装 mongodb 模块，命令如下。

```
$ npm install mongodb --save

npm notice created a lockfile as package-lock.json. You should commit
this file.
npm WARN mongodb-demo@1.0.0 No description
npm WARN mongodb-demo@1.0.0 No repository field.

+ mongodb@3.2.7
added 10 packages from 7 contributors and audited 11 packages in 3.847s
```

```
found 0 vulnerabilities
```

19.3.2 实现访问MongoDB

安装 mongodb 模块完成后，就可以通过 mongodb 模块来访问 MongoDB。

以下是一个简单的操作 MongoDB 的示例，用来访问 nodejsBook 数据库。

```
const MongoClient = require('mongodb').MongoClient;

// 连接 URL
const url = 'mongodb://localhost:27017';

// 数据库名称
const dbName = 'nodejsBook';

// 创建 MongoClient 客户端
const client = new MongoClient(url);

// 使用连接方法来连接到服务器
client.connect(function (err) {
    if (err) {
        console.error('error end: ' + err.stack);
        return;
    }

    console.log(" 成功连接到服务器 ");

    const db = client.db(dbName);

    client.close();
});
```

其中，MongoClient 是用于创建连接的客户端；client.connect() 方法用于建立连接；client.db() 方法用于获取数据库实例；client.close() 用于关闭连接。

19.3.3 运行应用

执行下面的命令来运行应用。在运行应用前，要确保已经将 MongoDB 服务器启动起来了。

```
$ node index.js
```

应用启动后，可以在控制台看到如下信息。

```
$ node index.js

(node:4548) DeprecationWarning: current URL string parser is deprecat
```

```
ed, and will be removed in a future version. To use the new parser, pass
option { useNewUrlParser: true } to MongoClient.connect.
```

成功连接到服务器。

19.4　深入理解mongodb模块

本节介绍 mongodb 模块的常用操作。使用 mongodb 模块，会发现操作语法与通过 mongo.exe 操作语法非常类似。

19.4.1　建立连接

前面已经初步了解了创建 MongoDB 连接的方式，例如：

```
const MongoClient = require('mongodb').MongoClient;

// 连接 URL
const url = 'mongodb://localhost:27017';

// 数据库名称
const dbName = 'nodejsBook';

// 创建 MongoClient 客户端
const client = new MongoClient(url);

// 使用连接方法连接到服务器
client.connect(function (err) {
    if (err) {
        console.error('error end: ' + err.stack);
        return;
    }

    console.log(" 成功连接到服务器 ");

    const db = client.db(dbName);
    // ... 省略对 db 的操作逻辑

    client.close();
});
```

获取了 MongoDB 的数据库实例 db，就可以使用 db 进行进一步的操作，如 CURD 等。

19.4.2　插入文档

以下是插入多个文档的示例。

```
// 插入文档
const insertDocuments = function (db, callback) {
    // 获取集合
    const book = db.collection('book');

    // 插入文档
    book.insertMany([
        { title: "Spring Boot 企业级应用开发实战 ", price: 98, press: " 北京
大学出版社 ", author: { age: 32, name: " 柳伟卫 " } },
        { title: "Spring Cloud 微服务架构开发实战 ", price: 79, press: " 北
京大学出版社 ", author: { age: 32, name: " 柳伟卫 " } },
        { title: "Spring 5 案例大全 ", price: 119, press: " 北京大学出版社 ",
author: { age: 32, name: " 柳伟卫 " } }], function (err, result) {
            console.log(" 已经插入文档，响应结果是： ");
            console.log(result);
            callback(result);
        });
}
```

运行应用，可以在控制台看到如下内容。

```
$ node index

(node:7188) DeprecationWarning: current URL string parser is deprecat
ed, and will be removed in a future version. To use the new parser, pass
option { useNewUrlParser: true } to MongoClient.connect.
```

成功连接到服务器。

已经插入文档，响应结果如下。

```
{
  result: { ok: 1, n: 3 },
  ops: [
    {
      title: 'Spring Boot 企业级应用开发实战 ',
      price: 98,
      press: ' 北京大学出版社 ',
      author: [Object],
      _id: 5d08db85112c291c14cd401b
    },
    {
      title: 'Spring Cloud 微服务架构开发实战 ',
      price: 79,
      press: ' 北京大学出版社 ',
      author: [Object],
      _id: 5d08db85112c291c14cd401c
    },
```

```
  {
    title: 'Spring 5 案例大全 ',
    price: 119,
    press: ' 北京大学出版社 ',
    author: [Object],
    _id: 5d08db85112c291c14cd401d
  }
],
insertedCount: 3,
insertedIds: {
  '0': 5d08db85112c291c14cd401b,
  '1': 5d08db85112c291c14cd401c,
  '2': 5d08db85112c291c14cd401d
}
}
```

19.4.3　查找文档

以下是查询全部文档的示例。

```
// 查找全部文档
const findDocuments = function (db, callback) {
    // 获取集合
    const book = db.collection('book');

    // 查询文档
    book.find({}).toArray(function (err, result) {
        console.log(" 查询所有文档，结果如下： ");
        console.log(result)
        callback(result);
    });
}
```

运行应用，可以在控制台看到如下内容。

```
$ node index

(node:4432) DeprecationWarning: current URL string parser is deprecat
ed, and will be removed in a future version. To use the new parser, pass
option { useNewUrlParser: true } to MongoClient.connect.
成功连接到服务器
查询所有文档，结果如下：
[
  {
    _id: 5d08db85112c291c14cd401b,
    title: 'Spring Boot 企业级应用开发实战 ',
    price: 98,
    press: ' 北京大学出版社 ',
```

```
      author: { age: 32, name: '柳伟卫' }
   },
   {
      _id: 5d08db85112c291c14cd401c,
      title: 'Spring Cloud 微服务架构开发实战',
      price: 79,
      press: '北京大学出版社',
      author: { age: 32, name: '柳伟卫' }
   },
   {
      _id: 5d08db85112c291c14cd401d,
      title: 'Spring 5 案例大全',
      price: 119,
      press: '北京大学出版社',
      author: { age: 32, name: '柳伟卫' }
   }
]
```

在查询条件中也可以加入过滤条件。例如，查询指定作者的文档。

```
// 根据作者查找文档
const findDocumentsByAuthorName = function (db, authorName, callback) {
    // 获取集合
    const book = db.collection('book');

    // 查询文档
    book.find({ "author.name": authorName }).toArray(function (err,
result) {
        console.log("根据作者查找文档，结果如下：");
        console.log(result);
        callback(result);
    });
}
```

在主应用中，可以按如下方式来调用上述方法。

```
// 根据作者查找文档
findDocumentsByAuthorName(db, "柳伟卫", function () {
    client.close();
});
```

运行应用，可以在控制台看到如下内容。

```
$ node index

(node:13224) DeprecationWarning: current URL string parser is deprecat
ed, and will be removed in a future version. To use the new parser, pass
option { useNewUrlParser: true } to MongoClient.connect.
成功连接到服务器
根据作者查找文档，结果如下：
```

```
[
  {
    _id: 5d08db85112c291c14cd401b,
    title: 'Spring Boot 企业级应用开发实战 ',
    price: 98,
    press: ' 北京大学出版社 ',
    author: { age: 32, name: ' 柳伟卫 ' }
  },
  {
    _id: 5d08db85112c291c14cd401c,
    title: 'Spring Cloud 微服务架构开发实战 ',
    price: 79,
    press: ' 北京大学出版社 ',
    author: { age: 32, name: ' 柳伟卫 ' }
  },
  {
    _id: 5d08db85112c291c14cd401d,
    title: 'Spring 5 案例大全 ',
    price: 119,
    press: ' 北京大学出版社 ',
    author: { age: 32, name: ' 柳伟卫 ' }
  }
]
```

19.4.4　修改文档

以下是修改单个文档的示例。

```
// 修改单个文档
const updateDocument = function (db, callback) {
    // 获取集合
    const book = db.collection('book');

    // 修改文档
    book.updateOne(
        { "author.name": " 柳伟卫 " },
        { $set: { "author.name": "Way Lau" } }, function (err, result)
{
            console.log(" 修改单个文档，结果如下： ");
            console.log(result)
            callback(result);
        });
}
```

运行应用，可以在控制台看到如下内容。

```
$ node index
```

```
(node:13068) DeprecationWarning: current URL string parser is deprecat
ed, and will be removed in a future version. To use the new parser, pass
option { useNewUrlParser: true } to MongoClient.connect.
成功连接到服务器
修改单个文档，结果如下:
CommandResult {
  result: { n: 1, nModified: 1, ok: 1 },
  connection: Connection {
    _events: [Object: null prototype] {
      error: [Function],
      close: [Function],
      timeout: [Function],
      parseError: [Function],
      message: [Function]
    },
    _eventsCount: 5,
    _maxListeners: undefined,
    id: 0,
    options: {
      host: 'localhost',
      port: 27017,
      size: 5,
      minSize: 0,
      connectionTimeout: 30000,
      socketTimeout: 360000,
      keepAlive: true,
      keepAliveInitialDelay: 300000,
      noDelay: true,
      ssl: false,
      checkServerIdentity: true,
      ca: null,
      crl: null,
      cert: null,
      key: null,
      passPhrase: null,
      rejectUnauthorized: false,
      promoteLongs: true,
      promoteValues: true,
      promoteBuffers: false,
      reconnect: true,
      reconnectInterval: 1000,
      reconnectTries: 30,
      domainsEnabled: false,
      disconnectHandler: [Store],
      cursorFactory: [Function],
      emitError: true,
      monitorCommands: false,
      socketOptions: {},
      promiseLibrary: [Function: Promise],
```

```
    clientInfo: [Object],
    read_preference_tags: null,
    readPreference: [ReadPreference],
    dbName: 'admin',
    servers: [Array],
    server_options: [Object],
    db_options: [Object],
    rs_options: [Object],
    mongos_options: [Object],
    socketTimeoutMS: 360000,
    connectTimeoutMS: 30000,
    bson: BSON {}
  },
  logger: Logger { className: 'Connection' },
  bson: BSON {},
  tag: undefined,
  maxBsonMessageSize: 67108864,
  port: 27017,
  host: 'localhost',
  socketTimeout: 360000,
  keepAlive: true,
  keepAliveInitialDelay: 300000,
  connectionTimeout: 30000,
  responseOptions: { promoteLongs: true, promoteValues: true, pro
moteBuffers: false },
  flushing: false,
  queue: [],
  writeStream: null,
  destroyed: false,
  hashedName: '29bafad3b32b11dc7ce934204952515ea5984b3c',
  workItems: [],
  socket: Socket {
    connecting: false,
    _hadError: false,
    _parent: null,
    _host: 'localhost',
    _readableState: [ReadableState],
    readable: true,
    _events: [Object],
    _eventsCount: 5,
    _maxListeners: undefined,
    _writableState: [WritableState],
    writable: true,
    allowHalfOpen: false,
    _sockname: null,
    _pendingData: null,
    _pendingEncoding: '',
    server: null,
    _server: null,
```

```
      timeout: 360000,
      [Symbol(asyncId)]: 12,
      [Symbol(kHandle)]: [TCP],
      [Symbol(lastWriteQueueSize)]: 0,
      [Symbol(timeout)]: Timeout {
        _idleTimeout: 360000,
        _idlePrev: [TimersList],
        _idleNext: [TimersList],
        _idleStart: 1287,
        _onTimeout: [Function: bound ],
        _timerArgs: undefined,
        _repeat: null,
        _destroyed: false,
        [Symbol(refed)]: false,
        [Symbol(asyncId)]: 21,
        [Symbol(triggerId)]: 12
      },
      [Symbol(kBytesRead)]: 0,
      [Symbol(kBytesWritten)]: 0
    },
    buffer: null,
    sizeOfMessage: 0,
    bytesRead: 0,
    stubBuffer: null,
    ismaster: {
      ismaster: true,
      maxBsonObjectSize: 16777216,
      maxMessageSizeBytes: 48000000,
      maxWriteBatchSize: 100000,
      localTime: 2019-06-18T13:12:45.514Z,
      logicalSessionTimeoutMinutes: 30,
      minWireVersion: 0,
      maxWireVersion: 7,
      readOnly: false,
      ok: 1
    },
    lastIsMasterMS: 18
  },
  message: BinMsg {
    parsed: true,
    raw: <Buffer 3c 00 00 00 55 00 00 00 01 00 00 00 dd 07 00 00 00 00
00 00 00 27 00 00 00 10 6e 00 01 00 00 00 10 6e 4d 6f 64 69 66 69 65 64
00 01 00 00 00 01 6f 6b ... 10 more bytes>,
    data: <Buffer 00 00 00 00 00 27 00 00 00 10 6e 00 01 00 00 00 10 6e
4d 6f 64 69 66 69 65 64 00 01 00 00 00 01 6f 6b 00 00 00 00 00 00 00 f0
3f 00>,
    bson: BSON {},
    opts: { promoteLongs: true, promoteValues: true, promoteBuffers:
false },
```

```
    length: 60,
    requestId: 85,
    responseTo: 1,
    opCode: 2013,
    fromCompressed: undefined,
    responseFlags: 0,
    checksumPresent: false,
    moreToCome: false,
    exhaustAllowed: false,
    promoteLongs: true,
    promoteValues: true,
    promoteBuffers: false,
    documents: [ [Object] ],
    index: 44,
    hashedName: '29bafad3b32b11dc7ce934204952515ea5984b3c'
  },
  modifiedCount: 1,
  upsertedId: null,
  upsertedCount: 0,
  matchedCount: 1
}
```

当然也可以修改多个文档，如下所示。

```
// 修改多个文档
const updateDocuments = function (db, callback) {
    // 获取集合
    const book = db.collection('book');

    // 修改文档
    book.updateMany(
        { "author.name": " 柳伟卫 " },
        { $set: { "author.name": "Way Lau" } }, function (err, result)
{
            console.log(" 修改多个文档，结果如下：");
            console.log(result)
            callback(result);
        });
}
```

运行应用，可以在控制台看到如下内容。

```
$ node index

(node:7108) DeprecationWarning: current URL string parser is deprecat
ed, and will be removed in a future version. To use the new parser, pass
option { useNewUrlParser: true } to MongoClient.connect.
成功连接到服务器
修改多个文档，结果如下：
CommandResult {
```

```
result: { n: 2, nModified: 2, ok: 1 },
connection: Connection {
  _events: [Object: null prototype] {
    error: [Function],
    close: [Function],
    timeout: [Function],
    parseError: [Function],
    message: [Function]
  },
  _eventsCount: 5,
  _maxListeners: undefined,
  id: 0,
  options: {
    host: 'localhost',
    port: 27017,
    size: 5,
    minSize: 0,
    connectionTimeout: 30000,
    socketTimeout: 360000,
    keepAlive: true,
    keepAliveInitialDelay: 300000,
    noDelay: true,
    ssl: false,
    checkServerIdentity: true,
    ca: null,
    crl: null,
    cert: null,
    key: null,
    passPhrase: null,
    rejectUnauthorized: false,
    promoteLongs: true,
    promoteValues: true,
    promoteBuffers: false,
    reconnect: true,
    reconnectInterval: 1000,
    reconnectTries: 30,
    domainsEnabled: false,
    disconnectHandler: [Store],
    cursorFactory: [Function],
    emitError: true,
    monitorCommands: false,
    socketOptions: {},
    promiseLibrary: [Function: Promise],
    clientInfo: [Object],
    read_preference_tags: null,
    readPreference: [ReadPreference],
    dbName: 'admin',
    servers: [Array],
    server_options: [Object],
```

```
    db_options: [Object],
    rs_options: [Object],
    mongos_options: [Object],
    socketTimeoutMS: 360000,
    connectTimeoutMS: 30000,
    bson: BSON {}
  },
  logger: Logger { className: 'Connection' },
  bson: BSON {},
  tag: undefined,
  maxBsonMessageSize: 67108864,
  port: 27017,
  host: 'localhost',
  socketTimeout: 360000,
  keepAlive: true,
  keepAliveInitialDelay: 300000,
  connectionTimeout: 30000,
  responseOptions: { promoteLongs: true, promoteValues: true, pro
moteBuffers: false },
  flushing: false,
  queue: [],
  writeStream: null,
  destroyed: false,
  hashedName: '29bafad3b32b11dc7ce934204952515ea5984b3c',
  workItems: [],
  socket: Socket {
    connecting: false,
    _hadError: false,
    _parent: null,
    _host: 'localhost',
    _readableState: [ReadableState],
    readable: true,
    _events: [Object],
    _eventsCount: 5,
    _maxListeners: undefined,
    _writableState: [WritableState],
    writable: true,
    allowHalfOpen: false,
    _sockname: null,
    _pendingData: null,
    _pendingEncoding: '',
    server: null,
    _server: null,
    timeout: 360000,
    [Symbol(asyncId)]: 12,
    [Symbol(kHandle)]: [TCP],
    [Symbol(lastWriteQueueSize)]: 0,
    [Symbol(timeout)]: Timeout {
      _idleTimeout: 360000,
```

```
        _idlePrev: [TimersList],
        _idleNext: [TimersList],
        _idleStart: 1388,
        _onTimeout: [Function: bound ],
        _timerArgs: undefined,
        _repeat: null,
        _destroyed: false,
        [Symbol(refed)]: false,
        [Symbol(asyncId)]: 21,
        [Symbol(triggerId)]: 12
      },
      [Symbol(kBytesRead)]: 0,
      [Symbol(kBytesWritten)]: 0
    },
    buffer: null,
    sizeOfMessage: 0,
    bytesRead: 0,
    stubBuffer: null,
    ismaster: {
      ismaster: true,
      maxBsonObjectSize: 16777216,
      maxMessageSizeBytes: 48000000,
      maxWriteBatchSize: 100000,
      localTime: 2019-06-18T13:19:28.983Z,
      logicalSessionTimeoutMinutes: 30,
      minWireVersion: 0,
      maxWireVersion: 7,
      readOnly: false,
      ok: 1
    },
    lastIsMasterMS: 18
  },
  message: BinMsg {
    parsed: true,
    raw: <Buffer 3c 00 00 00 5a 00 00 00 01 00 00 00 dd 07 00 00 00 00
00 00 00 27 00 00 00 10 6e 00 02 00 00 00 10 6e 4d 6f 64 69 66 69 65 64
00 02 00 00 00 01 6f 6b ... 10 more bytes>,
    data: <Buffer 00 00 00 00 00 27 00 00 00 10 6e 00 02 00 00 00 10 6e
4d 6f 64 69 66 69 65 64 00 02 00 00 00 01 6f 6b 00 00 00 00 00 00 00 f0
3f 00>,
    bson: BSON {},
    opts: { promoteLongs: true, promoteValues: true, promoteBuffers:
false },
    length: 60,
    requestId: 90,
    responseTo: 1,
    opCode: 2013,
    fromCompressed: undefined,
    responseFlags: 0,
```

```
    checksumPresent: false,
    moreToCome: false,
    exhaustAllowed: false,
    promoteLongs: true,
    promoteValues: true,
    promoteBuffers: false,
    documents: [ [Object] ],
    index: 44,
    hashedName: '29bafad3b32b11dc7ce934204952515ea5984b3c'
  },
  modifiedCount: 2,
  upsertedId: null,
  upsertedCount: 0,
  matchedCount: 2
}
```

19.4.5　删除文档

删除文档可以选择删除单个文档或删除多个文档。

以下是删除单个文档的示例。

```
// 删除单个文档
const removeDocument = function (db, callback) {
    // 获取集合
    const book = db.collection('book');

    // 删除文档
    book.deleteOne({ "author.name": "Way Lau" }, function (err, result)
{
        console.log("删除单个文档，结果如下: ");
        console.log(result)
        callback(result);
    });
}
```

运行应用，可以在控制台看到如下内容。

```
$ node index

(node:6216) DeprecationWarning: current URL string parser is deprecat
ed, and will be removed in a future version. To use the new parser, pass
option { useNewUrlParser: true } to MongoClient.connect.
成功连接到服务器
删除单个文档，结果如下:
CommandResult {
  result: { n: 1, ok: 1 },
  connection: Connection {
    _events: [Object: null prototype] {
```

```
      error: [Function],
      close: [Function],
      timeout: [Function],
      parseError: [Function],
      message: [Function]
    },
    _eventsCount: 5,
    _maxListeners: undefined,
    id: 0,
    options: {
      host: 'localhost',
      port: 27017,
      size: 5,
      minSize: 0,
      connectionTimeout: 30000,
      socketTimeout: 360000,
      keepAlive: true,
      keepAliveInitialDelay: 300000,
      noDelay: true,
      ssl: false,
      checkServerIdentity: true,
      ca: null,
      crl: null,
      cert: null,
      key: null,
      passPhrase: null,
      rejectUnauthorized: false,
      promoteLongs: true,
      promoteValues: true,
      promoteBuffers: false,
      reconnect: true,
      reconnectInterval: 1000,
      reconnectTries: 30,
      domainsEnabled: false,
      disconnectHandler: [Store],
      cursorFactory: [Function],
      emitError: true,
      monitorCommands: false,
      socketOptions: {},
      promiseLibrary: [Function: Promise],
      clientInfo: [Object],
      read_preference_tags: null,
      readPreference: [ReadPreference],
      dbName: 'admin',
      servers: [Array],
      server_options: [Object],
      db_options: [Object],
      rs_options: [Object],
      mongos_options: [Object],
```

```
      socketTimeoutMS: 360000,
      connectTimeoutMS: 30000,
      bson: BSON {}
   },
   logger: Logger { className: 'Connection' },
   bson: BSON {},
   tag: undefined,
   maxBsonMessageSize: 67108864,
   port: 27017,
   host: 'localhost',
   socketTimeout: 360000,
   keepAlive: true,
   keepAliveInitialDelay: 300000,
   connectionTimeout: 30000,
   responseOptions: { promoteLongs: true, promoteValues: true, pro
moteBuffers: false },
   flushing: false,
   queue: [],
   writeStream: null,
   destroyed: false,
   hashedName: '29bafad3b32b11dc7ce934204952515ea5984b3c',
   workItems: [],
   socket: Socket {
      connecting: false,
      _hadError: false,
      _parent: null,
      _host: 'localhost',
      _readableState: [ReadableState],
      readable: true,
      _events: [Object],
      _eventsCount: 5,
      _maxListeners: undefined,
      _writableState: [WritableState],
      writable: true,
      allowHalfOpen: false,
      _sockname: null,
      _pendingData: null,
      _pendingEncoding: '',
      server: null,
      _server: null,
      timeout: 360000,
      [Symbol(asyncId)]: 12,
      [Symbol(kHandle)]: [TCP],
      [Symbol(lastWriteQueueSize)]: 0,
      [Symbol(timeout)]: Timeout {
         _idleTimeout: 360000,
         _idlePrev: [TimersList],
         _idleNext: [TimersList],
         _idleStart: 1307,
```

```
        _onTimeout: [Function: bound ],
        _timerArgs: undefined,
        _repeat: null,
        _destroyed: false,
        [Symbol(refed)]: false,
        [Symbol(asyncId)]: 21,
        [Symbol(triggerId)]: 12
      },
      [Symbol(kBytesRead)]: 0,
      [Symbol(kBytesWritten)]: 0
    },
    buffer: null,
    sizeOfMessage: 0,
    bytesRead: 0,
    stubBuffer: null,
    ismaster: {
      ismaster: true,
      maxBsonObjectSize: 16777216,
      maxMessageSizeBytes: 48000000,
      maxWriteBatchSize: 100000,
      localTime: 2019-06-18T13:24:27.913Z,
      logicalSessionTimeoutMinutes: 30,
      minWireVersion: 0,
      maxWireVersion: 7,
      readOnly: false,
      ok: 1
    },
    lastIsMasterMS: 18
  },
  message: BinMsg {
    parsed: true,
    raw: <Buffer 2d 00 00 00 5f 00 00 00 01 00 00 00 dd 07 00 00 00 00
00 00 00 18 00 00 00 10 6e 00 01 00 00 00 01 6f 6b 00 00 00 00 00 00 00
f0 3f 00>,
    data: <Buffer 00 00 00 00 00 18 00 00 00 10 6e 00 01 00 00 00 01 6f
6b 00 00 00 00 00 00 00 f0 3f 00>,
    bson: BSON {},
    opts: { promoteLongs: true, promoteValues: true, promoteBuffers:
false },
    length: 45,
    requestId: 95,
    responseTo: 1,
    opCode: 2013,
    fromCompressed: undefined,
    responseFlags: 0,
    checksumPresent: false,
    moreToCome: false,
    exhaustAllowed: false,
    promoteLongs: true,
```

```
    promoteValues: true,
    promoteBuffers: false,
    documents: [ [Object] ],
    index: 29,
    hashedName: '29bafad3b32b11dc7ce934204952515ea5984b3c'
  },
  deletedCount: 1
}
```

以下是删除多个文档的示例。

```
// 删除多个文档
const removeDocuments = function (db, callback) {
    // 获取集合
    const book = db.collection('book');

    // 删除文档
    book.deleteMany({ "author.name": "Way Lau" }, function (err, re
sult) {
        console.log("删除多个文档，结果如下：");
        console.log(result)
        callback(result);
    });
}
```

运行应用，可以在控制台看到如下内容。

```
$ node index

(node:6216) DeprecationWarning: current URL string parser is deprecat
ed, and will be removed in a future version. To use the new parser, pass
option { useNewUrlParser: true } to MongoClient.connect.
成功连接到服务器
删除多个文档，结果如下:
CommandResult {
  result: { n: 2, ok: 1 },
  connection: Connection {
    _events: [Object: null prototype] {
      error: [Function],
      close: [Function],
      timeout: [Function],
      parseError: [Function],
      message: [Function]
    },
    _eventsCount: 5,
    _maxListeners: undefined,
    id: 0,
    options: {
      host: 'localhost',
      port: 27017,
```

```
        size: 5,
        minSize: 0,
        connectionTimeout: 30000,
        socketTimeout: 360000,
        keepAlive: true,
        keepAliveInitialDelay: 300000,
        noDelay: true,
        ssl: false,
        checkServerIdentity: true,
        ca: null,
        crl: null,
        cert: null,
        key: null,
        passPhrase: null,
        rejectUnauthorized: false,
        promoteLongs: true,
        promoteValues: true,
        promoteBuffers: false,
        reconnect: true,
        reconnectInterval: 1000,
        reconnectTries: 30,
        domainsEnabled: false,
        disconnectHandler: [Store],
        cursorFactory: [Function],
        emitError: true,
        monitorCommands: false,
        socketOptions: {},
        promiseLibrary: [Function: Promise],
        clientInfo: [Object],
        read_preference_tags: null,
        readPreference: [ReadPreference],
        dbName: 'admin',
        servers: [Array],
        server_options: [Object],
        db_options: [Object],
        rs_options: [Object],
        mongos_options: [Object],
        socketTimeoutMS: 360000,
        connectTimeoutMS: 30000,
        bson: BSON {}
      },
      logger: Logger { className: 'Connection' },
      bson: BSON {},
      tag: undefined,
      maxBsonMessageSize: 67108864,
      port: 27017,
      host: 'localhost',
      socketTimeout: 360000,
      keepAlive: true,
```

```
    keepAliveInitialDelay: 300000,
    connectionTimeout: 30000,
    responseOptions: { promoteLongs: true, promoteValues: true, pro
moteBuffers: false },
    flushing: false,
    queue: [],
    writeStream: null,
    destroyed: false,
    hashedName: '29bafad3b32b11dc7ce934204952515ea5984b3c',
    workItems: [ [Object] ],
    socket: Socket {
      connecting: false,
      _hadError: false,
      _parent: null,
      _host: 'localhost',
      _readableState: [ReadableState],
      readable: true,
      _events: [Object],
      _eventsCount: 5,
      _maxListeners: undefined,
      _writableState: [WritableState],
      writable: true,
      allowHalfOpen: false,
      _sockname: null,
      _pendingData: null,
      _pendingEncoding: '',
      server: null,
      _server: null,
      timeout: 360000,
      [Symbol(asyncId)]: 12,
      [Symbol(kHandle)]: [TCP],
      [Symbol(lastWriteQueueSize)]: 0,
      [Symbol(timeout)]: Timeout {
        _idleTimeout: 360000,
        _idlePrev: [TimersList],
        _idleNext: [TimersList],
        _idleStart: 2469,
        _onTimeout: [Function: bound ],
        _timerArgs: undefined,
        _repeat: null,
        _destroyed: false,
        [Symbol(refed)]: false,
        [Symbol(asyncId)]: 21,
        [Symbol(triggerId)]: 12
      },
      [Symbol(kBytesRead)]: 0,
      [Symbol(kBytesWritten)]: 0
    },
    buffer: null,
```

```
    sizeOfMessage: 0,
    bytesRead: 0,
    stubBuffer: null,
    ismaster: {
      ismaster: true,
      maxBsonObjectSize: 16777216,
      maxMessageSizeBytes: 48000000,
      maxWriteBatchSize: 100000,
      localTime: 2019-06-18T13:31:59.801Z,
      logicalSessionTimeoutMinutes: 30,
      minWireVersion: 0,
      maxWireVersion: 7,
      readOnly: false,
      ok: 1
    },
    lastIsMasterMS: 20
  },
  message: BinMsg {
    parsed: true,
    raw: <Buffer 2d 00 00 00 74 00 00 00 07 00 00 00 dd 07 00 00 00 00
00 00 00 18 00 00 00 10 6e 00 02 00 00 00 01 6f 6b 00 00 00 00 00 00 00 00
f0 3f 00>,
    data: <Buffer 00 00 00 00 00 18 00 00 00 10 6e 00 02 00 00 00 01 6f
6b 00 00 00 00 00 00 00 f0 3f 00>,
    bson: BSON {},
    opts: { promoteLongs: true, promoteValues: true, promoteBuffers:
false },
    length: 45,
    requestId: 116,
    responseTo: 7,
    opCode: 2013,
    fromCompressed: undefined,
    responseFlags: 0,
    checksumPresent: false,
    moreToCome: false,
    exhaustAllowed: false,
    promoteLongs: true,
    promoteValues: true,
    promoteBuffers: false,
    documents: [ [Object] ],
    index: 29,
    hashedName: '29bafad3b32b11dc7ce934204952515ea5984b3c'
  },
  deletedCount: 2
}
```

本节例子可以在"mongodb-demo"目录下找到。

第20章
操作Redis

　　有时，为了提升整个网站的性能，经常需要将访问的数据缓存起来，这样在下次查询时，就能快速找到这些数据。

　　Redis 是最流行的缓存系统。本章讲解如何通过 Node.js 来操作 Redis。

20.1　下载安装Redis

缓存的使用与系统的时效性有着非常大的关系。当所使用的系统时效性要求不高时，选择使用缓存是极好的。当系统要求的时效性比较高时，则不适合使用缓存。

Redis 是非常流行的缓存系统，在互联网公司广为使用。接下来介绍如何安装 Redis。

20.1.1　Redis简介

Redis 是一个高性能的 key-value 数据库。Redis 的出现，在很大程度上弥补了 Memcached 类 key-value 存储的不足，在部分场合可以对关系数据库起到很好的补充作用。它提供了 Action-Script、Bash、C、C#、C++、Clojure、Common Lisp、Crystal、D、Dart、Delphi、Elixir、emacs lisp、Erlang、Fancy、gawk、GNU Prolog、Go、Haskell、Haxe、Io、Java、Julia、Lasso、 Lua、 Matlab、mruby、Nim、Node.js、Objective-C、OCaml、Pascal、Perl、PHP、Pure Data、Python、R、 Racket、Rebol、Ruby、Rust、Scala、Scheme、Smalltalk、Swift、Tcl、VB、VCL 等众多客户端，使用很方便。有关各种客户端实现库的支持情况可以参考 http://redis.io/clients。

Redis 支持主从同步，可以从主服务器向任意数量的从服务器上同步数据，从服务器可以是关联其他从服务器的主服务器。这使得 Redis 可执行单层树复制，存盘可以有意无意地对数据进行写操作。由于完全实现了发布 / 订阅机制，使得从数据库在任何地方进行数据同步时，可订阅一个频道并接收主服务器完整的消息发布记录。同步对读取操作的可扩展性和数据冗余很有帮助。

用户可以在 Redis 数据类型上执行原子操作，比如，追加字符串，增加哈希表中的某个值，在列表中增加一个元素，计算集合的交集、并集或差集，获取一个有序集合中最大排名的元素，等等。

为了获取其卓越的性能，Redis 在内存数据集合上工作。但是否工作在内存取决于用户，如果用户想持久化其数据，可以通过偶尔转储内存数据集到磁盘上，或者在一个日志文件中写入每条操作命令来实现。如果用户仅需要一个内存数据库，那么持久化操作可以被选择性禁用。

Redis 是用 ANSI C 编写的，在大多数 POSIX 系统中工作——如 Linux、*BSD、OS X 等，无须添加其他额外的依赖。Linux 和 OS X 系统是 Redis 开发和测试最常用的两个操作系统，所以建议使用 Linux 来部署 Redis。Redis 可以工作在像 SmartOS 一样的 Solaris 派生的系统上，但支持是有限的。官方没有对 Windows 构建的支持，但 Microsoft 开发和维护了 Redis 的 Win-64 的接口，具体可以参见 https://github.com/MSOpenTech/redis。

Redis 具有的特点有：事务；发布 / 订阅；Lua 脚本；key 有生命时间限制；按照 LRU 机制来清除旧数据；自动故障转移。

20.1.2 在Linux平台上安装Redis

在 Linux 平台上安装 Redis 比较简单。

首先，下载、解压、编译 Redis，执行以下代码：

```
$ wget http://download.redis.io/releases/redis-3.2.3.tar.gz
$ tar xzf redis-3.2.3.tar.gz
$ cd redis-3.2.3
$ make
```

然后，就能在 src 目录下看到这个编译文件了。运行 Redis，执行以下代码：

```
$ src/redis-server
```

使用内置的命令行工具与 Redis 交互：

```
$ src/redis-cli
redis> set foo bar
OK
redis> get foo
```

更多安装步骤，可以参考官方文档，详见 https://github.com/antirez/redis。

20.1.3 在Windows平台上安装Redis

在 Windows 平台，有微软特别为 Redis 制作的安装包，下载地址为 https://github.com/Micro-softArchive/redis/releases。本书所使用的案例，也是基于该安装包来进行的。解压安装包到执行目录，如 D 盘，双击 redis-server.exe 文件，即可快速启动 Redis 服务器。

安装后，Redis 默认运行在地址端口，如图 20-1 所示。

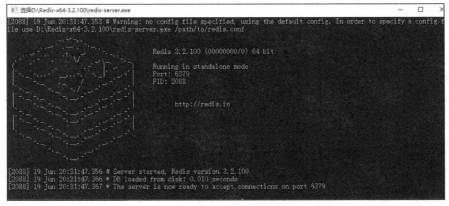

图20-1 Redis服务器启动界面

20.2　Redis的数据类型及基本操作

Redis 不仅仅是简单的 key-value 存储，更是一个 data strutures server（数据结构服务器），用来支持不同的数值类型。在 key-value 中，value 不仅仅局限于 string 类型，它可以是更复杂的数据结构。

- 二进制安全的 string。
- List：一个链表，链表中的元素按照插入顺序排列。
- Set：string 集合，集合中的元素是唯一的，没有排序。
- Sorted set：与 Set 类似，但是每一个 string 元素关联一个浮点数值，这个数值被称为 Score。元素总是通过它们的 Score 进行排序，所以不像 Set 那样可以获取一段范围的元素（例如，获取前 10 个，或者后 10 个）。
- Hash：指由关联值字段构成的 Map。字段和值都是 string。这个与 Ruby 或 Python 的 hash 类似。
- Bit array（或者简单称为 Bitmap）：像位数值一样通过特别的命令处理字符串，可以设置和清除单独的 bit，统计所有 bit 集合中为 1 的数量，查找第一个设置或没有设置的 bit 等。
- HyperLogLogs：这是一个概率统计用的数据结构，可以用来估计一个集合的基数。

对于所有的例子，我们都使用 redis-cli 工具来演示。这是一个简单但非常有用的命令行工具，可以用来给 Redis Server 发送命令。

20.2.1　Redis key

Redis key 是二进制安全的。这意味着可以使用任何二进制序列作为 key，如从一个像 "foo" 的字符串到一个 JPEG 文件的内容，空字符串也是一个有效的 key。 关于 key 的一些其他的使用规则如下。

- 不建议使用非常长的 key。这不仅仅是考虑内存方面的问题，而且在数据集中查找 key 可能需要与多个 key 进行比较。如果当前的任务需要使用一个很大的值，将它进行 hash 是一个不错的方案（例如，使用 SHA1），尤其是从内存和带宽的角度考虑。
- 非常短的 key 往往也不是一个好主意。如果可以将 key 写成 "user:1000:followers"，就不要使用 "u1000flw"。首先前者更加具有可读性，其次增加的空间相比 key 对象本身和值对象占用的空间是很小的。当然，短 key 显然会消耗更少的内存，所以需要找到一个适当的平衡点。
- 提倡使用模式。例如，像 "user:1000" 一样的 "object-type:id" 模式是一个好主意。点和连接线通常被用在多个单词的字段中，如 "comment:1234:reply.to" 或 "comment:1234:reply-to"。
- 允许 key 的最大值是 512MB。

20.2.2　Redis String

Redis String 类型是关联到 Redis key 最简单的值类型。它是 Memcached 中唯一的数据类型，所以对于 Redis 新手来说，使用它也是非常自然的。

因为 Redis key 是 String，所以当使用 String 类型作为 value 时，其实就是将一个 String 映射到另一个 String。String 数据类型对于大量的用例是非常有用的，如缓存 HTML 片段或页面。

下面是 redis-cli 操作下 String 类型的示例：

```
> set mykey somevalue
OK
> get mykey
"somevalue"
```

使用 SET 和 GET 命令可以设置和获取 String 值。注意，SET 会替换已经存入 key 中的任何值，即使这个 key 存在的不是 String 值。所以 SET 执行一次分配。

值可以是任何类型的 String（包括二进制数据），如可以存一个 JPEG 图片到一个 key 中，但值不能超过 512MB。

SET 命令有一些有趣的选项，这些选项可以通过额外的参数来设置。例如：

• NX：只在 key 不存在的情况下执行。

• XX：只在 key 存在的情况下执行。

下面是操作示例：

```
> set mykey somevalue
OK
> get mykey
"somevalue"
String 是 Redis 的基础值，可以对它们进行一些有意思的操作。 例如， 进行原子递增：
> set counter 100
OK
> incr counter
(integer) 101
> incr counter
(integer) 102
> incrby counter 50
(integer) 152
```

INCR 命令将 String 值解析为 Integer，然后将它递增 1，最后将新值作为返回值。这里也有一些类似的命令，如 INCRBY、DECR 和 DECRBY。在内部它们是相同的命令，并且执行方式的差别非常微小。

INCR 命令是原子操作，意味着即使多个客户端对同一个 key 发送 INCR 命令也不会导致 Race Condition（竞争条件）问题。例如，当 client1 和 client2 同时给值加 1 时（旧值为 10），它们不会同时读到 10，最终值一定是 12，因为 read-increment-set 起作用了。

操作 String 有很多的命令。例如，GETSET 命令将一个 key 设置为新值，并将旧值作为返回值。例如，网站接收到新的访问者，则使用 INCR 命令递增一个 Redis key，这时就可以使用 GETSET 命令来实现。如果想每隔一个小时收集一次信息，并且需要不丢失每一次的递增，可以 GETSET 这个 key，将新值 0 赋给它，并将旧值读回。 MSET 和 MGET 命令用于在一条命令中设置或获取多个 key 的值，这对减少网络延时是非常有用的。

下面是操作示例：

```
> mset a 10 b 20 c 30
OK
> mget a b c
1) "10"
2) "20"
3) "30"
```

当使用 MGET 时，Redis 返回一个值数组。

20.2.3　修改和查询key空间

还有一些命令没有定义在具体的类型上，但在与 key 空间交互时非常有用。这些命令可以用于任何类型的 key。

例如，EXISTS 命令返回 1 或 0 来标志一个给定的 key 是否在数据库中。DEL 命令用来删除一个 key 和关联的值，而不管这个值是什么。

下面是操作示例：

```
> set mykey hello
OK
> exists mykey
(integer) 1
> del mykey
(integer) 1
> exists mykey
(integer) 0
```

通过这个例子，也可以看到 DEL 命令根据 key 是否被删除返回 1 或 0。

这里有很多与 key 空间相关的命令，但上面两个命令及 TYPE 命令是非常关键的。TYPE 命令返回指定 key 中存放的值的类型。

下面是操作示例：

```
> set mykey x
OK
> type mykey
string
> del mykey
```

```
(integer) 1
> type mykey
none
```

20.2.4　Redis超时

Redis 超时是 Redis 的一个特性之一，这个特性可以用在任何一种值类型中。可以给一个 key 设置一个超时时间，这个超时时间就是有限的生存时间。当生存时间过去，这个 key 就会自动被销毁。

下面是一些关于 Redis 超时的描述。

- 在设置超时时间时，可以使用秒或毫秒。
- 超时时间一般总是 1ms。
- 超时信息会被复制，并持久化到磁盘中。当 Redis 服务器停止时（这意味着 Redis 将保存 key 的超时时间），这个时间在无形中度过。

设置超时时间是轻而易举的，例如：

```
> set key some-value
OK
> expire key 5
(integer) 1
> get key (immediately)
"some-value"
> get key (after some time)
(nil)
```

这个 key 在两次 GET 调用之间消失了，因为第二次调用延时超过了 5s。在上面的例子中，使用 EXPIRE 命令来设置超时时间（它也可以用来给一个已经设置超时时间的 key 设置一个不同的值。PERSIST 可以用来删除超时时间，并将 key 永远持久化）。当然也可以使用其他 Redis 命令来创建带超时时间的 key。例如，使用 SET 选项：

```
> set key 100 ex 10
OK
> ttl key
(integer) 9
```

上面例子中设置 key 值为 String 100，并带有 10s 的超时时间。之后，使用 TTL 命令检测这个 key 的剩余生存时间。

如果想知道如何以毫秒级设置和检测超时时间，查看 PEXPIRE 和 PTTL 命令，以及 SET 选项列表，可以参见 http://redis.io/commands。

20.2.5　Redis List

Redis List 是通过 Linked List 实现的，这意味着即使成千上万的元素在一个列表中，在列表头和尾增加一个元素的操作是在一个常量时间内完成的。使用 LPUSH 命令增加一个新元素到一个具有 10 个元素的列表头的速度和增加一个元素到有千万元素的列表头是一样的。

这样做的负面影响是什么呢？在使用数组实现的列表中，使用 index 访问一个元素是非常快的（index 访问是常量时间），而在使用 Linked List 实现的 List 中不是那么快的（这个操作需要的工作量和被访问元素的 index 成正比）。

Redis List 使用 Linked List 实现是因为对于数据库系统而言，能够快速增加一个元素到一个非常长的列表中是非常关键的。

下面将会看到，Redis List 的另一个重要优势是可以在常量时间内获取一个固定长度子 List。

如何实现快速访问一个庞大元素集合的中间值？可以使用另一个数据结构，它称为 Sorted Set。Sorted Set 将在后面讲到。

20.2.6　使用Redis List的第一步

LPUSH 命令将一个新元素从左边加入列表中，而 RPUSH 命令将一个新元素从右边加入列表中。最后，LRANGE 命令获取列表范围内的元素：

```
> rpush mylist A
(integer) 1
> rpush mylist B
(integer) 2
> lpush mylist first
(integer) 3
> lrange mylist 0 -1
1) "first"
2) "A"
3) "B"
```

注意，LRANGE 带有两个 index， 分别返回范围的开始和结束。这两个 index 都可以是负数，告诉 Redis 从后边开始计数：–1 表示最后一个元素，–2 表示倒数第二个元素，以此类推。

正如你看到的，RPUSH 将元素附加到列表右边，而 LPUSH 将元素附加到左边。

两个命令都是 variadic commands（可变参数的命令）。这意味着可以在一次调用中将多个元素插入列表中。

下面是操作示例：

```
> rpush mylist 1 2 3 4 5 "foo bar"
(integer) 9
> lrange mylist 0 -1
1) "first"
```

```
2) "A"
3) "B"
4) "1"
5) "2"
6) "3"
7) "4"
8) "5"
9) "foo bar"
```

Redis List 的一个重要操作是 pop 元素的能力。pop 元素是指从列表中取出元素，并同时将它从列表中删除的操作。可以从左边或右边 pop 元素，这与从列表两侧的 push 元素类似。

下面是操作示例：

```
> rpush mylist a b c
(integer) 3
> rpop mylist
"c"
> rpop mylist
"b"
> rpop mylist
"a"
```

这里加入了 3 个元素，并 pop 了 3 个元素，所以在这些命令执行完后，这个列表是空的，并且没有更多的元素可以 pop。如果尝试再 pop 一个元素，获得的结果如下：

```
> rpop mylist
(null)
```

Redis 返回 null 值来表示已经没有元素在列表中了。

20.2.7　List常见的用例

List 对于某些特定的场景是非常有用的，两个非常典型的用例如下。

- 记录用户 post 到社区网络的最新更新。
- 使用消费者—生产者模式进行进程间通信。生产者推送数据到 List 中，消费者消费这些数据并执行操作。Redis 有专门的 List 命令使这个用例更加可靠和高效。

例如，热门的 Ruby 库 resque 和 sidekiq 在底层就是使用 Redis 列表实现的后台任务。热门的 Twitter 社交网络将用户最新 post 的 tweet 放入 Redis List 中。

为了一步步描述这个常见的用例，设想在主页上展示来自社交网站上发布的最新图片，并且提高访问速度。

- 每次用户 post 一张新的图片，就使用 LPUSH 将它的 ID 加入一个 List 中。
- 当用户访问这个主页时，可以使用 LRANGE 0 9 来获得最近上传的 10 个数据。

20.2.8 限制列表

在很多的用例中，仅需要使用 List 保存最近的元素，如社交网络的更新、日志，或者其他任何事。

Redis 允许使用 List 作为 capped 集合，使用 LTRIM 命令仅记住最近 N 个元素，并丢失所有旧的数据。

LTRIM 命令和 LRANGE 类似，但它设置这个范围作为新的 List 值，而不是展示指定范围的元素。所有在给定范围之外的元素都会被删除。

通过下面的例子，可以使它更加容易理解：

```
> rpush mylist 1 2 3 4 5
(integer) 5
> ltrim mylist 0 2
OK
> lrange mylist 0 -1
1) "1"
2) "2"
3) "3"
```

上面的 LTRIM 命令告诉 Redis 仅取从 index 0 到 2 的列表元素，其他的会被丢弃。这是一个非常简单但又很有用的模式：执行一个 List 推送操作 + 一个 List 截断操作，以增加一个新元素，并丢弃超过限制的元素。其用法如下。

```
LPUSH mylist <some element>
LTRIM mylist 0 999
```

上面的组合增加了一个新元素，并取 1000 个最新的元素放入这个 List 中。通 LRANGE 命令，可以访问最前面的数据，而不需要记住非常旧的数据。

注意，LRANGE 是一个 O(N) 的命令，访问列表头或列表尾的小范围元素是一个常量时间操作。

受限于篇幅，无法将 Redis 所有的类型都做介绍。读者如果对 Redis 的应用感兴趣，也可以参阅笔者所著的《分布式系统常用技术及案例分析》。

实战 # 20.3　实战：使用Node.js操作Redis

操作 Redis 需要安装 Redis 的驱动。其中，在 Node.js 领域，有众多的 Redis 客户端提供使用。本节介绍如何通过 redis 模块来操作 Redis。

redis 模块项目地址为 https://github.com/NodeRedis/node_redis。

20.3.1　安装redis模块

为了演示如何使用 Node.js 操作 Redis，首先初始化一个名称为"redis-demo"的应用。命令为：

```
$ mkdir redis-demo
$ cd redis-demo
```

接着，通过"npm init"来初始化该应用：

```
$ npm init

This utility will walk you through creating a package.json file.
It only covers the most common items, and tries to guess sensible de
faults.

See 'npm help json' for definitive documentation on these fields
and exactly what they do.

Use 'npm install <pkg>' afterwards to install a package and
save it as a dependency in the package.json file.

Press ^C at any time to quit.
package name: (redis-demo)
version: (1.0.0)
description:
entry point: (index.js)
test command:
git repository:
keywords:
author: waylau.com
license: (ISC)
About to write to D:\workspaceGithub\nodejs-book-samples\samples\re
dis-demo\package.json:

{
  "name": "redis-demo",
  "version": "1.0.0",
  "description": "",
  "main": "index.js",
  "scripts": {
    "test": "echo \"Error: no test specified\" && exit 1"
  },
  "author": "waylau.com",
  "license": "ISC"
}


Is this OK? (yes) yes
```

redis 模块是一个开源的、JavaScript 编写的 Redis 驱动，用来操作 Redis。你可以像安装其他模块一样来安装 redis 模块，命令为：

```
$ npm install redis

npm notice created a lockfile as package-lock.json. You should commit
this file.
npm WARN redis-demo@1.0.0 No description
npm WARN redis-demo@1.0.0 No repository field.

+ redis@2.8.0
added 4 packages from 4 contributors and audited 4 packages in 2.04s
found 0 vulnerabilities
```

20.3.2 实现访问Redis

安装 redis 模块后，就可以通过 redis 模块来访问 Redis。

以下是一个简单的操作 Redis 的示例：

```
const redis = require("redis");

// 创建客户端
const client = redis.createClient();

// 错误处理
client.on("error", function (err) {
    console.log("Error " + err);
});

// 设值
client.set(" 书名 ", " 《Node.js 企业级应用开发实战》 ", redis.print);

// 同一个 key 不同的字段
client.hset(" 柳伟卫的 Spring 三剑客 ", " 第一剑 ", " 《Spring Boot 企业级应用开发
实战》 ", redis.print);
client.hset(" 柳伟卫的 Spring 三剑客 ", " 第二剑 ", " 《Spring Cloud 微服务架构开
发实战》 ", redis.print);
client.hset([" 柳伟卫的 Spring 三剑客 ", " 第三剑 ", " 《Spring 5 开发大全》 "],
redis.print);

// 返回所有的字段
client.hkeys(" 柳伟卫的 Spring 三剑客 ", function (err, replies) {
    console.log(" 柳伟卫的 Spring 三剑客共 " + replies.length + " 本 :");

    // 遍历所有的字段
    replies.forEach(function (reply, i) {
        console.log("    " + i + ": " + reply);
```

```
    });
});


// 获取 key 所对应的值
client.get(" 书名 ", function (err, reply) {
    console.log(reply);
});


// 获取 key 所对应的值
client.hgetall(" 柳伟卫的 Spring 三剑客 ", function (err, reply) {
    console.log(reply);

    // 退出
    client.quit();
});
```

其中：

- redis.createClient() 用于创建客户端。
- client.set() 方法设置单个值。
- client.hset() 方法用于设置多个字段。
- client.hkeys() 方法用于返回所有的字段。
- client.get() 和 client.hgetall() 方法都用于获取 key 所对应的值。
- client.quit() 用于关闭连接。

20.3.3　运行应用

执行下面的命令来运行应用。在运行应用之前，请确保已经将 Redis 服务器启动起来。

```
$ node index.js
```

应用启动之后，可以在控制台看到如下信息：

```
$ node index.js


Reply: OK
Reply: 0
Reply: 0
Reply: 0

柳伟卫的 Spring 三剑客共 3 本：

    0: 第一剑
    1: 第二剑
```

279

```
  2：第三剑

《Node.js 企业级应用开发实战》
{
  '第一剑': ' 《Spring Boot 企业级应用开发实战》 ',
  '第二剑': ' 《Spring Cloud 微服务架构开发实战》 ',
  '第三剑': ' 《Spring 5 开发大全》 '
}
```

本节例子可以在"redis-demo"目录下找到。

第21章
实战："用户管理"客户端的实现

　　本章将实现一个简易版本的"用户管理"应用的客户端。通过该应用的搭建，使读者了解到 Node.js 和 Angular 从零开始创建一个客户端的完整过程。

21.1   ■ "用户管理"应用概述

"用户管理"应用实现了用户的增、删、改、查等基本功能。本节将从一个最基本的 Angular 外壳开始,逐步使用 Angular 的常用概念,包括组件、模板、服务、HTTP、路由,并结合 MySQL 等技术,最终实现一个"用户管理"应用。

通过该应用的实现,可以使读者了解 Angular 和 MySQL 技术的运行机制。

"用户管理"应用是一个前后台分离的项目,分为客户端应用和服务端应用两部分。本节主要介绍"用户管理"客户端的构建。

21.1.1   初始化数据库

在该应用中使用 MySQL 进行数据的存储,并按下面的步骤初始化数据库。

1. 创建新的数据库

要创建新的数据库,执行下面指令:

```
mysql> CREATE DATABASE nodejs_book;
Query OK, 1 row affected (0.10 sec)
```

其中,"nodejs_book"就是要新建的数据库的名称。

2. 使用数据库

使用数据库,执行下面指令:

```
mysql> USE nodejs_book;
Database changed
```

21.1.2   创建用户表

用户表代表了用户信息的数据结构,按照以下步骤完成用户表的创建。

为了力求简洁,用户信息只用了"用户 ID"和"用户姓名"两个字段来表示。

1. 建表

建表执行下面指令:

```
mysql> CREATE TABLE t_user (user_id BIGINT NOT NULL, username VAR
CHAR(20));
Query OK, 0 rows affected (0.35 sec)
```

2. 查看表

查看数据库中的所有表,执行下面指令:

```
mysql> SHOW TABLES;
```

```
+-----------------------+
| Tables_in_nodejs_book |
+-----------------------+
| t_user                |
+-----------------------+
1 row in set (0.03 sec)
```

如果想要查看表的详情，执行下面指令：

```
mysql> DESCRIBE t_user;
+----------+-------------+------+-----+---------+-------+
| Field    | Type        | Null | Key | Default | Extra |
+----------+-------------+------+-----+---------+-------+
| user_id  | bigint(20)  | NO   |     | NULL    |       |
| username | varchar(20) | YES  |     | NULL    |       |
+----------+-------------+------+-----+---------+-------+
2 rows in set (0.00 sec)
```

21.1.3　初始化Angular的应用外壳

与创建 angular-demo 应用类似，使用 Angular CLI 命令行工具创建一个名称为"user-management"的"用户管理"应用。

```
$ ng new user-management
```

创建应用完成之后，可以看到控制台输出内容为：

```
$ ng new user-management

? Would you like to add Angular routing? No
? Which stylesheet format would you like to use? CSS
CREATE user-management/angular.json (3888 bytes)
CREATE user-management/package.json (1314 bytes)
CREATE user-management/README.md (1031 bytes)
CREATE user-management/tsconfig.json (435 bytes)
CREATE user-management/tslint.json (1621 bytes)
CREATE user-management/.editorconfig (246 bytes)
CREATE user-management/.gitignore (629 bytes)
CREATE user-management/src/favicon.ico (5430 bytes)
CREATE user-management/src/index.html (301 bytes)
CREATE user-management/src/main.ts (372 bytes)
CREATE user-management/src/polyfills.ts (2841 bytes)
CREATE user-management/src/styles.css (80 bytes)
CREATE user-management/src/test.ts (642 bytes)
CREATE user-management/src/browserslist (388 bytes)
CREATE user-management/src/karma.conf.js (1028 bytes)
CREATE user-management/src/tsconfig.app.json (166 bytes)
CREATE user-management/src/tsconfig.spec.json (256 bytes)
```

```
CREATE user-management/src/tslint.json (314 bytes)
CREATE user-management/src/assets/.gitkeep (0 bytes)
CREATE user-management/src/environments/environment.prod.ts (51 bytes)
CREATE user-management/src/environments/environment.ts (662 bytes)
CREATE user-management/src/app/app.module.ts (314 bytes)
CREATE user-management/src/app/app.component.html (1120 bytes)
CREATE user-management/src/app/app.component.spec.ts (1005 bytes)
CREATE user-management/src/app/app.component.ts (219 bytes)
CREATE user-management/src/app/app.component.css (0 bytes)
CREATE user-management/e2e/protractor.conf.js (752 bytes)
CREATE user-management/e2e/tsconfig.e2e.json (213 bytes)
CREATE user-management/e2e/src/app.e2e-spec.ts (644 bytes)
CREATE user-management/e2e/src/app.po.ts (251 bytes)
npm WARN deprecated circular-json@0.5.9: CircularJSON is in maintenance
only, flatted is its successor.

> node-sass@4.12.0 install D:\workspaceGithub\nodejs-book-samples\
samples\user-management\node_modules\node-sass
> node scripts/install.js

Cached binary found at C:\Users\User\AppData\Roaming\npm-cache\node-sass\
4.12.0\win32-x64-72_binding.node

> core-js@2.6.9 postinstall D:\workspaceGithub\nodejs-book-samples\
samples\user-management\node_modules\core-js
> node scripts/postinstall || echo "ignore"


> node-sass@4.12.0 postinstall D:\workspaceGithub\nodejs-book-samples\
samples\user-management\node_modules\node-sass
> node scripts/build.js

Binary found at D:\workspaceGithub\nodejs-book-samples\samples\user-
management\node_modules\node-sass\vendor\win32-x64-72\binding.node
Testing binary
Binary is fine
npm WARN optional SKIPPING OPTIONAL DEPENDENCY: fsevents@1.2.9 (node_
modules\fsevents):
npm WARN notsup SKIPPING OPTIONAL DEPENDENCY: Unsupported platform for
fsevents@1.2.9: wanted {"os":"darwin","arch":"any"} (current:
{"os":"win32","arch":"x64"})

added 1105 packages from 1020 contributors and audited 42445 packages
in 128.189s
found 1 low severity vulnerability
  run 'npm audit fix' to fix them, or 'npm audit' for details
    Directory is already under version control. Skipping initialization
of git.
```

执行以下命令来启动应用。

```
$ cd user-management
$ ng serve --open
```

此时，应用会自动在浏览器中打开，其主页地址为 http://localhost:4200/，效果如图 21-1 所示。

图21-1　运行效果

21.2　修改AppComponent组件

本节将学习使用 Angular 组件显示数据，并使用双花括号插值表达式显示应用标题。

21.2.1　修改app.component.ts

修改 src/app/app.component.ts 文件，将 title 修改为：

```
title = 'User Management（用户管理）';
```

完整的 app.component.ts 代码为：

```
import { Component } from '@angular/core';


@Component({
  selector: 'app-root',
  templateUrl: './app.component.html',
  styleUrls: ['./app.component.css']
})export class AppComponent {
```

```
    // 应用标题
    title = 'User Management （用户管理）';
}
```

21.2.2 修改app.component.html

打开组件的模板文件 src/app/app.component.html，并清空 Angular CLI 自动生成的默认模板，改为下列 HTML 内容：

```
<h1>{{title}}</h1>
```

双花括号语法是 Angular 的插值绑定语法。插值绑定就是把组件的 title 属性值绑定到 HTML 中的 h1 标记中。

浏览器将会自动刷新，并且显示出新的应用标题，如图 21-2 所示。

图21-2 运行效果

21.2.3 添加应用样式

大多数应用都会努力让整个应用具有一致的外观。因此，CLI 会生成一个空白的 styles.css 文件，该文件可以把所有应用级别的样式放进去。

打开 src/styles.css 文件，编写如下内容。这些样式都是 Angular 团队推荐的默认样式。

```
h1 {
    color: #369;
    font-family: Arial, Helvetica, sans-serif;
    font-size: 250%;
}

h2,
h3 {
    color: #444;
    font-family: Arial, Helvetica, sans-serif;
    font-weight: lighter;
}

body {
    margin: 2em;
```

```
}

body,
input[text],
button {
    color: #888;
    font-family: Cambria, Georgia;
}

* {
    font-family: Arial, Helvetica, sans-serif;
}
```

此时 app.component.html 便有了新样式，整个应用看上去美观了许多，如图 21-3 所示。

图21-3 运行效果

21.3 实现用户编辑器

用户编辑器用于将用户资料录入用户管理系统中。接下来要创建一个新的组件用来显示用户信息，并把这个组件放到应用程序的外壳中。

21.3.1 创建用户列表组件

使用 Angular CLI 命令，在 src/app 目录中创建一个名称为 "users" 的新组件，具体代码为：

```
$ ng generate component users
```

创建完成后会生成 UsersComponent 的相关的 4 个文件，其代码为：

```
$ ng generate component users

CREATE src/app/users/users.component.html (24 bytes)
CREATE src/app/users/users.component.spec.ts (621 bytes)
CREATE src/app/users/users.component.ts (265 bytes)
CREATE src/app/users/users.component.css (0 bytes)
UPDATE src/app/app.module.ts (392 bytes)
```

其中，最后一条信息是 Angular CLI 在生成 UsersComponent 组件时，将 UsersComponent 组件自动添加到 AppModule 中的，因此改动了 app.module.ts 文件。UsersComponent 的类文件为 users.component.ts，内容为：

```
import { Component, OnInit } from '@angular/core';

@Component({
  selector: 'app-users',
  templateUrl: './users.component.html',
  styleUrls: ['./users.component.css']
})export class UsersComponent implements OnInit {

  constructor() { }

  ngOnInit() {
  }

}
```

该代码从 Angular 核心库中导入了 Component，并为组件类 UsersComponent 加上 @Component 装饰器。

- @Component：一个装饰器函数，用于为 UsersComponent 组件指定 Angular 所需的元数据。CLI 会自动生成 3 个元数据属性。
- selector：组件的选择器（CSS 元素选择器）。
- templateUrl：组件模板文件的位置。
- styleUrls：组件私有 CSS 样式表文件的位置。
- CSS 元素选择器 app-users 用来在父组件的模板中匹配 HTML 元素的名称，以识别出该组件。
- ngOnInit 是一个生命周期钩子，Angular 在创建完组件后很快就会调用 ngOnInit。这里是放置初始化逻辑的好地方。
- 添加关键字"export"，标明 UsersComponent 组件类可以被导出，以便在其他地方（如 AppModule）导入 UsersComponent。

21.3.2　添加user属性

往 UsersComponent 中添加一个 user 属性，用来表示一个名为"老卫"的用户。

```
export class UsersComponent implements OnInit {
  // 用户属性
  user = '老卫';

  constructor() { }
```

```
 ngOnInit() {
  }

}
```

21.3.3　显示用户

打开模板文件 users.component.html。删除 Angular CLI 自动生成的默认内容，改为数据绑定到 user 属性。

```
{{user}}
```

这样，就能在模板中展示用户的数据。

21.3.4　显示UsersComponent视图

若要显示 UsersComponent，则必须把它加载到壳组件 AppComponent 的模板中。app-users 就是 UsersComponent 的元素选择器。所以，只要把 <app-users> 元素添加到 AppComponent 的模板文件中就可以了，修改 src/app/app.component.html 文件为：

```
<h1>{{title}}</h1>
<app-users></app-users>
```

若 CLI 的 "ng serve" 命令仍在运行，则浏览器自动刷新，并且同时显示出应用的标题和用户的名字，如图 21-4 所示。

图21-4　运行效果

21.3.5　创建User类

上面的用户"老卫"只是用户的一个实例，下面还需要创建一个用户类来表达更多的用户。

在 src/app 文件夹中，为 User 类创建一个文件 user.ts，并添加 id 和 name 属性。src/app/user.ts 代码为：

```
export class User {
```

```
    id: number;
    name: string;
}
```

返回 UsersComponent 类，并且导入这个 User 类。

把组件的 user 属性的类型重构为 User，然后将 id 设为 1，以"老卫"为名字初始化它。

修改后的 UsersComponent 类为：

```
import { Component, OnInit } from '@angular/core';
import { User } from '../user';

@Component({
  selector: 'app-users',
  templateUrl: './users.component.html',
  styleUrls: ['./users.component.css']
})export class UsersComponent implements OnInit {

  user : User = {
    id: 1,
    name: '老卫'
  };


  constructor() { }

  ngOnInit() {
  }

}
```

修改 users.component.html，将用户信息完整展示出来，代码为：

```
<h2>{{user.name}}</h2>
<div><span>id: </span>{{user.id}}</div>
<div><span>name: </span>{{user.name}}</div>
```

效果如图 21-5 所示。

图21-5　运行效果

21.3.6　编辑用户信息

在页面增加输入框来编辑用户的名字。当输入用户名字时，这个输入框能同时显示和修改用户 name 属性。也就是说，数据从组件类流出到屏幕，并且从屏幕流回到组件类。 要实现这种数据流动自动化，就要在表单元素和组件 user.name 属性之间建立双向数据绑定，而 "[(ngModel)]" 就是 Angular 实现双向数据绑定的语法。

将 users.component.html 文件修改为：

```html
<h2>{{user.name}}</h2>
<div><span>id: </span>{{user.id}}</div>
<div>
<label>name:
    <input [(ngModel)]="user.name" placeholder="name">
</label>
</div>
```

其中，把 user.name 属性绑定到了 HTML 的 textbox 元素上，以便数据流可以双向流动：从 user.name 属性流动到 textbox，并从 textbox 流回 user.name 。

观察页面，此时页面并不能完全工作，出现错误信息，如图 21-6 所示。

图21-6　报错信息

报错误信息为：

```
Error: Template parse errors:
Can't bind to 'ngModel' since it isn't a known property of 'input'.
("
<div>

    <label>name:

      <input [ERROR ->][(ngModel)]="user.name" placeholder="name">

    </label>
```

```
</div>"): ng:///AppModule/UsersComponent.html@4:13
```

错误原因是，虽然 ngModel 是一个有效的 Angular 指令，不过它在默认情况下是不可用的。它属于一个可选模块 FormsModule，所以必须自行添加此模块才能使用该指令。

21.3.7　添加FormsModule

FormsModule 就是 Angular 中用于处理 Form 表单的模块。

Angular 需要知道如何把应用程序的各个部分组合到一起，以及该应用需要哪些其他文件和库。这些标识程序作用的信息被称为元数据（metadata）。

有些元数据位于 @Component 装饰器中，需要把它加到组件类上。另一些关键性的元数据位于 @NgModule 装饰器中，最重要的 @NgModule 装饰器位于顶级类 AppModule 上。

Angular CLI 在创建项目时，生成了一个 AppModule 类（src/app/app.module.ts），这个类也就是要添加 FormsModule 的地方。

打开 AppModule (app.module.ts)，导入 FormsModule。

```
import { FormsModule } from '@angular/forms';
```

然后把 FormsModule 添加到 @NgModule 元数据的 imports 数组中。以下是该应用所需外部模块的列表：

```
...
imports: [
  BrowserModule,
  FormsModule
],
...
```

刷新浏览器，应用就又能正常工作了。这时可以编辑用户的名字，并且看到改动立刻体现在这个输入框上方的 <h2> 中，效果如图 21-7 所示。

图21-7　运行效果

完整的 app.module.ts 代码为：

```
import { BrowserModule } from '@angular/platform-browser';
import { FormsModule } from '@angular/forms';
import { NgModule } from '@angular/core';
import { AppComponent } from './app.component';
import { UsersComponent } from './users/users.component';

@NgModule({
  declarations: [
    AppComponent,
    UsersComponent
  ],
  imports: [
    BrowserModule,
    FormsModule // 导入模块
  ],
  providers: [],
  bootstrap: [AppComponent]
})export class AppModule { }
```

21.3.8　声明组件

每个组件都必须声明在一个 NgModule 中。

在上面的 app.module.ts 文件中可以看到如下声明的代码：

```
declarations: [
  AppComponent,
  UsersComponent
],
```

AppComponent 和 UsersComponent 就是两个已经声明了的组件。Angular CLI 在生成 UsersComponent 组件时就自动把它加到了 AppModule 中。如果没有使用 Angular CLI，就需要手动进行声明。

21.4　展示用户列表

本节将展示用户列表。当选中某个用户时，能够查看到该用户的详细信息。

21.4.1　模拟用户数据

由于目前的应用都是纯粹的客户端程序，并非涉及数据的存储及接口的访问，所以只能模拟（mock）一些用户列表数据。在 src/app/ 文件夹中创建一个名为 mock-users.ts 的文件，在该文件中定义一个包含 10 个用户的常量数组 USERS，并将它导出。该文件是这样的：

```
import { User } from './user';
export const USERS: User[] = [
  { id: 11, name: 'Way Lau' },
  { id: 12, name: 'Narco' },
  { id: 13, name: 'Bombasto' },
  { id: 14, name: 'Celeritas' },
  { id: 15, name: 'Magneta' },
  { id: 16, name: 'RubberMan' },
  { id: 17, name: 'Dynama' },
  { id: 18, name: 'Dr IQ' },
  { id: 19, name: 'Magma' },
  { id: 20, name: 'Tornado' }
];
```

21.4.2 展示用户列表

下面将要在 UsersComponent 的顶部显示这个用户列表。打开 UsersComponent 类文件 src/app/users/users.component.ts，并导入模拟的 USERS：

```
import { USERS } from '../mock-users';
```

向类中添加一个 users 属性，这样可以暴露这些用户，以供后续绑定：

```
users = USERS;
```

21.4.3 使用*ngFor列出用户

*ngFor 是一个 Angular 的复写器（repeater）指令。它会为列表中的每项数据复写它的宿主元素。类似 Java 或 JavaScript 中的 for-each 循环。

*ngFor 用法为：

```
<li *ngFor="let user of users">
```

其中，

- <li> 是 *ngFor 的宿主元素。
- users 是来自 UsersComponent 类的列表。
- 当依次遍历这个列表时，user 会为每个迭代保存当前的用户对象。

效果如图 21-8 所示。

图21-8　运行效果

完整代码为：

```html
<h2> 我的用户 </h2>
<ul class="users">
  <li *ngFor="let user of users">
    <span class="badge">{{user.id}}</span> {{user.name}}
  </li>
</ul>
```

21.4.4　添加样式

目前，展示用户数据是没有问题的，只是不大美观，此时需要 CSS 来帮忙。

编辑 users.component.css，添加如下样式：

```css
.selected {
    background-color: #CFD8DC !important;
    color: white;
}

.users {
    margin: 0 0 2em 0;
    list-style-type: none;
    padding: 0;
    width: 15em;
}
```

```
.users li {
    cursor: pointer;
    position: relative;
    left: 0;
    background-color: #EEE;
    margin: .5em;
    padding: .3em 0;
    height: 1.6em;
    border-radius: 4px;
}

.users li.selected:hover {
    background-color: #BBD8DC !important;
    color: white;
}

.users li:hover {
    color: #607D8B;
    background-color: #DDD;
    left: .1em;
}

.users .text {
    position: relative;
    top: -3px;
}

.users .badge {
    display: inline-block;
    font-size: small;
    color: white;
    padding: 0.8em 0.7em 0 0.7em;
    background-color: #607D8B;
    line-height: 1em;
    position: relative;
    left: -1px;
    top: -4px;
    height: 1.8em;
    margin-right: .8em;
    border-radius: 4px 0 0 4px;
}
```

这些样式只提供给 UsersComponent 组件所使用，效果如图 21-9 所示。

图21-9　运行效果

21.4.5　添加事件

单击用户列表中的某个用户时，该组件应该在页面底部显示所选用户的详情。

添加 click 事件绑定的方式为：

```
<li *ngFor="let user of users" (click)="onSelect(user)">
```

click 外面的圆括号会让 Angular 监听这个 <li> 元素的 click 事件。当用户单击 <li> 时，Angular 就会执行表达式 onSelect(user)。

onSelect() 是 UsersComponent 上的一个方法，接下来就会实现它。Angular 会把所单击的 <li> 上的 user 对象传给它，这个 user 是前面在 *ngFor 表达式中定义的那个。

修改 src/app/users/users.component.ts，把该组件的 user 属性更名为 selectedUser，但不要为它赋值，因为应用刚刚启动时并没有所选用户。

添加如下面的 onSelect() 方法，它会把模板中被单击的用户赋值给组件的 selectedUser 属性。

```
selectedUser: User;

onSelect(user: User): void {
  this.selectedUser = user;
}
```

同时修改 users.component.html，把 user 更名为 selectedUser：

```
<h2>{{selectedUser.name}}</h2>
```

```
<div><span>id: </span>{{selectedUser.id}}</div>
<div>
<label>name:
    <input [(ngModel)]="selectedUser.name" placeholder="name">
</label>
</div>
```

此时如果刷新浏览器，会报如下错误：

```
ERROR TypeError: "_co.selectedUser is undefined"
```

错误原因是，模板中的 selectedUser 并未初始化，selectedUser.name 中的属性是空的。所以，这里要多加一个判断，该组件应该只有当 selectedUser 存在时才显示所选用户的详情。

把显示用户详情的 HTML 包裹在一个 <div> 中，并且为这个 <div> 添加 Angular 的 *ngIf 指令，把它的值设置为 selectedUser 即可：

```
<div *ngIf="selectedUser">
  <h2>{{selectedUser.name}}</h2>
  <div><span>id: </span>{{selectedUser.id}}</div>
  <div>
  <label>name:
      <input [(ngModel)]="selectedUser.name" placeholder="name">
  </label>
  </div>
</div>
```

当 selectedUser 为 undefined 时，ngIf 从 DOM 中移除了用户详情。当选中一个用户时，selectedUser 也就有了值，并且 ngIf 把用户的详情放回 DOM 中，效果如图 21-10 所示。

图21-10　运行效果

21.4.6　设置选中的样式

目前，很难识别哪些用户是已经选中的。因此，需要在选中的用户上添加选中的样式 .selected。

这个样式已经在 users.component.css 定义了，所以只要实施它即可。这里需要做下判断，如果当前用户是选中的用户，该用户就添加 .selected 样式，否则就移除 .selected 样式。那么，如何实现判断呢？

Angular 的 CSS 类绑定机制让根据条件添加或移除一个 CSS 类变得很容易。只要把 [class.some-css-class]= " some-condition" 添加到要施加样式的元素上就可以了。

用法为：

```
[class.selected]="user === selectedUser"
```

如果当前行的用户与 selectedUser 相同，Angular 会添加 CSS 类 .selected，否则就会移除它。

完整代码为：

```
<h2> 我的用户 </h2>
<ul class="users">
    <li *ngFor="let user of users"
    [class.selected]="user === selectedUser"
    .(click)="onSelect(user)">
    <span class="badge">{{user.id}}</span> {{user.name}}
  </li>
</ul>
```

效果如图 21-11 所示。

图21-11　运行效果

21.5　多组件化开发

本节要把原来的 UsersComponent 重构为 UsersComponent、UserDetailComponent 两个组件。多组件开发的方式具有以下优势。

- 通过缩减 UsersComponent 的职责简化了该组件。
- 可以把 UserDetailComponent 改进成一个功能丰富的用户编辑器，而不用改动父组件 UsersComponent。
- 可以改进 UsersComponent，而不用改动用户详情视图。
- 可以在其他组件的模板中重复使用 UserDetailComponent。

21.5.1　创建UserDetailComponent组件

与 UsersComponent 的创建方式类似，下面使用 Angular CLI 创建一个名为 user-detail 的新组件。

```
$ ng generate component user-detail
```

CLI 创建了一个新的文件夹 src/app/user-detail/，并生成了 UserDetailComponent 相关的4个文件。

```
$ ng generate component user-detail

CREATE src/app/user-detail/user-detail.component.html (30 bytes)
CREATE src/app/user-detail/user-detail.component.spec.ts (657 bytes)
CREATE src/app/user-detail/user-detail.component.ts (288 bytes)
CREATE src/app/user-detail/user-detail.component.css (0 bytes)
UPDATE src/app/app.module.ts (572 bytes)
```

21.5.2　编辑user-detail.component.html

从 UsersComponent 模板的底部把表示用户详情的 HTML 代码剪切、粘贴到所生成的 UserDetailComponent 模板中。

所粘贴的 HTML 引用了 selectedUser。新的 UserDetailComponent 可以展示任意用户，而不仅仅是所选的。因此还要把模板中的所有 selectedUser 替换为 user。完成之后，UserDetailComponent 的模板应该是这样的：

```
<div *ngIf="user">
  <h2>{{user.name}}</h2>
  <div><span>id: </span>{{user.id}}</div>
  <div>
  <label>name:
      <input [(ngModel)]="user.name" placeholder="name">
  </label>
```

```
  </div>
</div>
```

21.5.3　编辑user-detail.component.ts

UserDetailComponent 模板中绑定了组件中的 user 属性，它的类型是 User。

打开 UserDetailComponent 类文件 user-detail.component.ts，并导入 User 符号。

```
import { User } from '../user';
```

user 属性必须是一个带有 @Input() 装饰器的输入属性，因为外部的 UsersComponent 组件将会绑定到它。就像这样：

```
<app-user-detail [user]="selectedUser"></app-user-detail>
```

修改 @angular/core 的导入语句，导入 Input 符号：

```
import { Component, OnInit, Input } from '@angular/core';
```

添加一个带有 @Input() 装饰器的 user 属性：

```
@Input() user: User;
```

完整代码为：

```
import { Component, OnInit, Input } from '@angular/core';
import { User } from '../user';

@Component({
  selector: 'app-user-detail',
  templateUrl: './user-detail.component.html',
  styleUrls: ['./user-detail.component.css']
})export class UserDetailComponent implements OnInit {

  @Input() user: User;

  constructor() { }

  ngOnInit() {
  }

}
```

21.5.4　编辑users.component.html

UserDetailComponent 的选择器是 app-user-detail。把 <app-user-detail> 添加到 UsersComponent 模板 users.component.html 的底部，以便把用户详情的视图显示到那里。

把 UsersComponent.selectedUser 绑定到该元素的 user 属性，就像这样：

```
<app-user-detail [user]="selectedUser"></app-user-detail>
```

其中，[user]="selectedUser" 是 Angular 的属性绑定语法，这是一种单向数据绑定。从 UsersComponent 的 selectedUser 属性绑定到目标元素的 user 属性，并映射到了 UserDetailComponent 的 user 属性。

现在，当用户在列表中单击某个用户时，selectedUser 就改变了。当 selectedUser 改变时，属性绑定会修改 UserDetailComponent 的 user 属性，UserDetailComponent 就会显示新的用户信息。

修改后的 UsersComponent 的模板 users.component.html 是这样的：

```
<h2> 我的用户 </h2>
<ul class="users">
    <li *ngFor="let user of users"
    [class.selected]="user === selectedUser"
    (click)="onSelect(user)">
        <span class="badge">{{user.id}}</span> {{user.name}}
    </li>
</ul>

<app-user-detail [user]="selectedUser"></app-user-detail>
```

21.5.5 运行

执行"ng serve"命令以启动应用，效果如图 21-12 所示。

图21-12 运行效果

21.6　使用服务

本节将创建用户服务 UserService。UserService 专注于为视图提供数据。

同时，不需要使用 new 来创建此服务的实例，而要依靠 Angular 的依赖注入机制把它注入到 UsersComponent 的构造函数中。

21.6.1　服务的用处

使用服务的首要好处是利于代码分层管理。在一个模块中，服务位于处理核心业务逻辑层，并且依靠 Angular 的依赖注入机制，能够轻松地将服务注入需要使用服务的组件中，简化了服务的实例化。

21.6.2　创建UserService服务

使用 Angular CLI 创建一个名为 user 的服务。

```
$ ng generate service user
```

可以在控制台看到如下输出信息：

```
$ ng generate service user


CREATE src/app/user.service.spec.ts (362 bytes)
CREATE src/app/user.service.ts (133 bytes)
```

其中，该命令会在 src/app/user.service.ts 中生成 UserService 类的骨架。UserService 类的代码为：

```
import { Injectable } from '@angular/core';

@Injectable({
  providedIn: 'root'
})
export class UserService {

  constructor() { }
}
```

在 src/app/user.service.spec.ts 中生成的是 UserService 类的测试代码：

```
import { TestBed, inject } from '@angular/core/testing';

import { UserService } from './user.service';

describe('UserService', () => {
  beforeEach(() => {
```

```
  TestBed.configureTestingModule({
    providers: [UserService]
  });
});

it('should be created', inject([UserService], (service: UserService)
=> {
  expect(service).toBeTruthy();
}));
});
```

注意，这个新的服务导入了 Angular 的 Injectable 符号，并且给这个服务类添加了 @Injectable() 装饰器。UserService 类将会提供一个可注入的服务，并且它还可以拥有自己的待注入的依赖。目前它还没有依赖，但是很快就会有了。

@Injectable() 装饰器会接受该服务的元数据对象，就像 @Component() 对组件类的作用一样。如果你熟悉 Java 的注解，那么这个 @Injectable() 装饰器可以简单理解为 Java 中的 @Inject 注解。

UserService 职责是提供用户数据的查询，而使用这个服务的调用方是不需要关心 UserService 数据来源的。UserService 可以从任何地方获取数据，如 Web 服务、本地存储（LocalStorage）或一个模拟的数据源。

这里将要从组件中移除数据访问逻辑，将数据访问的逻辑移到 UserService 中，这样组件只需要依赖于 UserService 来提供数据。这意味着将来任何时候都可以改变目前的 UserService 实现方式，而不用改动任何组件。因为，这些组件不需要了解该服务的内部实现。

下面将原来在组件中实现的"获取模拟的用户列表"功能，迁移至 UserService 中，具体修改如下。

1. 导入User和USERS

在 UserService 中导入 User 和 USERS：

```
import { User } from './user';
import { USERS } from './mock-users';
```

2. 添加一个getUsers方法

在 UserService 中添加一个 getUsers 方法，让它返回模拟的用户列表。

```
getUsers(): User[] {
  return USERS;
}
```

21.6.3　提供UserService服务

在要求 Angular 把 UserService 注入 UsersComponent 之前，必须先把这个服务提供给依赖注入系统，也可以通过注册提供商来做到这一点。提供商用来创建和交付服务，在这个例子中，它会对 UserService 类进行实例化，以提供该服务。

现在，需要确保 UserService 已经作为该服务的提供商进行过注册，用户要用一个注入器注册它。注入器就是一个对象，负责在需要时选取和注入该提供商。

默认情况下，Angular CLI 命令 "ng generate service" 会通过给 @Injectable 装饰器添加元数据的形式，为该服务把提供商注册到根注入器上。如果看到 UserService 前面的 @Injectable() 语句定义，就会发现 providedIn 元数据的值是 'root'：

```
@Injectable({
  providedIn: 'root',
})
```

当在顶层提供该服务时，Angular 就会为 UserService 创建一个单一的、共享的实例，并把它注入任何想要它的类上。在 @Injectable 元数据中注册该提供商，还能让 Angular 通过移除那些完全没有用过的服务来进行优化。

如果需要，也可以在不同的层次上注册提供商，如在 UsersComponent 中、在 AppComponent 中，或在 AppModule 中。例如，可以通过附加 -module=app 参数来告诉 CLI 要自动在模块级提供该服务。

```
$ ng generate service user --module=app
```

现在，UserService 已经准备好插入 UsersComponent 中了。

21.6.4　修改UsersComponent组件

打开 UsersComponent 类文件 users.component.ts。删除 USERS 的导入语句，因为以后不会再用它了，转而导入 UserService。

```
import { UserService } from '../user.service';
```

把 users 属性的定义改为一句简单的声明。

```
users: User[];
```

1. 注入UserService

往构造函数中添加一个私有的 userService，其类型为 UserService。

```
constructor(private userService: UserService) { }
```

这个参数同时做了以下两件事。

- 声明了一个私有 userService 属性。
- 把它标记为一个 UserService 的注入点。

当 Angular 创建 UsersComponent 时，依赖注入系统就会把这个 userService 参数设置为 User-Service 的单例对象。

2. 添加getUsers()

创建一个函数，以便从服务中获取这些用户数据。

```
getUsers(): void {
    this.users = this.userService.getUsers();
}
```

3. 在ngOnInit中调用它

虽然可以在构造函数中调用 getUsers()，但那不是最佳方案。

为了让构造函数保持简单，只做初始化操作，如把构造函数的参数赋值给属性。构造函数不应该做任何事。它不能调用某个函数来向远端服务（如真实的数据服务）发起 HTTP 请求，而是选择在 ngOnInit 生命周期钩子中调用 getUsers()，之后交由 Angular 处理，它会在构造出 UsersComponent 的实例之后的某个时机调用 ngOnInit。

```
ngOnInit() {
    this.getUsers();
}
```

4. 查看运行效果

执行 "ng serve" 命令以启动应用，在浏览器中访问 http://localhost:4200/。该应用的运行效果，应该与之前是一样的。

21.6.5 使用Observable数据

Observable 方式属于响应式编程范畴，数据流是异步传输的。采用 Observable 方式需要引入 RxJS 库（http://reactivex.io/rxjs/）。当然，Angular 自带了 RxJS 库，只需开箱即用即可。

1. 在UserService中实现Observable

打开 UserService 文件 user.service.ts，并从 RxJS 中导入 Observable 和 of 符号。

```
import { Observable, of } from 'rxjs';
```

把 getUsers 方法改成这样：

```
getUsers(): Observable<User[]> {
    return of(USERS);
}
```

其中，of(USERS) 会返回一个 Observable<User[]>，它会发出单个值，这个值就是这些模拟用户的数组。

2. 在UsersComponent中订阅

UserService.getUsers() 方法之前返回一个 User[]，现在它返回的是 Observable<User[]>。所以，必须要在 UsersComponent 中修改使用 UserService 方法的方式。

找到 getUsers() 方法，并且把它替换为如下代码：

```
getUsers(): void {
    this.userService.getUsers()
        .subscribe(users => this.users = users);
}
```

Observable.subscribe() 是关键的差异点。这样，只要数据源发生变化，this.users 的值就能立即实现最新的变化，实现异步。

当然，目前还无法体会到 Observable 所带来的好处，因为现在的数据是模拟的，是硬编在代码中的。在后续章节中，还会继续展示 Observable 带来的响应式编程的好处。

21.6.6　显示消息

本节将添加一个 MessagesComponent，它在屏幕的底部显示应用中的消息；创建一个可注入的、全应用级别的 MessageService，用于发送要显示的消息；把 MessageService 注入 UserService 中；当 UserService 成功获取了用户数据时显示一条消息。

1. 创建MessagesComponent

使用 CLI 创建 MessagesComponent，代码为：

```
$ ng generate component messages
```

CLI 在 src/app/messages 中创建了组件文件，并把 MessagesComponent 声明在 AppModule 中。详细的控制台输出信息为：

```
$ ng generate component messages

CREATE src/app/messages/messages.component.html (27 bytes)
CREATE src/app/messages/messages.component.spec.ts (642 bytes)
CREATE src/app/messages/messages.component.ts (277 bytes)
CREATE src/app/messages/messages.component.css (0 bytes)
UPDATE src/app/app.module.ts (646 bytes)
```

修改 AppComponent 的模板 app.component.html 来显示所生成的 MessagesComponent：

```
<h1>{{title}}</h1>
<app-users></app-users>
<app-messages></app-messages>
```

这样，就可以在页面底部看到来自 MessagesComponent 的默认内容。

2. 创建MessageService

使用 CLI 在 src/app 中创建 MessageService：

```
$ ng generate service message
```

MessageService 创建完成之后，能够在控制台看到详细的输出信息：

```
$ ng generate service message

CREATE src/app/message.service.spec.ts (380 bytes)
CREATE src/app/message.service.ts (136 bytes)
```

打开 MessageService 的文件 message.service.ts，并把它的内容改成这样：

```
import { Injectable } from '@angular/core';

@Injectable({
  providedIn: 'root',
})
export class MessageService {
  messages: string[] = [];

  add(message: string) {
    this.messages.push(message);
  }

  clear() {
    this.messages = [];
  }
}
```

该服务对外暴露了它的 messages 缓存，以及以下两个方法。

- add() 方法往缓存中添加一条消息。
- clear() 方法用于清空缓存。

3. 把MessageService注入UserService中

下面将实现一个典型的"服务中的服务"场景：把 MessageService 注入 UserService 中，而 UserService 又被注入 UsersComponent 中。重新打开 UserService 文件（user.service.ts），并且导入 MessageService。

```
import { MessageService } from './message.service';
```

修改构造函数 constructor()，添加一个私有的 messageService 属性参数。Angular 将在创建 UserService 时把 MessageService 的单例注入这个属性中：

```
constructor(private messageService: MessageService) { }
```

4. 从UserService中发送一条消息

修改 getUsers 方法，在获取到用户数组时发送一条消息。

```
getUsers(): Observable<User[]> {
    this.messageService.add('UserService: 已经获取到用户列表！');
    return of(USERS);
}
```

5. 从UserService中显示消息

MessagesComponent 可以显示所有消息，包括当 UserService 获取到用户数据时发送的那条。

打开 MessagesComponent 文件（messages.component.ts），并且导入 MessageService。

```
import { MessageService } from '../message.service';
```

修改 MessagesComponent 的构造函数，添加一个 public 的 messageService 属性。 Angular 将会在创建 MessagesComponent 的实例时 把 MessageService 的实例注入这个属性中。

```
constructor(public messageService: MessageService) {}
```

这个 messageService 属性必须是 public 属性，因为你将在模板中绑定到它。

提示：Angular 只会绑定到组件的 public 属性。

6. 绑定到MessageService

把 CLI 生成的 MessagesComponent 的模板（messages.component.html）改成这样：

```
<div *ngIf="messageService.messages.length">

  <h2>Messages</h2>
  <button class="clear"
          (click)="messageService.clear()">clear</button>
  <div *ngFor='let message of messageService.messages'> {{message}} </div>

</div>
```

这个模板直接绑定到组件的 messageService 属性上。其中：

- *ngIf 只有在有消息时才会显示消息区。
- *ngFor 用来在一系列 <div> 元素中展示消息列表。
- Angular 的事件绑定把按钮的 click 事件绑定到 MessageService.clear() 上。

为了让消息变得好看，需要把样式代码添加到 messages.component.css 中。这些样式只会作用于 MessagesComponent：

```
h2 {
    color: red;
    font-family: Arial, Helvetica, sans-serif;
```

```
    font-weight: lighter;
}

body {
    margin: 2em;
}

body,
input[text],
button {
    color: crimson;
    font-family: Cambria, Georgia;
}

button.clear {
    font-family: Arial;
    background-color: #eee;
    border: none;
    padding: 5px 10px;
    border-radius: 4px;
    cursor: pointer;
    cursor: hand;
}

button:hover {
    background-color: #cfd8dc;
}

button:disabled {
    background-color: #eee;
    color: #aaa;
    cursor: auto;
}

button.clear {
    color: #888;
    margin-bottom: 12px;
}
```

7. 运行查看效果

执行 "ng serve" 命令以启动应用。访问 http://localhost:4200 滚动到底部，就会在消息区看到来自 UserService 的消息。单击 "clear" 按钮，消息区不见了，效果如图 21-13 所示。

图21-13　运行效果

21.7　使用路由

本节将实现路由功能。通过路由器，可以实现不同的 URL 映射到不同的模块。

21.7.1　路由的用处

路由的好处在于，通过统一的代码或配置，将 URL 映射到指定的模块。这样，就能够显式地知道哪些模块会来处理发生在哪些 URL 的请求。

21.7.2　创建AppRoutingModule

Angular 的最佳实践之一就是在一个独立的顶级模块中加载和配置路由器，它专注于路由功能，然后由根模块 AppModule 导入它。 按照惯例，这个模块类的名称为 AppRoutingModule，并且位于 src/app 下的 app-routing.module.ts 文件中。

使用 CLI 生成它。

```
$ ng generate module app-routing --flat --module=app
```

其中：

- -flat 把这个文件放进了 src/app 中，而不是单独的目录中。

- -module=app 告诉 CLI 把它注册到 AppModule 的 imports 数组中。

在控制台，可以看到如下生成的文件：

```
$ ng generate module app-routing --flat --module=app

CREATE src/app/app-routing.module.ts (194 bytes)
UPDATE src/app/app.module.ts (751 bytes)
```

其中，src/app/app-routing.module.ts 文件是这样的：

```
import { NgModule } from '@angular/core';
import { CommonModule } from '@angular/common';

@NgModule({
  imports: [
    CommonModule
  ],
  declarations: []
})
export class AppRoutingModule { }
```

通常不会在路由模块中声明组件，所以可以删除 @NgModule.declarations 并删除对 CommonModule 的引用。可以使用 RouterModule 中的 Routes 类来配置路由器，这样需要从 @angular/router 库中导入这两个符号。

添加一个 @NgModule.exports 数组，其中放上 RouterModule。导出 RouterModule 让路由器的相关指令可以在 AppModule 中的组件中使用。此刻的 AppRoutingModule 是这样的：

```
import { NgModule } from '@angular/core';
import { RouterModule, Routes } from '@angular/router';

@NgModule({
  exports: [RouterModule]
})
export class AppRoutingModule { }
```

1. 添加路由定义

路由定义会告诉路由器，当用户单击某个链接或在浏览器地址栏中输入某个 URL 时，要显示哪个视图。典型的 Angular 路由（Route）有以下两个属性。

- path：一个用于匹配浏览器地址栏中 URL 的字符串。

- component：当导航到此路由时，路由器应该创建哪个组件。

如果希望当 URL 为 "localhost:4200/users" 时，就导航到 UsersComponent，首先要导入 UsersComponent，以便能在 Route 中引用它。然后定义一个路由数组，其中的某个路由是指向这个组件的。

```
import { UsersComponent } from './users/users.component'

const routes: Routes = [
  { path: 'users', component: UsersComponent }
];
```

完成这些设置后，路由器将会把 URL 匹配到 path: 'users'，并显示 UsersComponent。

2. RouterModule.forRoot()

首先必须初始化路由器，并让它开始监听浏览器中的地址变化。

把 RouterModule 添加到 @NgModule.imports 数组中，并用 routes 来配置它。你只需调用 imports 数组中的 RouterModule.forRoot() 函数即可。

```
imports: [ RouterModule.forRoot(routes) ],
```

这个方法之所以称为 forRoot()，是因为要在应用的顶级配置这个路由器。forRoot() 方法不仅会提供路由所需的服务提供商和指令，还会基于浏览器的当前 URL 执行首次导航。 所以，此刻的 AppRoutingModule 代码为：

```
import { NgModule } from '@angular/core';
import { RouterModule, Routes } from '@angular/router';

import { UsersComponent } from './users/users.component'

const routes: Routes = [
  { path: 'users', component: UsersComponent }
];

@NgModule({
  imports: [ RouterModule.forRoot(routes) ],
  exports: [RouterModule]
})
export class AppRoutingModule { }
```

21.7.3　添加路由出口

打开 AppComponent 的模板（app.component.html），把 <app-users> 元素替换为 <router-outlet> 元素。

```
<h1>{{title}}</h1>
<router-outlet></router-outlet>
<app-messages></app-messages>
```

之所以移除 <app-users>，是因为只有当用户导航到这里时，才需要显示 UsersComponent。<router-outlet> 会告诉路由器要在哪里显示路由到的视图。

能在 AppComponent 中使用 RouterOutlet，是因为 AppModule 导入了 AppRoutingModule，而 AppRoutingModule 中导出了 RouterModule。

执行"ng serve"命令以启动应用。访问 http://localhost:4200，效果如图 21-14 所示，显示应用的标题，但是没有显示用户列表。

图21-14　运行效果

在浏览器的地址栏把 URL 改为 http://localhost:4200/users 时，由于路由到了 UsersComponent 模块，因此能够去到熟悉的主从结构的用户显示界面，效果如图 21-15 所示。

图21-15　运行效果

21.7.4　添加路由链接

除了把路由的 URL 粘贴到地址栏外，用户应该通过单击链接进行导航。

添加一个 <nav> 元素，并在其中放一个 <a> 元素，当单击它时，就会触发一个到 UsersComponent 的导航。修改过的 AppComponent 模板（src/app/app.component.html）为：

```
<h1>{{title}}</h1>
<nav>
  <a routerLink="/users">Users</a>
</nav>
<router-outlet></router-outlet>
<app-messages></app-messages>
```

　　routerLink 属性的值为"/users"，路由器会用它来匹配出指向 UsersComponent 的路由。router-Link 是 RouterLink 指令的选择器，它会把用户的单击转换为路由器的导航操作，它是 RouterModule 中公开的另一个指令。

　　同时，为了让显示更加美观，需要在 src/app/app.component.css 文件中添加如下样式：

```
h1 {
    font-size: 1.2em;
    color: #999;
    margin-bottom: 0;
}

h2 {
    font-size: 2em;
    margin-top: 0;
    padding-top: 0;
}

nav a {
    padding: 5px 10px;
    text-decoration: none;
    margin-top: 10px;
    display: inline-block;
    background-color: #eee;
    border-radius: 4px;
}

nav a:visited,
a:link {
    color: #607d8b;
}

nav a:hover {
    color: #039be5;
    background-color: #cfd8dc;
}

nav a.active {
    color: #039be5;
}
```

　　执行"ng serve"命令启动应用。访问 http://localhost:4200，页面会显示出应用的标题和指向用户列表的链接，但并没有显示用户列表，效果如图 21-16 所示。单击"Users"链接，地址栏变成了 http://localhost:4200/users，并且显示出用户列表，效果如图 21-17 所示。

图21-16   运行效果

图21-17   运行效果

21.7.5   添加仪表盘视图

当有多个视图时，使用路由会更有价值。不过目前还只有一个用户列表视图，下面将添加仪表盘视图，来进行多个图之间的切换。

使用 CLI 添加一个 DashboardComponent：

```
$ ng generate component dashboard
```

从控制台可以看到，生成了如下文件：

```
$ ng generate component dashboard

CREATE src/app/dashboard/dashboard.component.html (28 bytes)
```

```
CREATE src/app/dashboard/dashboard.component.spec.ts (649 bytes)
CREATE src/app/dashboard/dashboard.component.ts (281 bytes)
CREATE src/app/dashboard/dashboard.component.css (0 bytes)
UPDATE src/app/app.module.ts (847 bytes)
```

CLI 生成了 DashboardComponent 的相关文件，并把它声明到 AppModule 中。

1. 修改 dashboard.component.html

修改 dashboard.component.html 为：

```
<h3>Top Users</h3>
<div class="grid grid-pad">
  <a *ngFor="let user of users" class="col-1-4">
    <div class="module user">
      <h4>{{user.name}}</h4>
    </div>
  </a>
</div>
```

这个模板用来表示由用户名字链接组成的一个阵列。

- *ngFor 复写器为组件 users 数组中的每个条目创建了一个链接。

- 这些链接被 dashboard.component.css 中的样式格式化成一些色块。

2. 修改 dashboard.component.ts

DashboardComponent 类与 UsersComponent 类似，代码为：

```
import { Component, OnInit } from '@angular/core';

import { User } from '../user';
import { UserService } from '../user.service';

@Component({
  selector: 'app-dashboard',
  templateUrl: './dashboard.component.html',
  styleUrls: ['./dashboard.component.css']
})
export class DashboardComponent implements OnInit {

  users: User[] = [];

  constructor(private userService: UserService) { }

  ngOnInit() {
    this.getUsers();
  }

  getUsers(): void {
    this.userService.getUsers()
      .subscribe(users => this.users = users.slice(1, 5));
```

317

```
  }

}
```

其中，

- 它定义了一个 users 数组属性。
- 它的构造函数希望 Angular 把 UserService 注入私有的 userService 属性中。
- 在 ngOnInit() 生命周期钩子中调用 getUsers。
- 这个 getUsers 函数 slice 把要显示的用户数量缩减为四个（取第二、第三、第四和第五）。

3. 添加仪表盘到路由

要导航到仪表盘，路由器中就需要一个相应的路由。

把 DashboardComponent 导入 AppRoutingModule 中：

```
import { DashboardComponent }   from './dashboard/dashboard.component';
```

把一个指向 DashboardComponent 的路由添加到 AppRoutingModule.routes 数组中：

```
{ path: 'dashboard', component: DashboardComponent },
```

完整代码为：

```
import { NgModule } from '@angular/core';
import { RouterModule, Routes } from '@angular/router';

import { DashboardComponent }   from './dashboard/dashboard.component';
import { UsersComponent } from './users/users.component';

const routes: Routes = [
  { path: 'dashboard', component: DashboardComponent },
  { path: 'users', component: UsersComponent }
];

@NgModule({
  imports: [ RouterModule.forRoot(routes) ],
  exports: [RouterModule]
})
export class AppRoutingModule { }
```

4. 添加默认路由

当应用启动时，浏览器的地址栏指向了网站的根路径。 它没有匹配到任何现存路由，因此路由器也不会导航到任何地方。<router-outlet> 下方是空白的。

要让应用自动导航到这个仪表盘，需要把下列路由添加到 AppRoutingModule.Routes 数组中。

```
{ path: '', redirectTo: '/dashboard', pathMatch: 'full' },
```

这个路由会把一个与空路径"完全匹配"的 URL 重定向到路径为"/dashboard"的路由。

浏览器刷新之后，路由器加载了 DashboardComponent，并且浏览器的地址栏会显示出 /dashboard 这个 URL，效果如图 21-18 所示。

图21-18　运行效果

完整的代码为：

```
import { NgModule } from '@angular/core';
import { RouterModule, Routes } from '@angular/router';

import { DashboardComponent }   from './dashboard/dashboard.component';
import { UsersComponent } from './users/users.component';

const routes: Routes = [
  { path: '', redirectTo: '/dashboard', pathMatch: 'full' },
  { path: 'dashboard', component: DashboardComponent },
  { path: 'users', component: UsersComponent }
];

@NgModule({
  imports: [ RouterModule.forRoot(routes) ],
  exports: [RouterModule]
})
export class AppRoutingModule { }
```

5. 添加仪表盘链接

在页面顶部导航区增加仪表盘链接，以便实现各个链接在 DashboardComponent 和 UsersComponent 之间来回导航。

修改 AppComponent 的模板（src/app/app.component.html）：

```
<h1>{{title}}</h1>
<nav>
```

```
  <a routerLink="/dashboard">Dashboard</a>
  <a routerLink="/users">Users</a>
</nav>
<router-outlet></router-outlet>
<app-messages></app-messages>
```

刷新浏览器，就能通过单击这些链接在两个视图之间自由导航了，效果如图 21-19 所示。

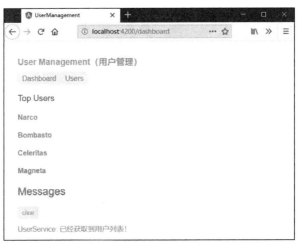

图21-19　运行效果

21.7.6　导航用户详情

UserDetailComponent 用于显示所选用户的详情。但目前的 UserDetailsComponent 只能在 UsersComponent 的底部看到。接下来通过以下 3 种途径实现看到这些用户详情。

- 通过在仪表盘中单击某个用户。
- 通过在用户列表中单击某个用户。
- 通过把一个"深链接" URL 粘贴到浏览器的地址栏中来指定要显示的用户。

1. 从UsersComponent中删除用户详情

当用户在 UsersComponent 中单击某个用户条目时，应用应该能导航到 UserDetailComponent，从用户列表视图切换到用户详情视图，用户列表视图将不再显示，而用户详情视图显示出来。

打开 UsersComponent 的模板文件（users/users.component.html），并从底部删除 <app-user-detail> 元素。

2. 添加用户详情到路由

要导航到 id 为 11 的用户的详情视图，其 URL 类似于 ~/detail/11。

打开 AppRoutingModule（src/app/app-routing.module.ts），并导入 UserDetailComponent 中：

```
import { UserDetailComponent }  from './user-detail/user-detail.component';
```

然后把一个参数化路由添加到 AppRoutingModule.routes 数组中，它要匹配指向用户详情视图的路径。

```
{ path: 'detail/:id', component: UserDetailComponent },
```

path 中的冒号（:）表示 :id 是一个占位符，它表示某个特定用户的 id。

此刻，应用中的所有路由都就绪了，完整代码为：

```
import { NgModule } from '@angular/core';
import { RouterModule, Routes } from '@angular/router';

import { DashboardComponent }  from './dashboard/dashboard.component';
import { UserDetailComponent }  from './user-detail/user-detail.compo
nent';
import { UsersComponent } from './users/users.component';

const routes: Routes = [
  { path: '', redirectTo: '/dashboard', pathMatch: 'full' },
  { path: 'dashboard', component: DashboardComponent },
  { path: 'detail/:id', component: UserDetailComponent },
  { path: 'users', component: UsersComponent }
];

@NgModule({
  imports: [ RouterModule.forRoot(routes) ],
  exports: [RouterModule]
})
export class AppRoutingModule { }
```

3. 添加用户详情到DashboardComponent

路由器已经有一个指向 UserDetailComponent 的路由了，修改仪表盘中的用户连接，让它们通过参数化的用户详情路由进行导航：

```
<a *ngFor="let user of users" class="col-1-4"
  routerLink="/detail/{{user.id}}">
```

通过 *ngFor 复写器中使用 Angular 的插值表达式，把当前迭代的 user.id 插入每个 routerLink 中。

4. UsersComponent中的用户链接

UsersComponent 中的这些用户条目都是 <li> 元素，它们的单击事件都绑定到了组件的 onSelect() 方法中。现在需要修改为：

```
<h2> 我的用户 </h2>
<ul class="users">
    <li *ngFor="let user of users">
    <a routerLink="/detail/{{user.id}}">
      <span class="badge">{{user.id}}</span> {{user.name}}
    </a>
```

```
    </li>
</ul>
```

还要修改私有样式表（users.component.css），让列表恢复到以前的外观。修改后的样式代码为：

```
.users {
    margin: 0 0 2em 0;
    list-style-type: none;
    padding: 0;
    width: 15em;
}

.users li {
    position: relative;
    cursor: pointer;
    background-color: #EEE;
    margin: .5em;
    padding: .3em 0;
    height: 1.6em;
    border-radius: 4px;
}

.users li:hover {
    color: #607D8B;
    background-color: #DDD;
    left: .1em;
}

.users a {
    color: #888;
    text-decoration: none;
    position: relative;
    display: block;
    width: 250px;
}

.users a:hover {
    color: #607D8B;
}

.users .badge {
    display: inline-block;
    font-size: small;
    color: white;
    padding: 0.8em 0.7em 0 0.7em;
    background-color: #607D8B;
    line-height: 1em;
    position: relative;
    left: -1px;
    top: -4px;
```

```
   height: 1.8em;
   min-width: 16px;
   text-align: right;
   margin-right: .8em;
   border-radius: 4px 0 0 4px;
}
```

5. 移除冗余代码

虽然 UsersComponent 类仍然能正常工作，但 onSelect() 方法和 selectedUser 属性已经没用了，最好清理掉它们。

下面是删除了冗余代码之后的类（users.component.ts）：

```
import { Component, OnInit } from '@angular/core';

import { User } from '../user';
import { UserService } from '../user.service';

@Component({
  selector: 'app-users',
  templateUrl: './users.component.html',
  styleUrls: ['./users.component.css']
})
export class UsersComponent implements OnInit {

  users: User[];

  constructor(private userService: UserService) { }

  ngOnInit() {
    this.getUsers();
  }

  getUsers(): void {
    this.userService.getUsers()
        .subscribe(users => this.users = users);
  }
}
```

21.7.7 支持路由的UserDetailComponent组件

以前，父组件 UsersComponent 会设置 UserDetailComponent.user 属性，然后 UserDetailComponent 就会显示这个用户。

现在，UsersComponent 已经不会那么做了。路由器会在响应形如 ~/detail/11 的 URL 时创建 UserDetailComponent。UserDetailComponent 需要从一种新的途径获取要显示的用户。

- 获取创建本组件的路由。
- 从这个路由中提取出 id。
- 通过 UserService 从服务器上获取具有这个 id 的用户数据。

在 UserDetailComponent 中先添加下列导入语句:

```
import { ActivatedRoute } from '@angular/router';
import { Location } from '@angular/common';

import { UserService } from '../user.service';
```

然后把 ActivatedRoute、UserService 和 Location 服务注入构造函数中, 将它们的值保存到私有变量中:

```
constructor(
  private route: ActivatedRoute,
  private userService: UserService,
  private location: Location
) {}
```

其中,

- ActivatedRoute 保存着到 UserDetailComponent 实例的路由信息。 这个组件对从 URL 中提取的路由参数感兴趣, 其中的 id 参数就是要显示的用户 id。
- UserService 从远端服务器获取用户数据, 本组件将使用它来获取要显示的用户。
- Location 是一个 Angular 的服务, 用来与浏览器进行交互。稍后, 就会使用它来导航回上一个视图。

1. 从路由参数中提取id

修改 user.service.ts 文件, 在 ngOnInit() 生命周期钩子中调用 getUser(), 代码为:

```
ngOnInit(): void {
this.getUser();
}

getUser(): void {
const id = +this.route.snapshot.paramMap.get('id');
this.userService.getUser(id)
    .subscribe(user => this.user = user);
}
```

route.snapshot 是一个路由信息的静态快照, 抓取自组件刚刚创建完毕之后。

paramMap 是一个从 URL 中提取的路由参数值的字典。 id 对应的值就是要获取的用户 id。

路由参数总会是字符串。JavaScript 的 (+) 操作符会把字符串转换成数字, 用户的 id 就是数字类型。

刷新浏览器, 应用挂了, 出现一个编译错误, 因为 UserService 没有一个名为 getUser() 的方法, 下面就添加它。

2. 添加UserService.getUser()方法

在 UserService 中添加如下的 getUser() 方法：

```
getUser(id: number): Observable<User> {
    this.messageService.add('UserService: 已经获取到用户 id=${id}');
    return of(USERS.find(user => user.id === id));
}
```

注意，反引号（`）用于定义 JavaScript 的模板字符串字面量，以便嵌入 id。

像 getUsers() 一样，getUser() 也有一个异步函数签名。它用 RxJS 的 of() 函数返回一个 Observable 形式的模拟用户数据。

提示：后面将用一个真实的 HTTP 请求来实现 getUser()，而不用修改调用了它的 UserDetailComponent。

3. 运行

刷新浏览器，应用恢复正常。可以在仪表盘或用户列表中单击一个用户来导航到该用户的详情视图。

如果在浏览器的地址栏中粘贴了 <localhost:4200/detail/11>，路由器也会导航到 "id: 11" 用户（ "Way Lau" ）的详情视图，效果如图 21-20 所示。

图21-20　运行效果

4. 添加返回按钮

通过单击浏览器的后退按钮，可以回到用户列表或仪表盘视图，这取决于从哪里进入详情视图。现在要在 UserDetail 视图中添加这样的一个按钮，就要把该后退按钮添加到组件模板的底部，并且把它绑定到组件的 goBack() 方法。

修改 user-detail.component.html，添加以下代码：

```
<button (click)="goBack()">go back</button>
```

在组件类中添加一个 goBack() 方法,利用以前注入的 Location 服务在浏览器的历史栈中后退一步。修改 user-detail.component.ts,添加以下代码:

```
goBack(): void {
  this.location.back();
}
```

刷新浏览器,并开始单击。用户能在应用中导航:从仪表盘到用户详情再回来,从用户列表到用户详情,再回到用户列表。其效果如图 21-21 所示。

图21-21　运行效果

21.8 使用HTTP

本节将使用 Angular 的 HttpClient 实现 HTTP 服务的调用。

21.8.1 启用HTTP服务

HttpClient 是 Angular 通过 HTTP 与远程服务器通信的机制。

要让 HttpClient 在应用中随处可用,请打开根模块 AppModule,从 @angular/common/http 中导入 HttpClientModule,并把它加入 @NgModule.imports 数组中。完整代码为:

```
import { BrowserModule } from '@angular/platform-browser';
import { FormsModule } from '@angular/forms';
import { HttpClientModule } from '@angular/common/http';
import { NgModule } from '@angular/core';

import { AppComponent } from './app.component';
```

```
import { UsersComponent } from './users/users.component';
import { UserDetailComponent } from './user-detail/user-detail.compo
nent';
import { MessagesComponent } from './messages/messages.component';
import { AppRoutingModule } from './/app-routing.module';
import { DashboardComponent } from './dashboard/dashboard.component';

@NgModule({
  declarations: [
    AppComponent,
    UsersComponent,
    UserDetailComponent,
    MessagesComponent,
    DashboardComponent
  ],
  imports: [
    BrowserModule,
    FormsModule,
    AppRoutingModule,
    HttpClientModule
  ],
  providers: [],
  bootstrap: [AppComponent]
})
export class AppModule { }
```

21.8.2　模拟数据服务器

　　下面将使用内存 Web API（In-memory Web API）模拟出远程数据服务器通信。这个内存 Web API 是 Angular 的一个独立项目，地址为 https://github.com/angular/in-memory-web-api，给测试带来了极大的便利，因为不用真实地实现一个 RESTful 服务提供给 HttpClient 来调用。

　　这个内存 Web API 模块与 Angular 中的 HTTP 模块并无联系。要使用内存 Web API 模块，需要执行 "npm install angular-in-memory-web-api –save" 进行独立安装。安装过程为：

```
$ npm install angular-in-memory-web-api --save

npm WARN optional SKIPPING OPTIONAL DEPENDENCY: fsevents@1.2.9 (node_
modules\fsevents):
npm WARN notsup SKIPPING OPTIONAL DEPENDENCY: Unsupported platform for
fsevents@1.2.9: wanted {"os":"darwin","arch":"any"} (current:
{"os":"win32","arch":"x64"})

+ angular-in-memory-web-api@0.8.0
added 1 package and audited 42446 packages in 26.036s
found 1 low severity vulnerability
  run 'npm audit fix' to fix them, or 'npm audit' for details
```

限于篇幅，这里只展示了主要的过程。而后在 app.module.ts 中导入 HttpClientInMemoryWe-bApiModule 和 InMemoryDataService 类：

```
import { HttpClientInMemoryWebApiModule } from 'angular-in-memo
ry-web-api';
import { InMemoryDataService }  from './in-memory-data.service';
把 HttpClientInMemoryWebApiModule 添加到 @NgModule.imports 数组中（放在 Http
Client 之后），然后使用 InMemoryDataService 来配置它：
HttpClientModule,
HttpClientInMemoryWebApiModule.forRoot(
  InMemoryDataService, { dataEncapsulation: false }
)
```

forRoot() 配置方法接受一个 InMemoryDataService 类（初期的内存数据库）作为参数。

完整代码为：

```
import { BrowserModule } from '@angular/platform-browser';
import { FormsModule } from '@angular/forms';
import { HttpClientModule } from '@angular/common/http';
import { NgModule } from '@angular/core';

import { AppComponent } from './app.component';
import { UsersComponent } from './users/users.component';
import { UserDetailComponent } from './user-detail/user-detail.compo
nent';
import { MessagesComponent } from './messages/messages.component';
import { AppRoutingModule } from './/app-routing.module';
import { DashboardComponent } from './dashboard/dashboard.component';
import { HttpClientInMemoryWebApiModule } from 'angular-in-memo
ry-web-api';
import { InMemoryDataService }  from './in-memory-data.service';

@NgModule({
  declarations: [
    AppComponent,
    UsersComponent,
    UserDetailComponent,
    MessagesComponent,
    DashboardComponent
  ],
  imports: [
    BrowserModule,
    FormsModule,
    AppRoutingModule,
    HttpClientModule,
    HttpClientInMemoryWebApiModule.forRoot(
      InMemoryDataService, { dataEncapsulation: false }
    )
  ],
```

```
  providers: [],
  bootstrap: [AppComponent]
})
export class AppModule { }
```

在应用中创建 InMemoryDataService 类（src/app/in-memory-data.service.ts），内容为：

```
import { InMemoryDbService } from 'angular-in-memory-web-api';

export class InMemoryDataService implements InMemoryDbService {
  createDb() {
    const users = [
        { id: 11, name: 'Way Lau' },
        { id: 12, name: 'Narco' },
        { id: 13, name: 'Bombasto' },
        { id: 14, name: 'Celeritas' },
        { id: 15, name: 'Magneta' },
        { id: 16, name: 'RubberMan' },
        { id: 17, name: 'Dynama' },
        { id: 18, name: 'Dr IQ' },
        { id: 19, name: 'Magma' },
        { id: 20, name: 'Tornado' }
    ];
    return {users};
  }
}
```

这样，InMemoryDataService 就成功替代了 mock-Useres.ts。等真实的服务器就绪时，就可以删除内存 Web API，该应用的请求就会直接发给真实的服务器。

21.8.3　通过HTTP获取用户数据

下面演示如何通过 HTTP 获取用户数据。

1. 使用HTTP

修改 UserService（src/app/user.service.ts），代码为：

```
import { HttpClient, HttpHeaders } from '@angular/common/http';
```

把 HttpClient 注入构造函数中一个名为 http 的私有属性中。

```
constructor(
  private http: HttpClient,
  private messageService: MessageService) { }
```

保留对 MessageService 的注入，并在 UserService 中添加一个私有的 log 方法。

```
private log(message: string) {
  this.messageService.add('UserService: ${message}');
```

```
}
```

把服务器上用户数据资源的访问地址定义为 usersURL。

```
private usersURL = 'api/users';
```

2. 通过HttpClient获取用户

当前的 UserService.getUsers() 使用 RxJS 的 of() 函数把模拟用户数据返回为 Observable<User[]> 格式：

```
getUsers(): Observable<User[]> {
    this.messageService.add('UserService: 已经获取到用户列表！ ');
    return of(USERS);
}
```

把该方法转换成使用 HttpClient 的 get 方法，打印消息的方法也进行了重构，使用了 log 方法：

```
getUsers(): Observable<User[]> {
  this.log(' 已经获取到用户列表！ ');
  return this.http.get<User[]>(this.usersURL);
}
```

刷新浏览器后，用户数据就会从模拟服务器被成功读取。使用 http.get 替换了 of，没有做其他修改，但是应用仍然正常工作，这是因为两个函数都返回了 Observable<User[]>。

3. HTTP方法返回单个值

所有的 HttpClient 方法都会返回某个值的 RxJS Observable。

通常，Observable 可以在一段时间内返回多个值。但来自 HttpClient 的 Observable 总是发出一个值，然后结束，再也不会发出其他值。 具体到这次的 HttpClient.get 调用，它返回一个 Observable<User[]>，也就是 "一个用户数组的可观察对象"。在实践中，它只会返回一个用户数组。

4. HttpClient.get返回响应数据

HttpClient.get 默认情况下把响应体当作无类型的 JSON 对象进行返回。如果指定了可选的模板类型 <User[]>，就会返回一个类型化的对象。

JSON 数据的具体形态是由服务器的数据 API 决定的。这里的 API 会把用户数据作为一个数组进行返回。

其他 API 可能在返回对象中 "深埋" 着用户想要的数据。用户可能要借助 RxJS 的 map 操作符对 Observable 的结果进行处理，以便把这些数据挖掘出来。例如，下面在将要讨论的 getUserNo404() 方法中找到一个使用 map 操作符的例子。

5. 错误处理

凡事都会出错，特别是当从远端服务器获取数据时。UserService.getUsers() 方法应该捕获错误，并进行适当处理。

要捕获错误，就要使用 RxJS 的 catchError() 操作符来建立对 Observable 结果的处理管道（pipe）。从 rxjs/operators 中导入 catchError 符号，以及稍后将会用到的其他操作符。

```
import { catchError, map, tap } from 'rxjs/operators';
```

现在，使用 .pipe() 方法来扩展 Observable 的结果，并给它一个 catchError() 操作符。

```
getUsers (): Observable<User[]> {
  return this.http.get<User[]>(this.UseresUrl)
    .pipe(
      catchError(this.handleError('getUsers', []))
    );
}

private handleError<T> (operation = 'operation', result?: T) {
  return (error: any): Observable<T> => {
    console.error(error);
    this.log('${operation} failed: ${error.message}');
    return of(result as T);
  };
}
```

catchError() 操作符会拦截失败的 Observable。它把错误对象传给错误处理器，错误处理器会处理这个错误。

下面的 handleError() 方法会报告这个错误，并返回一个安全值，以便应用能正常工作。

6. 深入Observable

UserService 的方法将会窥探 Observable 的数据流，并通过 log() 函数往页面底部发送一条消息。它们可以使用 RxJS 的 tap 操作符来实现，该操作符会查看 Observable 中的值，使用那些值做一些事情，并把它们传出来。这种 tap 回调不会改变这些值本身。

下面是 getUseres 的最终版本，它使用 tap 来记录各种操作。

```
getUsers(): Observable<User[]> {
  this.log(' 已经获取到用户列表！ ');
  return this.http.get<User[]>(this.usersURL)
    .pipe(
      tap(Users => this.log('fetched Users')),
      catchError(this.handleError('getUsers', []))
    );
}
```

7. 通过id获取用户

大多数 Web API 都可以通过 api/user/:id 的形式支持根据 id 获取单个对象。原有的 UserService.getUser() 为：

```
getUser(id: number): Observable<User> {
```

```
this.messageService.add('UserService: 已经获取到用户 id=${id}');
return of(USERS.find(user => user.id === id));
}
```

其修改为：

```
getUser(id: number): Observable<User> {
  this.log('已经获取到用户 id=${id}');

  const url = '${this.usersURL}/${id}';
  return this.http.get<User>(url)
    .pipe(
      tap(_ => this.log('fetched user id=${id}')),
      catchError(this.handleError<User>('getUser id=${id}'))
    );
}
```

同时，删除导入代码"import { USERS } from './mock-users';"，并将 mock-users.ts 文件也删除。

这里的 getUser() 和 getUsers() 相比有以下 3 个显著的差异。

- 它使用想获取用户的 id 构建了一个请求 URL。

- 服务器应该使用单个用户作为回应，而不是一个用户数组。

- 所以，getUser 会返回 Observable<User>（"一个可观察的单个用户对象"），而不是一个可观察的用户对象数组。

8. 运行查看效果

执行"ng serve"命令以启动应用。访问 http://localhost:4200/detail/11，效果如图 21-22 所示。

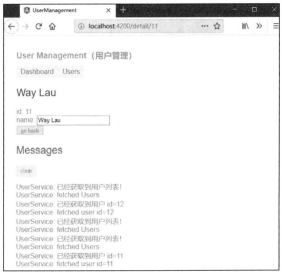

图21-22　运行效果

21.8.4　修改、添加、删除、搜索用户

接下来将基于 HTTP 实现用户信息的 CURD，即查询、修改、创建、删除用户。

1. 修改用户

在用户详情视图中编辑用户的名字。随着输入，用户的名字也在页面顶部的标题区更新了。但是当单击"后退"按钮时，这些修改都丢失了。如果希望保留这些修改，就要把它们写回服务器。

在用户详情模板（user-detail.component.html）的底部添加一个保存按钮，它绑定了一个 click 事件，事件绑定会调用组件中一个名为 save() 的新方法：

```
<button (click)="save()">save</button>
```

在 user-detail.component.t 中添加如下的 save() 方法，它使用用户服务中的 updateUser() 方法保存对用户名字的修改，然后导航回前一个视图。

```
save(): void {
    this.userService.updateUser(this.user)
        .subscribe(() => this.goBack());
}
```

updateUser() 的总体结构与 getusers() 相似，但它会使用 http.put() 把修改后的用户保存到服务器上。

```
updateUser (user: User): Observable<any> {
    return this.http.put(this.usersURL, user, this.httpOptions).pipe(
        tap(_ => this.log('updated user id=${user.id}')),
        catchError(this.handleError<any>('updateUser'))
    );
}
```

HttpClient.put() 方法接受以下 3 个参数。

- URL 地址。
- 要修改的数据（这里就是修改后的用户）。
- 选项。

URL 没有发生变化，用户 Web API 通过用户对象的 id 就可以知道要修改哪个用户。用户 Web API 期待在保存时的请求中有一个特殊的头，这个头是在 UserService 的 httpOptions 常量中定义的。

```
private httpOptions:Object = {
    headers: new HttpHeaders({ 'Content-Type': 'application/json' })
};
```

刷新浏览器，修改用户名，保存这些修改，然后单击"后退"按钮。 现在，改名后的用户已经显示在列表中了。

2. 添加新用户

要添加用户，本应用中只需用户的名字。可以使用一个和添加按钮成对的 input 元素，把下列代码插入 UsersComponent 模板（src/app/users/users.component.html）中标题的后面。

```
<div>
  <label>User Name:
    <input #userName />
  </label>
  <button (click)="add(userName.value); userName.value=''">
    add
  </button>
</div>
```

当单击事件触发时，调用组件的单击处理器，然后清空这个输入框，以便用来输入另一个名字。修改 src/app/users/users.component.ts，并添加 add 方法：

```
add(name: string): void {
    name = name.trim();
    if (!name) { return; }
    this.userService.addUser({ name } as User)
        .subscribe(user => {
        this.users.push(user);
        });
}
```

当指定的名字非空时，这个处理器会用该名字创建一个类似于 User 的对象（只缺少 id 属性），并把它传给服务的 addUser() 方法。当 addUser 保存成功时，subscribe 的回调函数会收到这个新用户，并把它追加到 users 列表中以供显示。

UserService 类中添加 addUser() 方法，代码如下：

```
addUser (user: User): Observable<User> {
    return this.http.post<User>(this.usersURL, user, this.httpOptions).
pipe(
        tap((user: User) => this.log('added user id=${user.id}')),
        catchError(this.handleError<User>('addUser'))
    );
}
```

UserService.addUser() 和 updateUser 有以下两点不同。

- 它调用 HttpClient.post() 而不是 put()。
- 它期待服务器为这个新的用户生成一个 id，然后把它通过 Observable 返回调用者。

刷新浏览器，并添加一些用户，效果如图 21-23 和图 21-24 所示。

图21-23　运行效果　　　　　　　　　图21-24　运行效果

3. 删除用户

用户列表中的每个用户都有一个删除按钮，单击删除按钮，就能删除用户。把下列按钮（button）元素添加到 UsersComponent 的模板中，就在每个 <li> 元素中的用户名字后方。

```
<button class="delete" title="delete user"
  (click)="delete(user)">x</button>
```

这样，完整的用户列表（src/app/users/users.component.html）的 HTML 应该为：

```
<h2> 我的用户 </h2>

<div>
  <label>User Name:
    <input #userName />
  </label>
  <button (click)="add(userName.value); userName.value=''">
    add
  </button>
</div>

<ul class="users">
    <li *ngFor="let user of users">
    <a routerLink="/detail/{{user.id}}">
      <span class="badge">{{user.id}}</span> {{user.name}}
    </a>
    <button class="delete" title="delete user"
    (click)="delete(user)">x</button>
```

```
    </li>
</ul>
```

想把删除按钮定位在每个用户条目的最右边，就要往 users.component.css 中添加一些 CSS：

```
button {
    background-color: #eee;
    border: none;
    padding: 5px 10px;
    border-radius: 4px;
    cursor: pointer;
    cursor: hand;
    font-family: Arial;
}

button:hover {
    background-color: #cfd8dc;
}

button.delete {
    position: relative;
    left: 194px;
    top: -32px;
    background-color: gray !important;
    color: white;
}
```

在 src/app/users/users.component.ts 中添加 delete() 方法：

```
delete(user: User): void {
    this.users = this.users.filter(h => h !== user);
    this.userService.deleteUser(user).subscribe();
}
```

虽然这个组件把删除用户的逻辑委托给了 userService，但仍保留了更新自己用户列表的职责。组件的 delete() 方法会在 userService 对服务器的操作成功之前，先从列表中移除要删除的用户。

组件与 userService.delete() 返回的 Observable 完全没有关联，所以必须订阅它。把 deleteuser() 方法添加到 UserService 中，代码为：

```
deleteUser (user: User | number): Observable<User> {
    const id = typeof user === 'number' ? user : user.id;
    const url = '${this.usersURL}/${id}';

    return this.http.delete<User>(url, this.httpOptions).pipe(
        tap(_ => this.log('deleted user id=${id}')),
        catchError(this.handleError<User>('deleteUser'))
    );
}
```

其中：

- 它调用了 HttpClient.delete。
- URL 就是用户的资源 URL 加上要删除用户的 id。
- 不用像 put 和 post 中那样发送数据。
- 仍要发送 httpOptions。

刷新浏览器，并试试新的删除功能，效果如图 21-25 所示。

图21-25　运行效果

4. 根据名字搜索用户

对于搜索功能而言，当用户在搜索框中输入名字时，会不断发送根据名字过滤用户的 HTTP 请求。有时为了性能考虑，应尽可能地减少不必要请求。

先把 searchUsers 方法添加到 UserService（src/app/user.service.ts）中。

```
searchUsers(term: string): Observable<User[]> {
    if (!term.trim()) {
        return of([]);
    }
    return this.http.get<User[]>('${this.usersURL}/?name=${term}').pipe(

        tap(_ => this.log('found Users matching "${term}"')),
        catchError(this.handleError<User[]>('searchUsers', []))
    );
}
```

如果没有搜索词，该方法立即返回一个空数组，剩下的部分与 getUsers() 类似。唯一的不同点是 URL，它包含了一个由搜索词组成的查询字符串。接下来要为仪表盘添加搜索功能。

打开 DashboardComponent 的模板并把用于搜索用户的元素 <app-user-search> 添加到 DashboardComponent 模板（src/app/dashboard/dashboard.component.html）的底部。

```
<h3>Top Users</h3>
<div class="grid grid-pad">
  <a *ngFor="let user of users" class="col-1-4"
    routerLink="/detail/{{user.id}}">
    <div class="module user">
      <h4>{{user.name}}</h4>
    </div>
  </a>
</div>

<app-user-search></app-user-search>
```

目前，由于 UserSearchComponent 还不存在，因此，Angular 找不到哪个组件的选择器能匹配 <app-user-search>。下面使用 CLI 创建一个 UserSearchComponent。

```
$ ng generate component user-search
```

CLI 生成了 UserSearchComponent 相关的几个文件，并把该组件添加到 AppModule 的声明中。以下是控制台输出：

```
$ ng generate component user-search

CREATE src/app/user-search/user-search.component.html (30 bytes)
CREATE src/app/user-search/user-search.component.spec.ts (657 bytes)
CREATE src/app/user-search/user-search.component.ts (288 bytes)
CREATE src/app/user-search/user-search.component.css (0 bytes)
UPDATE src/app/app.module.ts (1283 bytes)
```

把生成的 UserSearchComponent 的模板（src/app/user-search/user-search.component.html），改成一个输入框和一个匹配到的搜索结果的列表，代码为：

```
<div id="search-component">
  <h4>User Search</h4>

  <input #searchBox id="search-box" (keyup)="search(searchBox.value)"
/>

  <ul class="search-result">
    <li *ngFor="let user of users$ | async" >
      <a routerLink="/detail/{{user.id}}">
        {{user.name}}
      </a>
    </li>
  </ul>
```

```
</div>
```

修改 User-search.component.css，添加相关的样式：

```css
.search-result li {
    border-bottom: 1px solid gray;
    border-left: 1px solid gray;
    border-right: 1px solid gray;
    width: 195px;
    height: 16px;
    padding: 5px;
    background-color: white;
    cursor: pointer;
    list-style-type: none;
}

.search-result li:hover {
    background-color: #607D8B;
}

.search-result li a {
    color: #888;
    display: block;
    text-decoration: none;
}

.search-result li a:hover {
    color: white;
}

.search-result li a:active {
    color: white;
}

#search-box {
    width: 200px;
    height: 20px;
}

ul.search-result {
    margin-top: 0;
    padding-left: 0;
}
```

当用户在搜索框中输入时，一个 keyup 事件绑定会调用该组件的 search() 方法，并传入新的搜索框的值。

注意观察下面的代码：

```html
<li *ngFor="let user of users$ | async" >
```

仔细看，会发现 *ngFor 是在一个名叫"users$"的列表上迭代，而不是 users。$ 是一个命名惯例，用来表明"users$"是一个 Observable，而不是数组。*ngFor 不能直接使用 Observable。不过，它后面还有一个管道字符（|），后面紧跟着一个 async，它表示 Angular 的 AsyncPipe。AsyncPipe 会自动订阅到 Observable，这样就不用再在组件类中订阅了。

修改所生成的 UserSearchComponent 类及其元数据（src/app/user-search/user-search.component.ts），代码为：

```
import { Component, OnInit } from '@angular/core';
import { Observable, Subject } from 'rxjs';

import {
  debounceTime, distinctUntilChanged, switchMap
} from 'rxjs/operators';

import { User } from '../user';
import { UserService } from '../user.service';

@Component({
  selector: 'app-user-search',
  templateUrl: './user-search.component.html',
  styleUrls: ['./user-search.component.css']
})
export class UserSearchComponent implements OnInit {

  users$: Observable<User[]>;
  private searchTerms = new Subject<string>();

  constructor(private userService: UserService) {}

  search(term: string): void {
    this.searchTerms.next(term);
  }

  ngOnInit(): void {
    this.users$ = this.searchTerms.pipe(
      // 等待 300ms
      debounceTime(300),

      // 忽略与前一次搜索内容相同的数据
      distinctUntilChanged(),

      // 当搜索的内容变更时，切换到新的搜索 Observable
      switchMap((term: string) => this.userService.searchUsers(term)),
    );
  }

}
```

其中，

- users$ 声明为一个 Observable。
- searchTerms 属性声明成了 RxJS 的 Subject 类型。

Subject 既是可观察对象的数据源，本身也是 Observable。你可以像订阅任何 Observable 一样订阅 Subject。

你还可以通过调用它的 next(value) 方法往 Observable 中推送一些值，就像在 search() 方法中一样。search() 是通过对文本框的 keystroke 事件的事件绑定来调用的。每当用户在文本框中输入时，这个事件绑定就会使用文本框的值（搜索词）调用 search() 函数。searchTerms 变成了一个能发出搜索词的稳定的流。

如果用户击键后就直接调用 searchUseres() 将导致创建海量的 HTTP 请求，浪费服务器资源并消耗大量网络流量。应该怎么做呢？ ngOnInit() 往 searchTerms 这个可观察对象的处理管道中加入了一系列 RxJS 操作符，用以缩减对 searchUsers() 的调用次数，并最终返回一个可及时给出用户搜索结果的可观察对象（每次都是 User[]）。具体可以观察如下代码。

```
this.users$ = this.searchTerms.pipe(
    // 等待 300ms
    debounceTime(300),

    // 忽略与前一次搜索内容相同的数据
    distinctUntilChanged(),

    // 当搜索的内容变更时，切换到新的搜索 Observable
    switchMap((term: string) => this.userService.searchUsers(term)),
);
```

在这段代码中，

- 在传出最终字符串之前，debounceTime(300) 将会等待，直到新增字符串的事件暂停了 300 ms。这样实际发起请求的间隔永远不会小于 300ms，减少了请求次数。
- distinctUntilChanged() 会确保只在过滤条件变化时才发送请求。
- switchMap() 会为每个从 debounce 和 distinctUntilChanged 中通过的搜索词调用搜索服务。它会取消并丢弃以前的搜索可观察对象，只保留最近的。
- 借助 switchMap 操作符，每个有效的击键事件都会触发一次 HttpClient.get() 方法调用。即使在每个请求之间都有至少 300ms 的间隔，仍然可能同时存在多个尚未返回的 HTTP 请求。
- switchMap() 会记住原始的请求顺序，只会返回最近一次 HTTP 方法调用的结果。以前的那些请求都会被取消和舍弃。
- 取消前一个 searchUseres() 可观察对象并不会中止尚未完成的 HTTP 请求。那些不想要的结果只会在它们抵达应用代码之前被舍弃。再次运行本应用，在这个仪表盘的搜索框中输入一些文字，如本例中的"Way"。如果输入的字符匹配上了任何现有用户的名字，就将会看到如图 21-26 所示的效果。

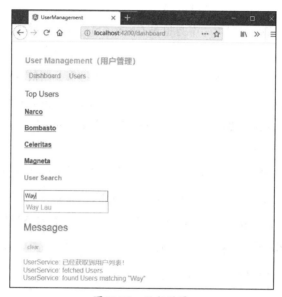

图21-26　运行效果

第22章

实战："用户管理"服务端的实现

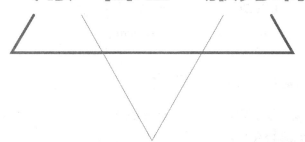

在上一章，已经实现 Angular 版本的"用户管理"应用的客户端，并通内存 Web API 模块的方式，将用户数据存储在内存中。这种方式只适用于开发环境，毕竟应用重启后数据就丢失了。

本章，将通过 Node.js、Express 和 MySQL 等技术来实现"用户管理"应用的服务端，从而真正实现用户数据的持久化。

22.1　服务端概述

"用户管理"应用的服务端主要是通过 Node.js 和 Express 来提供服务，并通过 MySQL 技术来实现用户数据的持久化。

22.1.1　Express提供服务

有关 Express 的内容已经在 15.1 节中进行了详细介绍。通过 Express，可以方便实现 REST API 提供给"用户管理"客户端调用。

"用户管理"服务端将会提供以下 REST 服务。

- 获取所有用户列表：GET /api/users。
- 获取指定 ID 的用户：GET /api/users/{id}。
- 更新用户信息：PUT /api/users。
- 创建用户信息：POST /api/users。
- 删除指定 ID 的用户：DELETE /api/users/{id}。
- 获取指定姓名的用户：GET /api/users/?name=${term}。

22.1.2　MySQL实现数据的持久化

MySQL 是流行的关系型数据库，有关 MySQL 的详细内容也已经在第 18 章中进行了详细介绍。"用户管理"服务端将使用 MySQL 作为用户信息存储的主要介质。

在 Node.js 中，使用 mysql 模块可以方便实现对 MySQL 数据库的操作。

在本章的例子中，将使用之前所创建的"nodejs_book"数据库，以及"t_user"表。

22.1.3　初始化"用户管理"服务端应用

首先，初始化一个名为"user-management-rest"的应用：

```
$ mkdir user-management-rest
$ cd user-management-rest
```

接着，通过"npm init"来初始化该应用：

```
$ npm init

This utility will walk you through creating a package.json file.
It only covers the most common items, and tries to guess sensible de
faults.
```

```
See 'npm help json' for definitive documentation on these fields
and exactly what they do.

Use 'npm install <pkg>' afterwards to install a package and
save it as a dependency in the package.json file.

Press ^C at any time to quit.
package name: (user-management-rest) user-management-rest
version: (1.0.0) 1.0.0
description:
entry point: (index.js) index.js
test command:
git repository:
keywords:
author: waylau.com
license: (ISC)
About to write to D:\workspaceGithub\nodejs-book-samples\samples\us
er-management-rest\package.json:

{
  "name": "user-management-rest",
  "version": "1.0.0",
  "description": "Express Demo.",
  "main": "index.js",
  "scripts": {
    "test": "echo \"Error: no test specified\" && exit 1"
  },
  "author": "waylau.com",
  "license": "ISC"
}


Is this OK? (yes) yes
```

接着通过"npm install"命令来安装 Express：

```
$ npm install express --save

npm notice created a lockfile as package-lock.json. You should commit
this file.
npm WARN user-management-rest@1.0.0 No repository field.

+ express@4.17.1
added 50 packages from 37 contributors and audited 126 packages in
6.059s
found 0 vulnerabilities
```

最后是通过"npm install"命令来安装 mysql 模块：

```
$ npm install mysql
```

```
npm notice created a lockfile as package-lock.json. You should commit
this file.
npm WARN mysql-demo@1.0.0 No description
npm WARN mysql-demo@1.0.0 No repository field.

+ mysql@2.17.1
added 11 packages from 15 contributors and audited 13 packages in 2.425s

found 0 vulnerabilities
```

22.2 创建REST API

本节将通过 Express 和 MySQL 来实现以下 REST API。

- 获取所有用户列表：GET /api/users。
- 获取指定 ID 的用户：GET /api/users/{id}。
- 更新用户信息：PUT /api/users。
- 创建用户信息：POST /api/users。
- 删除指定 ID 的用户：DELETE /api/users/{id}。
- 获取指定姓名的用户：GET /api/users/?name=${term}。

Express 和 mysql 模块的用法，在前面章节已经介绍了很多，所不同的是，本例采用了数据库连接池（Pool）的方式来创建连接。

22.2.1 连接池概述

池 (Pool) 技术在一定程度上可以明显优化服务器应用程序的性能，提高程序执行效率和降低系统资源开销。这里所说的池是一种广义上的池，如数据库连接池、线程池、内存池、对象池等。其中，对象池可以看成保存对象的容器，在进程初始化时创建一定数量的对象，需要时直接从池中取出一个空闲对象，用完后并不直接释放对象，而是再放到对象池中以方便下一次对象请求可以直接复用。其他几种池的设计思想也是如此，池技术的优势是，可以消除对象创建所带来的延迟，从而提高系统的性能。

数据库连接是一种稀缺的资源，建立连接是一个很耗费资源的过程。对当今 Web 应用而言，尤其是大型电子商务网站，同时成千上万人在线是很正常的事。在这种情况下，频繁地进行数据库连接操作势必占用很多的系统资源，网站的响应速度必定下降，严重的甚至造成服务器的崩溃。为了保障网站的正常使用，应该对数据库连接进行妥善管理。连接池就是查询完数据库后，不是马上关闭连接，而是暂时存放起来，当别人使用时，把这个连接给他们使用，这就避免了频繁建立数据库连接和断开连接的资源消耗。

mysql 模块提供了连接池的技术。以下是一个连接池的使用示例：

```javascript
const mysql = require('mysql');

// 连接信息
// 使用连接池
const pool = mysql.createPool({
    connectionLimit: 4, // 连接数限制
    host: 'localhost',
    user: 'root',
    password: '123456',
    database: 'nodejs_book'
});

// 获取连接
pool.getConnection(function (err, connection) {
    if (err) {
        throw err;
    }
    // 执行查询
    connection.query('SELECT * FROM t_user', function (error, results)
{
        // 错误处理
        if (error) {
            throw error;
        }

        // 打印查询结果
        console.log('The result is: ', results);

        // 释放连接
        connection.release();
    });
});
```

22.2.2 获取所有用户列表API

获取所有用户列表 API 的代码为：

```javascript
// 获取所有用户列表 API
app.get(URL + '/', function (req, res) {


    // 获取连接
    pool.getConnection(function (err, connection) {
```

```
        if (err) {
            throw err;
        }
        // 执行查询
        connection.query('SELECT * FROM t_user',
            function (error, results) {
                // 错误处理
                if (error) {
                    throw error;
                }

                // 打印查询结果
                console.log('The result is: ', results);

                // 释放连接
                connection.release();

                // 转为 JSON 返回
                res.json(results).end();
            });
    });
});
```

在上述代码中，由于所有的 API 的 URL 前缀都是一样的，因此用一个 URL 常量来表示：

```
const URL = '/api/users';
```

其中，res.json() 方法可以将查询结果以 JSON 格式返回。

用 REST 客户端测试该接口，可以看到如图 22-1 所示的效果。

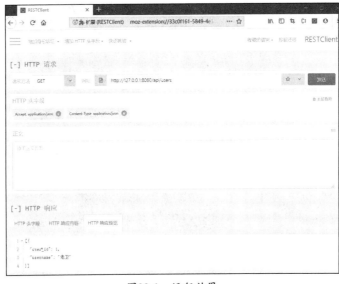

图22-1　运行效果

22.2.3　获取指定ID的用户API

获取指定 ID 的用户 API，代码为：

```
// 获取指定 ID 的用户 API
app.get(URL + '/:id', function (req, res) {

    // 获取连接
    pool.getConnection(function (err, connection) {
        if (err) {
            throw err;
        }

        // 从请求参数中获取用户 ID
        let id = req.params.id;

        console.log('User id is: ', id);

        // 执行查询
        connection.query('SELECT * FROM t_user where user_id = ?', id,
            function (error, results) {
                // 错误处理
                if (error) {
                    throw error;
                }

                // 打印查询结果
                console.log('The result is: ', results);

                // 释放连接
                connection.release();

                // 取第一个，转为 JSON 返回
                res.json(results[0]).end();
            });
    });

});
```

在上述代码中，用户 ID 是从请求参数中获取的：

```
let id = req.params.id;
```

用 REST 客户端测试该接口，可以看到如图 22-2 所示的效果。

图22-2　运行效果

22.2.4　创建用户信息API

为了实现在数据库创建用户信息时能够自动分配主键，修改表结构为：

```
ALTER TABLE t_user change user_id user_id BIGINT NOT NULL AUTO_INCRE-
MENT PRIMARY KEY;
```

user_id 字段设置为主键，且能够自动增长。

创建用户信息 API 的代码为：

```
// 创建用户信息 API
app.post(URL + '/', (req, res) => {

    // 获取连接
    pool.getConnection(function (err, connection) {
        if (err) {
            throw err;
        }

        // 从请求参数中获取用户信息
        let username = req.body.username;

        console.log('User is: ', username);

        // 执行查询
        connection.query('INSERT INTO t_user (username) VALUES (?)',
username,
            function (error, results) {
                // 错误处理
```

```
        if (error) {
            throw error;
        }

        // 打印执行结果
        console.log('The result is: ', results);

        // 释放连接
        connection.release();

        // 转为 JSON 返回
        res.json(results).end();
    });
  });
});
```

在上述代码中，用户信息是从请求中的 body 参数获取的：

```
let username = req.body.username;
```

用 REST 客户端测试该接口，输入参数为：

```
{
  "username": "Tom Cat"
}
```

可以看到如图 22-3 所示的效果。

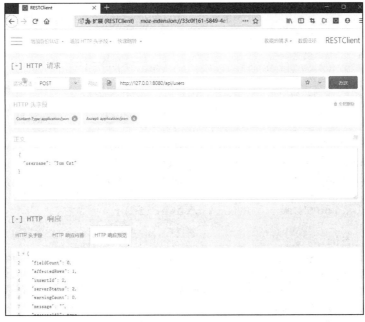

图22-3　运行效果

再次调用获取所有用户列表 API，可以看到创建的用户信息已经能够查询出来了，效果如图 22-4 所示。

图22-4　运行效果

22.2.5　更新用户信息API

更新用户信息 API 的代码为：

```
// 更新用户信息 API
app.put(URL + '/', (req, res) => {
    // 获取连接
    pool.getConnection(function (err, connection) {
        if (err) {
            throw err;
        }

        // 从请求参数中获取用户信息
        let user_id = req.body.user_id;
        let username = req.body.username;

        console.log('User id is: ', user_id);

        // 执行查询
        connection.query('UPDATE t_user SET username = ? WHERE user_id
= ? ', [username, user_id],
            function (error, results) {
                // 错误处理
                if (error) {
```

```
                throw error;
            }

            // 打印执行结果
            console.log('The result is: ', results);

            // 释放连接
            connection.release();

            // 转为 JSON 返回
            res.json(results).end();
        });
    });

});
```

在上述代码中，用户信息是从请求中的 body 参数获取的：

```
let user_id = req.body.userid;
let username = req.body.username;
```

用 REST 客户端测试该接口，输入参数为：

```
{
  "user_id":2,
  "username": "Tom Dan"
}
```

上述参数用于将用户 ID 为 2 的用户姓名"Tom Cat"改为"Tom Dan"。调用成功之后，可以看到如图 22-5 所示的效果。

图22-5　运行效果

再次调用获取所有用户列表 API，可以看到修改的用户信息已经能够查询出来了，效果如图 22-6 所示。

图22-6　运行效果

22.2.6　删除指定ID的用户API

删除指定 ID 的用户 API 的代码为：

```
/ 删除指定 ID 的用户 API
app.delete(URL + '/:id', (req, res) => {

    // 获取连接
    pool.getConnection(function (err, connection) {
        if (err) {
            throw err;
        }

        // 从请求参数中获取用户 ID
        let id = req.params.id;

        console.log('User id is: ', id);

        // 执行查询
        connection.query('DELETE FROM t_user WHERE user_id = ? ', id,
            function (error, results) {
                // 错误处理
                if (error) {
```

```
                        throw error;
                }

                // 打印执行结果
                console.log('The result is: ', results);

                // 释放连接
                connection.release();

                // 转为 JSON 返回
                res.json(results).end();
        });
    });
});
```

在上述代码中，用户 ID 是从请求参数中获取的：

```
let id = req.params.id;
```

用 REST 客户端测试该接口，可以看到如图 22-7 所示的效果。

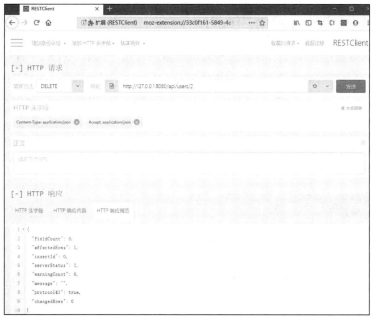

图22-7 运行效果

再次调用获取所有用户列表 API，可以验证指定的用户信息已经被成功删除了，效果如图 22-8 所示。

图22-8　运行效果

22.2.7　获取指定姓名的用户API

获取指定姓名的用户 API 可以简单理解为是获取所有用户列表 API 的一种特例。当用户没有传 name 参数时，则查全部用户信息；当用户传 name 参数时，则查指定姓名的用户。

获取指定姓名的用户 API 和获取所有用户列表 API 是共用相同的 API，代码为：

```
// 获取所有用户列表API
app.get(URL + '/', function (req, res) {

    // 获取连接
    pool.getConnection(function (err, connection) {
        if (err) {
            throw err;
        }

        // 从请求参数中获取用户姓名
        let name = req.query.name;

        console.log('User name is: ', name);

        if (name == null) {
            // 执行查询
            connection.query('SELECT * FROM t_user',
                function (error, results) {
                    // 错误处理
                    if (error) {
```

```
                    throw error;
                }

                // 打印执行结果
                console.log('The result is: ', results);

                // 释放连接
                connection.release();

                // 转为 JSON 返回
                res.json(results).end();
            });
    } else {
        // 执行查询
        connection.query('SELECT * FROM t_user where username =
?', name,
            function (error, results) {
                // 错误处理
                if (error) {
                    throw error;
                }

                // 打印查询结果
                console.log('The result is: ', results);

                // 释放连接
                connection.release();

                // 转为 JSON 返回
                res.json(results).end();
            });
    }
});
});
```

在上述代码中，用户姓名是从请求中的 query 参数中获取的：

```
let name = req.query.name;
```

通过判断 name 是否有值，来判断执行查询全部用户还是只查询制定姓名的用户。

用 REST 客户端测试该接口，可以看到如图 22-9 所示的效果。

图22-9　运行效果

22.3　客户端访问服务端

在服务端完成之后，就能够通过 REST API 被客户端所调用。接下来介绍客户端是如何访问服务端的。

22.3.1　理解跨域

"用户管理"是由客户端和服务端两个独立的应用所组成的，两个应用分开部署，势必会遇到跨域的问题。那么什么是跨域？

浏览器为了安全考虑，不同的域之间是不能够互相访问的。例如，Angular 客户端应用部署在本地的 4200 端口，而服务端部署在 8080 端口，它们虽然是在同台机子（相同的 ID），但端口不同，仍然属于不同的域。Angular 应用视图通过 HttpClient 访问一个跨域的接口是不被允许的。

在知道了什么是跨域之后，解决方案就有多种。

1. 避免跨域

既然分开部署导致了跨域，那么最简单的方式就是避免分开部署，即客户端与服务端部署到同一个服务器中。

这种方式部署在传统的 Java Web 中非常常见，如 JSP 应用。但带来的问题是，水平扩展和性能调优将变得困难，不适合大型互联网应用。

2. 安装支持跨域请求的插件

其实，很多浏览器都提供了允许跨域访问的插件，只需启用这种插件，就能实现在开发环境跨域请求第三方 API 了。

图 22-10 所示为在 Firefox 浏览器中能够实现的跨域访问的插件。

图22-10　运行效果

这种方式是最简单的，但使用的场景比较受限，一般用于开发环境。

本书采用的是第三方式，就是设置方向代理。

22.3.2　设置反向代理

由于本项目是一个前后台分离的应用，且是分开部署运行的，则势必会遇到跨域访问的问题。

解决跨域问题，业界最为常用的方式是设置反向代理。其原理是设置反向代理服务器，让 Angular 客户端应用都访问自己服务器中的 API，而这类 API 都会被反向代理服务器转发到服务端的 API 中，而这个过程对于 Angular 应用是无感知的。

业界经常采用 NGINX 服务来承担反向代理的职责。而在 Angular 中，使用反向代理将变得更加简单，因为 Angular 自带反向代理服务器。设置方式为：在 Angualr 应用的根目录下，添加配置文件 proxy.config.json，并填写如下格式内容：

```
{
  "/api/": {
    "target": "http://localhost:8080/",
    "secure": false,
    "pathRewrite": {
      "^/api": ""
    }
```

```
    }
}
```

这个配置说明了，任何在 Angular 发起的以"/api/"开头的 URL，都会反向代理到"http://lo-calhost:8080/"开头的 URL 中。例如，当在 Angular 应用中发起请求到"http://localhost:4200/api/ad-mins/hi" URL 时，反向代理服务器会将该 URL 映射到"http://localhost:8080/admins/hi"中。

添加了该配置文件之后，在启动应用时，只要指定该文件即可，其代码为：

```
ng serve --proxy-config proxy.config.json
```

22.3.3 初始化新的客户端应用

为了更好地演示，下面将"user-management"应用的代码拷贝了一份成为了新应用"user-man-agement-ui"，后续客户端的代码修改都是基于"user-management-ui"的。

执行"npm install"可以为新应用"user-management-ui"自动安装所需的依赖，以下是安装过程：

```
& npm install

> node-sass@4.12.0 install D:\workspaceGithub\nodejs-book-samples\
samples\user-management-ui\node_modules\node-sass
> node scripts/install.js

Cached binary found at C:\Users\User\AppData\Roaming\npm-cache\node-
sass\4.12.0\win32-x64-72_binding.node

> core-js@2.6.9 postinstall D:\workspaceGithub\nodejs-book-samples\
samples\user-management-ui\node_modules\core-js
> node scripts/postinstall || echo "ignore"

Thank you for using core-js ( https://github.com/zloirock/core-js ) for
polyfilling JavaScript standard library!

The project needs your help! Please consider supporting of core-js on
Open Collective or Patreon:
> https://opencollective.com/core-js
> https://www.patreon.com/zloirock

Also, the author of core-js ( https://github.com/zloirock ) is looking
for a good job -)


> node-sass@4.12.0 postinstall D:\workspaceGithub\nodejs-book-samples\
samples\user-management-ui\node_modules\node-sass
> node scripts/build.js
```

```
Binary found at D:\workspaceGithub\nodejs-book-samples\samples\user-man-
agement-ui\node_modules\node-sass\vendor\win32-x64-72\binding.node
Testing binary
Binary is fine
npm WARN optional SKIPPING OPTIONAL DEPENDENCY: fsevents@1.2.9 (node_
modules\fsevents):
npm WARN notsup SKIPPING OPTIONAL DEPENDENCY: Unsupported platform for
fsevents@1.2.9: wanted {"os":"darwin","arch":"any"} (current:
{"os":"win32","arch":"x64"})

added 1106 packages from 1020 contributors and audited 42446 packages
in 86.932s
found 1 low severity vulnerability
  run 'npm audit fix' to fix them, or 'npm audit' for details
```

初始化应用完成之后，在应用根目录下，创建反向代理文件 proxy.config.json，内容为：

```
{
  "/api/": {
    "target": "http://localhost:8080/api/",
    "secure": false,
    "pathRewrite": {
      "^/api": ""
    }
  }
}
```

这个配置说明了，任何在客户端发起的以"/api/"开头的 URL，都会反向代理到"http://local-host:8080/api/"开头的 URL 中。启动应用时，只要执行"ng serve –proxy-config proxy.config.json"即可。

22.3.4　取消内存模式

为了让应用不再访问内存中的数据，在 app.module.ts 中去除以下代码：

```
import { HttpClientInMemoryWebApiModule } from 'angular-in-memo
ry-web-api';
import { InMemoryDataService }  from './in-memory-data.service';


HttpClientInMemoryWebApiModule.forRoot(
    InMemoryDataService, { dataEncapsulation: false }
  )
```

去除上述代码之后，HttpClient 将调用真实服务的数据接口。

22.3.5 客户端与服务端对象映射

为了实现客户端与服务端对象的映射，有以下两种修改方式。

- 修改服务端。将服务端的用户对象属性及数据库表的字段名称进行修改，修改成与客户端的对象属性一致。
- 修改客户端。将客户端的用户对象属性及使用该用户属性的地方进行修改，修改成与服务端的对象属性一致。

综上，修改客户端相对来说是改动量最少的。

1. 修改User类

将 User 类的属性进行修改：

```
export class User {
    id: number;
    name: string;
}
```

改为如下所示的内容。

```
export class User {
    user_id: number;
    username: string;
}
```

2. 修改户服务

user.service.ts 中使用 user 的 id 的地方都改为 user_id：

```
updateUser(user: User): Observable<any> {
    return this.http.put(this.usersURL, user, this.httpOptions).pipe(
        tap(_ => this.log('updated user id=${user.user_id}')),
        catchError(this.handleError<any>('updateUser'))
    );
}

addUser(user: User): Observable<User> {
    return this.http.post<User>(this.usersURL, user, this.httpOptions).
pipe(
        tap((user: User) => this.log('added user id=${user.user_id}')),
        catchError(this.handleError<User>('addUser'))
    );
}

deleteUser(user: User | number): Observable<User> {
    const id = typeof user === 'number' ? user : user.user_id;
    const url = '${this.usersURL}/${id}';
```

```
    return this.http.delete<User>(url, this.httpOptions).pipe(
        tap(_ => this.log('deleted user id=${id}')),
        catchError(this.handleError<User>('deleteUser'))
    );
}
```

3. 改动用户组件

users.component.ts 中 name 改为 username:

```
add(name: string): void {
    name = name.trim();
    if (!name) { return; }
    this.userService.addUser({ 'username':name } as User)
        .subscribe(user => {
        this.users.push(user);
        });
}
```

users.component.html 中的 user.name 改为 user.username，user.id 改为 user.user_id:

```
<h2> 我的用户 </h2>

<div>
  <label>User Name:
    <input #userName />
  </label>
  <button (click)="add(userName.value); userName.value=''">
    add
  </button>
</div>

<ul class="users">
    <li *ngFor="let user of users">
    <a routerLink="/detail/{{user.user_id}}">
      <span class="badge">{{user.user_id}}</span> {{user.username}}
    </a>
    <button class="delete" title="delete user"
    (click)="delete(user)">x</button>
    </li>
</ul>
```

4. 改动用户搜索组件

user-search.component.html 中的 user.name 改为 user.username，user.id 改为 user.user_id:

```
<div id="search-component">
  <h4>User Search</h4>

  <input #searchBox id="search-box" (keyup)="search(searchBox.value)"
/>
```

```
<ul class="search-result">
  <li *ngFor="let user of users$ | async" >
    <a routerLink="/detail/{{user.user_id}}">
      {{user.username}}
    </a>
  </li>
</ul>
</div>
```

5. 改动用户详情组件

user-detail.component.html 中的 user.name 改为 user.username，user.id 改为 user.user_id：

```
<div *ngIf="user">
  <h2>{{user.username}}</h2>
  <div><span>id: </span>{{user.user_id}}</div>
  <div>
    <label>name:
      <input [(ngModel)]="user.username" placeholder="username">
    </label>
  </div>
</div>
<button (click)="goBack()">go back</button>
<button (click)="save()">save</button>
```

6. 改动看板组件

dashboard.component.html 中的 user.name 改为 user.username，user.id 改为 user.user_id：

```
<div *ngIf="user">
  <h2>{{user.username}}</h2>
  <div><span>id: </span>{{user.user_id}}</div>
  <div>
    <label>name:
      <input [(ngModel)]="user.username" placeholder="username">
    </label>
  </div>
</div>
<button (click)="goBack()">go back</button>
<button (click)="save()">save</button>
```

22.3.6 运行

启动服务端及客户端后，可以看到在客户端进行的数据操作都能同步到 MySQL 中了，如图 22-11 所示。

图22-11　运行效果

参 考 文 献

［1］柳伟卫 . Spring Cloud 微服务架构开发实战 [M]. 北京：北京大学出版社，2018.

［2］柳伟卫 . 分布式系统常用技术及案例分析 [M]. 北京：电子工业出版社，2017.

［3］柳伟卫 . Cloud Native 分布式架构原理与实践 [M]. 北京：电子工业出版社，2019.

［4］朴灵 . 深入浅出 Node.js[M]. 北京：人民邮电出版社，2013.

［5］柳伟卫 . Angular 企业级应用开发实战 [M]. 北京：电子工业出版社，2019.